畢氏定理四千年

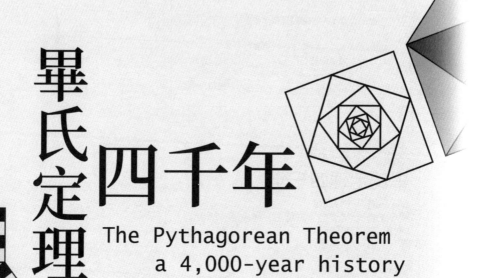

The Pythagorean Theorem
a 4,000-year history

Eli Maor——著

林炎全、洪萬生、黃俊瑋、蘇俊鴻——合譯

洪萬生——審訂

三民書局

國家圖書館出版品預行編目資料

畢氏定理四千年／Eli Maor著;洪萬生審訂;林炎全,洪
萬生,黃俊瑋,蘇俊鴻譯.——初版四刷.——臺北市:三
民，2022
　　面；　公分.——(鸚鵡螺數學叢書)

　　ISBN 978-957-14-4843-5 （平裝）
　1. 數學 2. 通俗作品

310   103026000

鸚鵡螺 數學叢書

畢氏定理四千年

作　　者	Eli Maor
譯　　者	林炎全　洪萬生　黃俊瑋　蘇俊鴻
總 策 劃	蔡聰明
審　　訂	洪萬生

發 行 人	劉振強
出 版 者	三民書局股份有限公司
地　　址	臺北市復興北路 386 號 (復北門市)
	臺北市重慶南路一段 61 號 (重南門市)
電　　話	(02)25006600
網　　址	三民網路書店 https://www.sanmin.com.tw

出版日期	初版一刷 2015 年 1 月
	初版四刷 2022 年 3 月
書籍編號	S314560
I S B N	978-957-14-4843-5

三民書局

《鸚鵡螺數學叢書》總序

本叢書是在三民書局董事長劉振強先生的授意下，由我主編，負責策劃、邀稿與審訂。誠摯邀請關心臺灣數學教育的寫作高手，加入行列，共襄盛舉。希望把它發展成具有公信力、有魅力並且有口碑的數學叢書，叫做「鸚鵡螺數學叢書」。願為臺灣的數學教育略盡棉薄之力。

I 論題與題材

舉凡中小學的數學專題論述、教材與教法、數學科普、數學史、漢譯國外暢銷的數學普及書、數學小說，還有大學的數學論題：數學通識課的教材、微積分、線性代數、初等機率論、初等統計學、數學在物理學與生物學上的應用等等，皆在歡迎之列。在劉先生全力支持下，相信工作必然愉快並且富有意義。

我們深切體認到，數學知識累積了數千年，內容多樣且豐富，浩瀚如汪洋大海，數學通人已難尋覓，一般人更難以親近數學。因此每一代的人都必須從中選擇優秀的題材，重新書寫：注入新觀點、新意義、新連結。**從舊典籍中發現新思潮，讓知識和智慧與時俱進，給數學賦予新生命。**本叢書希望聚焦於當今臺灣的數學教育所產生的問題與困境，以幫助年輕學子的學習與教師的教學。

從中小學到大學的數學課程，被選擇來當教育的題材，幾乎都是很古老的數學。但是數學萬古常新，沒有新或舊的問題，只有寫得好或壞的問題。兩千多年前，古希臘所證得的畢氏定理，在今日多元的光照下只會更加輝煌、更寬廣與精深。自從古希臘的成功商人、第一位哲學家兼數學家泰利斯 (Thales) 首度提出兩個石破天驚的宣言：**數**

學要有證明，以及**要用自然的原因來解釋自然現象**（拋棄神話觀與超自然的原因）。從此，開啟了西方理性文明的發展，因而產生**數學、科學、哲學**與民主，幫助人類從農業時代走到工業時代，以至今日的電腦資訊文明。這是人類從野蠻蒙昧走向文明開化的歷史。

　　古希臘的數學結晶於歐幾里得 13 冊的《原本》(*The Elements*)，包括平面幾何、數論與立體幾何，加上阿波羅紐斯 (Apollonius) 8 冊的《圓錐曲線論》，再加上阿基米德求面積、體積的偉大想法與巧妙計算，使得它幾乎悄悄地來到微積分的大門口。這些內容仍然是今日中學的數學題材。我們希望能夠學到大師的數學，也學到他們的高明觀點與思考方法。

　　目前中學的數學內容，除了上述題材之外，還有代數、解析幾何、向量幾何、排列與組合、最初步的機率與統計。對於這些題材，我們希望在本叢書都會有人寫專書來論述。

II 讀者對象

本叢書要提供豐富的、有趣的且有見解的數學好書，給小學生、中學生到大學生以及中學數學教師研讀。我們會把每一本書適用的讀者群，定位清楚。一般社會大眾也可以衡量自己的程度，選擇合適的書來閱讀。我們深信，**閱讀好書是提升與改變自己的絕佳方法**。

　　教科書有其客觀條件的侷限，不易寫得好，所以要有其他的數學讀物來補足。本叢書希望在寫作的自由度幾乎沒有限制之下，寫出各種層次的好書，讓想要進入數學的學子有好的道路可走。看看歐美日各國，無不有豐富的普通數學讀物可供選擇。這也是本叢書構想的發端之一。

　　學習的精華要義就是，**儘早學會自己獨立學習與思考的能力**。當這個能力建立後，學習才算是上軌道，步入坦途。可以隨時學習、終

身學習，達到「真積力久則入」的境界。

　　我們要指出: 學習數學沒有捷徑，必須要花時間與精力，用大腦思考才會有所斬獲。不勞而獲的事情，在數學中不曾發生。找一本好書，靜下心來研讀與思考，才是學習數學最平實的方法。

III 鸚鵡螺的意象

本叢書採用鸚鵡螺 (Nautilus) 貝殼的剖面所呈現出來的奇妙**螺線** (spiral) 為標誌 (logo)，這是基於數學史上我喜愛的一個數學典故，也是我對本叢書的期許。

 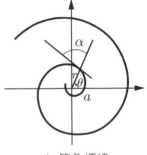

▲ 鸚鵡螺貝殼的剖面　　　　▲ 等角螺線

　　鸚鵡螺貝殼的螺線相當迷人，它是等角的，即向徑與螺線的交角 α 恆為不變的常數 ($a \neq 0°, 90°$)，從而可以求出它的極坐標方程式為 $r = ae^{\theta\cot\alpha}$，所以它叫做**指數螺線**或**等角螺線**，也叫做**對數螺線**，因為取對數之後就變成阿基米德螺線。這條曲線具有許多美妙的數學性質，例如自我形似 (self-similar)、生物成長的模式、飛蛾撲火的路徑、黃金分割以及費氏數列 (Fibonacci sequence) 等等都具有密切的關係，結合著數與形、代數與幾何、藝術與美學、建築與音樂，讓瑞士數學家柏努利 (Bernoulli) 著迷，要求把它刻在他的墓碑上，並且刻上一句拉

丁文：

Eadem Mutata Resurgo

此句的英譯為：

Though changed, I arise again the same.

意指「雖然變化多端，但是我仍舊照樣升起」。這蘊含有「變化中的不變」之意，象徵規律、真與美。

　　鸚鵡螺來自海洋，海浪永不止息地拍打著海岸，啟示著恆心與毅力之重要。最後，期盼本叢書如鸚鵡螺之「**歷劫不變**」，在變化中照樣升起，帶給你啟發的時光。

蔡聰明

2012 歲末

譯者序

相對於羅密士 (Elisha Scott Loomis, 1852－1940) 的《畢氏命題》（*The Pythagorean Proposition*，初版於 1927 年）的 371 個證明，八十年後問世的這本《畢氏定理四千年》（2007 年）究竟有什麼賣點呢？當作者毛爾自以為發現一個巧妙的新證法，最終還是難逃羅密士所佈下的 371 天羅地網，尤其不無「狗尾續貂」之嫌。因此，從激發讀者的好奇心來考量，這種「炒冷飯」的無聊之舉，看來根本不值得我們推薦，更何況在網路上，我們還可以輕易地搜尋並儲存《畢氏命題》的免費電子版。

不過，這本《畢氏定理四千年》還是值得大力推薦。我的理由主要有兩方面。首先，毛爾這位數學家兼科普作家對於數學知識活動的體會，相當通情達理，因此，讓他來「重述」這個主題的故事，調性婉約體貼，足以打動人心。其次，毛爾在本書中，將這個主題的敘事放在數學史的脈絡中，讀者因而得以認識畢氏定理與數學發展的密切關係，從而在數學知識活動上，凸顯「舊詞新說」與數學真理歷久彌新的特殊意義。

現在，讓我們回到上引毛爾那個非常巧妙的證法。在本書「補充欄 4」中，作者以「折疊的袋子」證法名之。其中，我們看到毛爾的現身說法，透露他「再發現」此一證法的無上「法喜」，儘管它仍逃不過羅密士鉅細靡遺的蒐集彙編。根據《畢氏命題》的記錄（編號 230），那是早在 1934 年，就已經由一位十九歲的年輕人所發現。事實上，這個證法充滿了數學洞識，它不僅連結了「面積證法」與「比例

證法」，是「圖說一體，不證自明」(proof without words) 的最佳例證之一，另一方面，此一方法正如毛爾所指出：「只要證明畢氏定理在這個特別的多邊形（按：本例為三角形）上能夠成立就可以了。」

面積證法與比例證法是《幾何原本》中，歐幾里得為畢氏定理所提供的兩種證法。所謂的面積證法，是指《幾何原本》第 I 冊第 47 命題的證法，它主要依賴三角形（面積）全等 (SAS) 的概念來證明：在一個直角三角形中，直角對邊上的正方形（面積），等於包含直角兩邊上的正方形（面積）之和。另一方面，比例證法是指《幾何原本》第 VI 冊第 31 命題：直角對邊上的圖形 (figure)，等於包含直角兩邊上之相似及相似地被描述的圖形 (similar and similarly described figures)。根據毛爾的說明，「這幾乎是命題 I.47 的逐字重複，除了『正方形』被『（相似）圖形』所取代。」此處，「被描述的圖形」可以是任意彼此相似的圖形，它們甚至不必是多邊形。因此，命題 VI. 31 顯然是命題 I. 47 的延拓，歐幾里得之所以將前者安排在第 VI 冊，是因為《幾何原本》直到該冊才討論相似形。而這當然，更是由於比例式理論 (theory of proportion) 安排在第 V 冊的緣故。事實上，《幾何原本》前四冊主題是平面幾何學，也是我們目前國中幾何教材的最原始出處。

除了這兩種方法之外，畢氏定理的主要證法還有所謂的「弦圖證法」。這個方法源自中國與印度。無論是哪一個版本，應該都是利用圖形的切、割、移、補——在中國第三世紀被魏晉數學家劉徽稱之為「出入相補」，出自他對漢代數學經典《九章算術》的「勾股術」之註解。不過，現代人（尤其是數學教科書的編者）都喜歡將它「翻譯」成代數式子的操弄（二項式展開），從而減損了它固有樸拙的「美術勞作」風格，實在有一點可惜，因為如果國中學生無法嫻熟操作二項展開式，那麼，此一證法的理解就備受考驗。無論如何，「出入相補」這個方法

訴諸直觀的「動手做」，在不必講求邏輯嚴密論證的文化脈絡（譬如中國與印度）中，顯然相當受到歡迎。事實上，在初等教育階段，它也是非常值得引進課堂的一個經典案例，可以操練所謂的「探究」(investigation) 教學是怎麼回事。另一方面，如果我們願意「勻出」一點寶貴時間，試著比較這三個證法在方法論 (methodology) 層面的異同，乃至於認識論 (epistemology) 層面的意義，那麼，關注數學知識活動的多元價值，或許可以多少成為國民素養的一部份。

上述這個比較的案例，不必侷限在初等教育層次，高中或大學教師其實也可據以探討數學發現與證明的意義。還有，對一般讀者來說，利用這個案例重溫學習數學的經驗（不管「甜美」或「苦澀」，或甚至「不知從何說起」），在一個科技主導世界、而數學又大大主導科技的世代中，或許可以變得比較舒適自在。這種從數學史取材融入數學教學，而企圖讓數學知識活動變得更有意義的進路，是 HPM 的主要關懷之一。

所謂 HPM，是指數學史融入數學教學的一種教育研究與實踐。它原來代表國際數學教育委員會 (ICMI) 的一個最早成立的研究群：International Study Group on the Relations between History and Pedagogy of Mathematics，後來也指涉此一研究群針對數學教育的共同關懷。毛爾的數學普及書寫雖然並未刻意呼應這種關懷，然而，就如同許多其他科普著作一樣，《畢氏定理四千年》在歷史文化脈絡中，說明相關的數學知識活動之意義，因此，本書當然也可以算是 HPM 方面的參考著作。

如此歸類當然需要一個先決條件，那就是：本書是採取數學史進路，論述以畢氏定理為專題的一部（科普）著作。事實上，作者在本書中，的確大致按照數學的發展歷程，來敘述與畢氏定理有關的數學

與數學家的故事。譬如說吧，從畢氏到歐幾里得與阿基米德，是有關希臘數學史的部分。在西元 500-1500 年間，作者則是以中世紀歐洲，以及印度與阿拉伯數學史為主題。至於進入微積分主導的近代數學時期，作者先引進創立代數符號法則的韋達，因為他將「三角學從原本侷限在解三角形的一門學問，轉變成為與分析學有關的學門」。至於作者何以獨厚韋達？那是由於畢氏定理在三角學中扮演了核心角色。在微積分的相關敘事中，作者主要指出微分版的畢氏定理如何應用以求曲線之弧長，「畢達哥拉斯一定很難想像，他的定理被用於求幾乎所有曲線之長度」，其中必須藉助於無限的概念，而這卻曾經深深困擾著古希臘人。

在簡短敘述的微積分發明故事之後，作者開始採取「專題」的方式，來說明畢氏定理在各相關領域的現身之意義：畢氏定理與射影幾何學中的線坐標、畢氏定理與內積空間乃至於希爾伯特空間、畢氏定理與黎曼幾何、畢氏定理與相對論等等。在這些敘事中，有一些很少被一般的科普作品所引述，譬如愛因斯坦的十二歲回憶：「**在我拿到這本神聖的幾何學小冊之前，伯父就告訴過我畢氏定理。經過一番努力後，我在相似三角形的基礎上成功地『證明』了這個定理。對我來說，像直角三角形邊長的比例關係，由其中一個銳角完全決定是『顯然』的，在類似的情況下，只有我認為不那麼『顯然』的才需要證明。**」顯然，愛因斯坦「再發現」了比例證法，這清楚說明畢氏定理以及包括它的《幾何原本》，一直在數學學習上扮演重要的啟蒙角色。

因此，本書不僅適合中小學師生閱讀，對於一般讀者來說，它也是可用以充實國民素養的數學普及讀物。事實上，筆者所以主譯本書並高度推薦，不僅是毛爾的普及數學著作在臺灣頗受歡迎，更值得注意的，是他一貫的寫作風格，都是企圖在文化史的脈絡中，讓數學知

識活動變得更加立體起來，換句話說，他對歷史上的數學現象之「快照」，因為有文化脈絡的襯托，譬如本書「補充欄 2: 藝術、詩歌及散文中的畢氏定理」，而發揮了 3D 再現的效果。另一方面，作者也「不惜」將自己推入歷史敘事現場，讓本書洋溢著毛爾獨特的「個人風格」，譬如他不僅自評他自己「再發明」的證法，還在本書最後一章〈終曲〉中，簡述他們夫婦在 2005 年 2 月地中海暴風季節，前往畢達哥拉斯家鄉沙摩斯島旅遊的經歷。最後，當他的回程飛機繞過島上最高峰克基斯山時，他想起漁夫沿著陡峭的山壁航行時，都仰賴了畢達哥拉斯的靈魂所點燃的一道光，在「暴風裡，它就如同燈塔般地指引了安全的方向。」這是本書的結語，也是最佳的自我推薦！

洪萬生

2015 年 1 月

序言

迄今為止，畢氏定理還是整個數學領域中最重要的單一定理。
—— 伯羅諾斯基，《文明的躍升》，第 160 頁

　　雖然它根源於幾何學，這個普遍歸功給畢達哥拉斯的定理，幾乎深入了所有的科學分支當中，純科學或應用科學皆然。目前所知證明，已經有整整超過四百個，而且還在持續增加當中；這份名單包括了一位美國未來總統（James A.Garfield, 1831－1881，1880 年成為第 20 任美國總統，1876 年以梯形證法 (a trapezoid proof) 證明畢氏定理。）的原創證法，另一個出自 12 歲時的愛因斯坦，還有一個是由一位年輕的視障女孩所作。這些證法中某些簡單到叫人驚訝而其他有一些則不可思議地複雜。這個定理本身被取了許多名字：畢氏定理、斜邊定理 (the hypotenuse theorem)，或乾脆就叫歐幾里得 I.47，因為它就是歐幾里得《幾何原本》中第 I 冊第 47 命題。它的特徵圖形（圖 P1），在某些傳統中被稱為「風車」(the windmill)，而在另外傳統中被稱為「新娘椅」(the bride's chair)，現在則被提議為一種宇宙認同卡 (cosmic identity card)，假若哪天我們找到外星人，就可以拿來介紹我們自己。這個定理在許多應用上，發揮了核心的角色；它偶而還會被濫用或甚至誤用。儘管它最主要的訴求並不廣為人所知？畢氏定理倒是找到它自己的途徑，進入我們的日常文化，不只現身於郵票、T 恤、藝術創作與文學上，甚至也出現在著名的音樂劇歌詞之中。按任何標準來看，它是數學所有領域中最著名的定理，也是任何學生可以從他或她的中學時代記取的一個命題，無論他或她有多害怕數學。

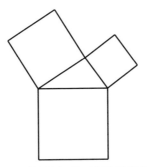

▲ 圖 P1　畢氏定理：歐幾里得的觀點

　　今天，我們視畢氏定理為一個代數關係式：$a^2 + b^2 = c^2$，基於此公式，給定直角三角形的某兩個邊長，我們就可以找到另一個邊長。然而，畢達哥拉斯不是這樣看它的，對他而言，這是一個有關面積的幾何命題。只有在大約西元 1600 年的現代代數興起之後，這個定理才獲得它所熟悉的代數形式。從畢氏據說證明了畢氏定理並使之不朽的那天起，時間已過 2500 多年，而要是我們想追蹤這個演變過程，我們便需將這個差異牢記在心。而他甚至不是最早發現它的：至少他之前的一千年，這個定理已經為巴比倫人、且可能為中國人所知。

　　許多作家都評論過畢氏定理的美。以其筆名「路易斯‧卡羅」(Lewis Carroll) 為世人所知的道格森 (Charles Lutwidge Dodgson) 在1895 年寫道：「它現在的絢麗美，正如畢達哥拉斯最早發現它的時候一樣。」❶他的確有資格這樣說，除了是一位有才華的數學家之外，他還因為創作《愛麗絲夢遊仙境》(*Alice's Adventures in Wonderland*, 1864) 與《愛麗絲鏡中奇遇》(*Through the Looking-Glass*, 1871) 而聲名大噪。不過，究竟是誰來說什麼是美的呢？2004 年，《物理世界》(*Physics World*) 雜誌邀請讀者提名科學上二十個最漂亮的方程式。榮登首位的是歐拉公式 $e^{i\pi} + 1 = 0$，緊接著是馬克斯威四個電磁場方程式、牛頓的第二運動定律 $F = ma$，以及 $a^2 + b^2 = c^2$，畢氏定理贏得第四位。❷

不過，請注意到這個競賽是針對最漂亮的方程式，而不是它們所代表的定律或定理。美，固然頗具主觀性，然而一個定理或其證明如何才能被認為是美的呢？數學家自有他們的一套共識，一個至高無上的判準，那便是對稱性。譬如說吧，考慮三角形的三條高：它們永遠交於一點（正如中線和分角線一樣）。這個命題給了三角形某種優雅，伴隨著它的全幅對稱性：沒有一個邊或頂點比起其他更具有優先性；在這些構成元素之中，有一種完全的民主 (complete democracy)。或者，考慮這個定理：如果過圓內一點 *P*，畫出弦 *AB*，那麼，乘積 *PA* × *PB* 為常數（或定值）——它對所有通過 *P* 點的所有弦都有同樣的值（圖 P2）。這真是又一次完美的民主體現：對 *P* 點來說，每條弦全然平等，不分孰高孰低。

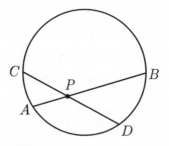

▲ 圖 P2　$PA \times PB = PC \times PD$

在這個意義上，畢氏定理的確是極不民主的。首先，它只應用在一個非常特別的情況，亦即一個直角三角形的邊，而且即使如此，它還是凸顯一個邊，亦即斜邊，而扮演與其他兩邊完全不同的角色。斜邊 (*hypotenuse*) 這個字來自希臘字 *hypo* 與 *teinen*，前者即「在下面」(under, beneath, down)，至於後者則是「延伸」之義。而如果我們觀察直角三角形的底邊是斜邊，也就是出現在歐幾里得《幾何原本》中的方式（再參考圖 P1），這就有意義了。中國人稱它為弦，是指兩點

之間（有如在琵琶上）拉緊的一條弦。斜邊的希伯萊字是 *'yeter*，它可能源自 *mei'tar*（亦即一條弦）或 *yo'ter*（大於（每一股））。然而，即使是從今日的眼光來看，這個一股水平放置，另一股直直豎立的正方形（圖 P3），竟以一個奇怪的角跳了出去。這是一個漂亮的定理嗎？或許吧，不過，絕對不是美國小姐的候選佳麗。

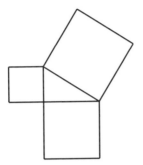

▲ 圖 P3　畢氏定理: 現今的觀點

　　如果不是因為優雅，那究竟是什麼使得畢氏定理如此迷人呢？好幾個世紀以來，難以計數的證明被紛紛提出，想必這便是一大原因。羅密士是來自俄亥俄州的一位古怪的數學教師，他畢生收集了所有已知的證明——共有 371 個——並將它們寫成《畢氏命題》(1927)。❸羅密士宣稱，在歐洲中世紀時代，學生要想取得數學碩士學位，就必須提供有關畢氏定理的一個新穎且有原創性的證明；而這，就如他所說的，激發了學生與教師發現前所未見以及創新的證明。這些證明中的某些是根據三角形的相似性，其他有一些根據圖形的分割，還有其他一些則是基於代數公式，並且也有一些使用了向量的概念。甚至還有「證明」（「演示」(demonstrations) 將是更佳用詞）根據物理學的裝置設計；在特拉維夫的科學博物館，我曾經看到一個演示，其中彩色的液體自由地在一個直角三角形——由旋轉的塑膠玻璃 (plexiglass) 所

做成──的斜邊與兩股所張出來的正方形之間流動，證明了第一個正方形的液體體積等於另外兩個正方形的體積和。

　　然而，畢氏定理之所以迷人，還有另一個理由，因為它是數學所有領域中最常被使用的定理。打開任何一本數學公式手冊，你將會發現差不多每一章都有 $x^2 + y^2$ 這個式子，經常是疊在一個較長的式子當中，而且幾乎永遠是 $x^2 + y^2$ 這種式子，而非 $x^3 + y^3$ 或這兩個變數的其他乘冪。無論直接或間接，這個式子都可以被追溯到畢氏定理。以三角學為例，在這個似乎總能衍生出各種公式而惡名昭彰的學科中，無論是 $\sin^2 x + \cos^2 x = 1$，或 $1 + \tan^2 x = \sec^2 x$ 或 $1 + \cot^2 x = \csc^2 x$，這些恆等式都有著畢氏定理的影子──而它們也的確就叫做畢氏恆等式。同樣情形也出現在大部份的數學領域之中，從數論與代數，到微積分與機率論：在它們之中，畢氏定理有著最高治權。

　　本書追溯了畢氏定理的演化流變，及它對數學與人類文化所帶來的衝擊，從幾乎四千年前的巴比倫人開始，一直到我們自己的時代為止。我不打算針對幾百個現有的證明一一說明，這幾乎是不可能的任務，同時也將徒勞無功，因為很多這些證明只不過是另外一個的些微變貌。甚至羅密士的巨型收集也不完備；自從他的著作的第二版在 1940 年（他在當年過世）問世之後，又有許多新的證明被提出來，而新的證明在本書書寫時，也繼續出現。❹

　　就像我以前的科普書籍一樣，本書是寫給對數學史有興趣的讀者看的。大致來說，閱讀本書只需對中學代數與幾何學有充足知識，以及會一點微積分，這樣就夠了。至於需要比較細緻的數學處理之許多主題，都被移置到附錄之中。由於我偶而會參考我以前的作品，我將只是提及它們的書名：《毛起來說無限》（*To Infinity and Beyond: A*

Cultural History of the Infinite, 1991)、《毛起來說 *e*》(*e : the Story of a Number*, 1994)，以及《毛起來說三角》(*Trigonometric Delights*, 1998)，它們都由普林斯頓大學出版社出版。其他兩本常被提及的文獻，是伊夫斯 (Howard Eves) 的《數學史導論》(*An Introduction to the History of Mathematics*, 1992)，以及史密斯 (David Eugene Smith) 的《數學史》(*History of Mathematics*，原版 1923－1925 年，再版 1958 年) 第一卷和第二卷，其中第一卷主題是初等數學史的一般性考察，而第二卷則是初等數學的特殊專題。這些都將分別被引述為伊夫斯和史密斯。

我要對底下提及的人士，誠摯地感謝他們大力幫助本書之問世：愛妻達里雅 (Dalia) 的鼓勵與細心的校對文稿；郎格 (Robert Langer) 對於文本的批判性評論與有用的建議；普林斯頓大學出版社奇恩 (Vickie Kearn) 的編輯用心以及堅定不移的支持與鼓勵；提佳登 (Debbie Tegarden)，阿爾維拉茲 (Carmina Alvarez)，卡雷特尼可夫 (Dimitri Karetnikov)，以及出版社的其他同仁在本書出版階段中，對於文稿的周到處理；卡拉皮拉斯 (Alice Calaprice) 這位過去十五年來我最信賴的文字編輯；第特斯 (Joseph L. Teeters) 為我尋找有用資訊的罕見文獻；衛斯 (Howard Zvi Weiss) 協助我翻譯許多德文詩句；芭芭拉 (Barbara) 和傑夫·尼米克 (Jeff Niemic) 以及華德 (Deborah Ward) 提供特別的協助，找到並拍照位於愛爾蘭都柏林，紀念漢彌頓 (Sir William Rowan Hamilton) 發現四元數乘法定律之牌子；伊利諾州史托基 (Skokie) 公共圖書館的工作人員特別幫忙確定一些冷僻的文獻。我非常感謝他們的幫忙。

2006 年 7 月

▍註解與參考文獻 ▍

❶《平行線的新理論》(*A New Theory of Parallels*, London, 1895)。

❷《紐約時報》,〈想法與思潮〉,2004 年 10 月 24 日,p. 12。

❸出版機構為:Washington, D.C.: National Council of Teachers of Mathematics, 1968。更多有關本書之資訊,參考本書第 8 章。

譯按:National Council of Teachers of Mathematics 簡稱 NCTM,是美國以中小學數學教師與數學教育研究者為主體的組織。

❹有許多網站以畢氏定理為主題,並給出了最近證明之說明。本書末的參考書目給出了這些網站的部分清單。

畢氏定理四千年

Contents

序 曲

一九九三年英國劍橋

記得畢達哥拉斯嗎?
——1993 年 6 月 24 日《紐約時報》

數學新聞很少成為報紙頭條,更不必說是頭版頭條了。不過,1993 年 6 月 24 日,卻是一個例外。當天,《紐約時報》有一個頭版故事,是這樣開始的:「對著古老的數學謎題,終於,可以大聲喊叫:『我發現了!』」。當天之前,橫越大西洋,一位四十歲的數學家宣布他已經解決了一個最著名的問題,那是過去 350 年來數學家忙著求解的一個看似簡單的命題。

這位轟動一時的數學家出身英國劍橋,但任教於紐澤西普林斯頓大學的安德魯‧懷爾斯 (Andrew Wiles) 博士。他在稱之為「模型式、橢圓曲線,與伽羅瓦表現」(Modular Form, Elliptic Curves, and Galois Representations) 三個演講系列的最後,宣布了此一振奮人心的結論。前述這幾個演講主題即使在數學家圈子內,也並非是人盡皆知的詞,更不必說是外行人了。然而,有謠言說演講者將會給大家一個驚喜,因此,演講廳擠滿了人。當演講接近尾聲時,聽眾情緒所表現的張力越發顯著。於是,幾乎是不經意地,懷爾斯博士以下列的話語完成他的演講:「而根據這個方式,這表示費馬最後定理為真。Q.E.D.」❶緊

接著，電腦終端機出現一陣騷動，而當時可以經由電子郵件服務——在 1993 年還是新興事物——傳遞訊息的那些人，在瞬間將這個新聞傳遍全世界。

在懷爾斯的宣言背後，有一段頗具戲劇性的歷史。身為專業律師但以研究數學來消遣的費馬 (Pierre de Fermat, 1601−1665)，在 1637 年針對貌似簡單的方程式 $x^n + y^n = z^n$——其中，包括指數的所有變數都代表正整數——提出它的可能解的猜想。當 $n = 1$ 時，此方程式是「無聊的」：兩個整數的和顯然是第三個整數，因此，我們有 $x^1 + y^1 = z^1$。$n = 2$ 的情況就有趣多了。有許多整數的三數組 (x, y, z) 使得 $x^2 + y^2 = z^2$。事實上，是有無限多組，譬如 $(3, 4, 5)$ 和 $(5, 12, 13)$ 就是其中兩例。這樣的三數組當然立刻提醒我們畢氏定理的內容：它們代表三邊都是整數長度的直角三角形。因此，數學家企圖走向下一步，是再自然也不過了——尋找到方程式 $x^3 + y^3 = z^3$, $x^4 + y^4 = z^4$ 的整數解，等等。不過，從沒有人找到過。

費馬認為他已經有了這個方程式 $x^n + y^n = z^n$ 在 n 大於 2 的情況下都無整數解的證明。在他那本丟番圖（Diophantus，第三世紀數學家）的著作之拉丁文譯本的頁緣，費馬隨手塗寫了後來變成不朽的隻字片語：

> 將一個立方分成兩個立方，一個四次方，或一般地，任意乘冪分成指數相同的兩個數，在指數二以上是不可能的。我已經找到一個巧妙的證法，但是，頁緣太小以至於無法容納。❷

在以下的 350 年間，許多是數學家、外行人乃至於數學狂，都試圖重建費馬的「巧妙證法」。不過，全都沒有成功。有兩筆鉅額金錢的獎賞，其一來自法蘭西科學院，另一筆則來自德國的對等機構，要獎勵最早提出有效證明的人。不過，兩者都未曾被領取。❸

　　當然，數學家對於證明的追求，並非全然徒勞無功。偉大的瑞士數學家歐拉 (Leonhard Euler, 1707−1783) 在 1753 年證明了 $n = 3$ 的費馬宣告結論之特例。其他的特例也跟著被證明成立，而隨著電算機的問世，n 在 100,000 以下的情況也都被證明為正確。不過，這個被稱之為費馬最後定理 (Fermat's Last Theorem, FLT) 的猜想，卻始終沒有解決。❹

　　當懷爾斯跳入這場戰局時，他早已有了起始點：1954 年，日本數學家谷山豐 (Yutaka Taniyama, 1927−1958) 針對稱之為橢圓曲線的這一類物件，提出了一個猜想。後來的研究，特別是德國沙蘭德大學的佛雷 (Gerhard Frey) 博士，以及加州柏克萊大學的里貝 (Kenneth Ribet) 博士所做的成果，都證明了谷山猜想與費馬最後定理之間的清晰連結：若前者為真，後者亦然。懷爾斯在他家的閣樓像隱士般地奮戰了七年，終於證明谷山猜想的確為真，而且在那之後，他也成功證明費馬最後定理亦為真。

　　然而，事態發展並非完全順利。在提交 200 頁長的論文給有能力和意願的數學家詳細審閱之後，一個邏輯上小小的漏洞被發現了。懷爾斯又不屈不撓地回歸隱遁狀態。然後，再經過一年的辛苦鑽研，以及劍橋數學家泰勒 (Richard Taylor) 的協助，他終於補上這個漏洞。費馬最後定理現在被認為證明完成，最終值得被稱為一個定理了。❺

　　然則為何這一個問題被挑選成為數學中最著名的未解問題呢？其中一個理由，是它那欺人的簡單性：任何一個中學生都能理解它。而費馬的神祕註記，更是對這個故事平添風味（大部分數學家都相信他不可能提出有效的證明，解決這個問題所需要的工具，在他的時代是不可能獲得的）。不過，在這些理由之外，費馬最後定理留給我們一種感覺：歷史周而復始。因為費馬研究的同一類型方程式，已經被近四千年前的巴比倫人研究過了。我們的故事就要從這兒真正展開。

註解與參考文獻

❶這是根據 1993 年 6 月 24 日《紐約時報》D 版第 22 頁的一篇文章的一個自由引述。懷爾斯正確的用語並未被報導。

❷費馬的著名塗寫，原先是以拉丁文寫成，有好幾個英文版問世。此處所採用的是伊夫斯, p. 355 所提供的。

❸法國人的獎——值一塊金牌和 300 法郎——曾頒發兩次，一次在 1815 年，另一次在 1860 年。它的德國對等部分，則是在 1908 年宣布，且高達 100,000 馬克——在當時，是龐大的一筆數目。這筆錢在 1929 年由於德國通貨膨脹，而貶值到 7,500 馬克（按今天價值大約是 4,400 美金）。這兩個獎都引來數千篇「論文」，多數由數學知識有限、甚至一無所知的業餘者或狂熱者所作。

❹這個名稱在兩個面向上是一種名詞誤用：直到懷爾斯提出證明，這個「定理」是一個猜想；同時，它也不是費馬定理的最後一個，而是數學家還無法解決他的許多猜想中的最後一個。

❺不用多說，在此所給出的費馬最後定理的描述，只是最簡短的素描。想要獲得更詳細的解說，請參考賽門・辛 (Simon Singh) 的《費馬最後定理》(*Fermat's Enigma: The Epic Quest to Solve the World's Greatest Mathematical Problem*)。譯按：本書有中譯本，由臺灣商務印書館發行。

第 1 章 ────────────
美索不達米亞

　　從東邊的幼發拉底河與底格里斯河，延伸到西邊的黎巴嫩山區這一片廣大的區域，是為人所知的肥沃月彎。正是在這兒，今日的伊拉克境內，古代偉大文明之一的美索不達米亞，在四千多年前躍上卓越的地位。過去兩個世紀被發現的成千上萬陶土泥版，證明了一個民族曾經在商業與建築十分發達、保存天文事件的精確資料、擅長藝術與文學，並且在漢摩拉比的統治下，創造了歷史上最早的法典。這個龐大的考古寶藏只有一小部分為學者所研究，絕大部分的泥版散落在全世界博物館的地下室，等待被破解的機會，以便給我們有關古巴比倫人早期生活的一點浮光掠影。

　　在獲得特別關注的泥版當中，有一塊貼著低調的標示："YBC 7289"，意即耶魯大學巴比倫收藏品中，編號 7289 的那一塊泥版（圖 1.1）。這塊泥版的年代可以追溯到漢摩拉比王朝的舊巴比倫時期，大約是西元前 1800–1600 年。它顯示了一個小正方形及其兩條對角線，

沿著其中一邊及水平的對角線下，有一些標記。這些標記都是楔形的
樣貌，以尖筆在一塊軟的黏土上刻畫，經由陽光曝曬或爐子燒烤乾燥
而成。它們（被解讀）變成為數目，以使用 60 為基底的奇特巴比倫計
數系統寫成。在這種六十進位制中，1 到 59 的數目本質上是以我們現
代的十進位計數系統寫成，不過，並沒有零的記號。個位數寫成垂直
的 Y 字形刻痕，而十位數則以類似的刻痕表示，但卻呈現水平狀。讓
我們分別以符號｜和－表示之。例如數目 23 就被寫成為－－｜｜｜。
當一個數超過 59 時，它就被安排成為 60 的群組，非常像我們的十進
位制中，將數目聚成 10 個一組一樣。因此，2,413 在六十進制中，等
於 $40 \times 60 + 13$，它被寫成－－－－　－｜｜｜（通常，好幾個相同的
記號會堆在一起，顯然是為了節省空間）。

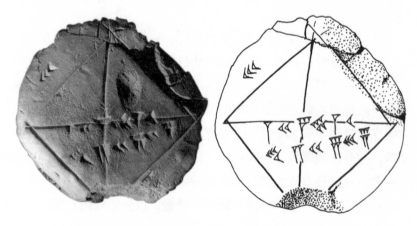

▲ 圖 1.1　YBC 7289

　由於巴比倫人缺乏一個表示「空白項目」(empty slot) 的記號——
也就是我們今日的零——因此，這些數字的群組究竟代表什麼意
思，常有含糊之處。前述的例子中，－－－－　－｜｜｜也可以代表

$40 \times 60^2 + 13 \times 60 = 144,780$，或者可表示 $\dfrac{40}{60} + 13 = 13.166$，或任意帶有係數 40 和 13 的 60 之乘冪的任意其他組合。還有，如果書記在ーーー與ー｜｜｜之間所留的空隙太小，那麼，這個數就可能被誤讀為ーーーーー｜｜｜，亦即 $50 \times 60 + 3 = 3,003$。在這樣的情況中，正確的詮釋必須從脈絡導出，這對於試圖破解這些古代文件的學者來說，又是另一項挑戰。

　　幸運地，在 YBC 7289 這個案例中，破解任務相當容易。沿著左上邊的數目極易被辨識為 30。至於緊貼著水平的對角線之下的數則是 1;24,51,10。（我們在此使用書寫巴比倫數目的現代記號，其中，逗號「,」區別六十進位的「位數」(digits)，而分號「;」則隔開了這個數的整數與分數部分。）如果運用我們的十進位制來書寫這個數，我們得到 $1 + \dfrac{24}{60} + \dfrac{51}{60^2} + \dfrac{10}{60^3} = 1.414213$，這不過是 $\sqrt{2}$ 的十進位值，準確到小數點下的第六位數！而且，當這個數乘以 30 之後，我們得到 42.426389，它的六十進位數等於 42;25,35──這是對角線下的第二列的數。因此，我們無可避免地會得出這樣一個結論：巴比倫人知道正方形的對角線與邊長之關係，$d = a\sqrt{2}$。但這也表示在比偉大聖人畢達哥拉斯問世更早的一千年前，巴比倫人已經熟悉畢氏定理──或者至少熟悉正方形的對角線這種特例 $(d^2 = a^2 + a^2 = 2a^2)$。

　　有關這塊泥版，有兩件事特別值得注意。首先，它證明了巴比倫人知道如何計算一個數的平方根到令人驚異的精確度──事實上，其精確度等於現代八位數的計算器。❶但令人更感驚奇的，是這份文件的可能目的：它極可能意在提供一個例證，說明如何找到任意正方形的對角線：只要將邊長乘上 1;24,51,10 就行了。當大部分人被交付此一任務時，將會遵循「明顯」但單調乏味的途徑：從 30 開始，對它平

方，再加倍，然後取平方根：$d = \sqrt{30^2 + 30^2} = \sqrt{1800} = 42.4264$，四捨五入到小數點後第四位。不過，假定你必須針對不同大小的平方數，不斷地做這同一件事，你將必須用每次遇到的新數字，去重複此一程序，這是非常單調乏味的工作。將近四千年前，這位不知名的書記在黏土版上刻上這些數目，為我們揭示一個更簡易的方法：只需要將正方形的邊乘上 $\sqrt{2}$ 就行了（圖 1.2）。簡化多了！

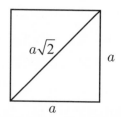

▲ 圖 1.2　正方形及其對角線

　　然而，還有一個問題尚未解決：為什麼這位書記在他的例子中選擇邊長 30 呢？有兩個可能的解釋：一是這塊泥版可能指涉某個特定情況，也許是有一塊正方形田地邊長為 30，被要求找出其對角線之長；二是——頗合情理地——他選擇 30 是因為它是 60 的一半，因而使得乘法變簡單了。在我們的十進位制中，一個數乘以 5 時只需將這個數折半，再將小數點向右移一位，即可快速完成計算。例如說吧，$2.86 \times 5 = (\frac{2.86}{2}) \times 10 = 1.43 \times 10 = 14.3$（更一般地，$a \times 5 = \frac{a}{2} \times 10$）。同理，在六十進位制中，一個數乘以 30 可藉由折其半，再右移一個六十進位數（sexagesimal point），即可完成了（$a \times 30 = \frac{a}{2} \times 60$）。

　　現在，讓我們看看這在 YBC 7289 的例子中如何行得通。回想 1;24,51,10 是 $1 + \frac{24}{60} + \frac{51}{60^2} + \frac{10}{60^3}$ 的縮寫。將它除以 2，我們得到

$\dfrac{1}{2}+\dfrac{12}{60}+\dfrac{25\frac{1}{2}}{60^2}+\dfrac{5}{60^3}$，其中我們必須將它改寫，使得 60 的每一個乘

冪的係數都是整數。為此，我們將第一、三項中的 $\dfrac{1}{2}$ 取代為 $\dfrac{30}{60}$，得

$\dfrac{30}{60}+\dfrac{12}{60}+\dfrac{25+\dfrac{30}{60}}{60^2}+\dfrac{5}{60^3}=\dfrac{42}{60}+\dfrac{25}{60^2}+\dfrac{35}{60^3}=0;42,25,35$。最後，右移一

個六十進位數，我們得到 42;25,35，這就是對角線的長度。因此，看起

來我們的書記選擇 30 只是為了實用的理由: 這讓他的計算容易多了。

如果說 YBC 7289 是巴比倫人精通初等幾何的一個令人驚奇的例

證，那麼，同時期另一塊黏土泥版就走得更遠了: 它顯示他們也熟悉

計算的代數程序。❷被稱為普林頓 322——如此命名是因為它是哥倫比

亞大學普林頓收藏品編號 322，圖 1.3——的這一塊泥版，是包含四行

的一個數表，乍看之下，它像是某種商業交易的紀錄。不過，深入研

▲ 圖 1.3　普林頓 322

究的結果，揭開了完全不同的東西：這張表是畢氏三數組（正整數 (a, b, c) 使得 $a^2 + b^2 = c^2$ 成立）的單列。這樣的數組之例子有如 (3, 4, 5)、(5, 12, 13) 與 (8, 15, 17)。基於畢氏定理，[❸]每一個這樣的數組都表徵邊長是整數的直角三角形。

可惜，這塊泥版的左緣部分遺失。不過，追蹤這邊緣所塗的現代膠水，證明這個遺失部分是這塊泥版被挖掘之後才斷裂的，這讓我們燃起一絲希望，有朝一日它可能在古董市場現身。多虧鉅細靡遺的研究結果，這個遺失的部分已經部分被重建，因此，我們現在閱讀這張數表，要簡單得多了。表 1.1 以現代記號複製這個文本。它有四行，最右邊那一行在原文本中是以「它的名字」為標題，只是給出這一行中從 1 到 15 的序號。從右到左，第二、第三行標題分別是「求解對角線長」和「求解邊長」。也就是說，他們給出長方形的短邊及對角線的長，也可以說是，直角三角形的短邊與斜邊之長。我們將分別以字母 c 和 b 標示這些行。例如說吧，第一列就顯示項目 $b = 1{,}59$ 與 $c = 2{,}49$，分別代表數目 $1 \times 60 + 59 = 119$ 與 $2 \times 60 + 49 = 169$。快速計算可以給我們第三邊的長：$a = \sqrt{169^2 - 119^2} = \sqrt{14400} = 120$，因此，(119, 120, 169) 是一個畢氏三數組。還有，我們也在第三列讀到 $b = 1{,}16{,}41 = 1 \times 60^2 + 16 \times 60 + 41 = 4601$ 與 $c = 1{,}50{,}49 = 1 \times 60^2 + 50 \times 60 + 49 = 6649$，因此，$a = \sqrt{6649^2 - 4601^2} = \sqrt{23040000} = 4800$，為我們給出了 (4601, 4800, 6649) 這個畢氏三數組。

這個數表包括明顯的錯誤。在第九列中，我們找到了 $b = 9{,}1 = 9 \times 60 + 1 = 541$ 與 $c = 12{,}49 = 12 \times 60 + 49 = 769$，而這些無法構成畢氏三數組，因為第三個數不是整數。但是，如果我們以 $8{,}1 = 481$ 取代 9,1，那麼我們就可以真的得到 a 的整數值：$a = \sqrt{769^2 - 481^2} = \sqrt{360000} = 600$，而到三數組 (481, 600, 769)。看起

▼ 表 1.1　普林頓 322

$(\frac{c}{a})^2$	b	c	
[1,59,0,]15	1,59	2,49	1
[1,56,56,]58,14,50,6,15	56,7	3,12,1	2
[1,55,7,]41,15,33,45	1,16,41	1,50,49	3
[1,]5[3,1]0,29,32,52,16	3,31,49	5,9,1	4
[1,]48,54,1,40	1,5	1,37	5
[1,]47,6,41,40	5,19	8,1	6
[1,]43,11,56,28,26,40	38,11	59,1	7
[1,]41,33,59,3,45	13,19	20,49	8
[1,]38,33,36,36	9,1	12,49	9
1,35,10,2,28,27,24,26,40	1,22,41	2,16,1	10
1,33,45	45	1,15	11
1,29,21,54,2,15	27,59	48,49	12
[1,]27,0,3,45	7,12,1	4,49	13
1,25,48,51,35,6,40	29,31	53,49	14
[1,]23,13,46,40	56	53	15

注意: 中括號內的數字是現代重建的結果

來，這個錯誤只是「刻錯」，那位書記可能暫時分神，以至於在軟黏土上刻上九劃標記而非八劃。然後，一旦這塊泥版在陽光下曬乾，他的一時疏忽就成為有稽可查的歷史一部分。再有，在第十三列，可以看到 $b = 7,12,1 = 7 \times 60^2 + 12 \times 60 + 1 = 25921$ 且 $c = 4,49 = 4 \times 60 + 49 = 289$，而這也不構成畢氏三數組。不過，我們注意到 25921 是 161 的平方，而 161 與 289 的確構成一個三數組 (161, 240, 289)。看起來，這位書記只是忘記取 25921 的平方根罷了。在第十五列中，我們找到 $c = 53$，至於正確的項目應該是那個數的兩倍，亦即 $106 = 1,46$，構造了

(56, 90, 106) 這個三數組。[4]這些錯誤留給我們一種感悟：人類天性在過去四千年來並未改變；今日學生常為了試卷上「只是小小的愚蠢錯誤」，[5]而祈求老師放他一馬，我們這位不知名的書記並沒有比他或她應該擔負更多疏忽的責任。

這張數表最左邊的一行，是最叫人困惑的部分。它的標題也提及「對角線」這個字，但是，為損壞的文本之正確意義，則並不完全清楚。當我們檢視它的項目時，一個令人驚奇的事實現身了：這一行給出了 $\frac{c}{a}$ 這個比的平方，亦即，$\csc^2 A$ 值，其中 A 是 a 邊所對的角，而 $\csc A$ 則是三角函數中的正割函數（圖1.4）。讓我就第一列來核證這一事實。我們有 $b = 1,59 = 119$ 且 $c = 2,49 = 169$，由此我們有 $a = 120$。因此，$(\frac{c}{a})^2 = (\frac{169}{120})^2 = 1.983$，四捨五入到小數點後第三位。

而這的確是第四行的對應項目：$1;59,0,15 = 1 + \frac{59}{60} + \frac{0}{60^2} + \frac{15}{60^3} = 1.983$。

（我們應該再次注意巴比倫人並未使用記號表示「空白項目」，因此，一個數可以按許多不同方法詮釋；正確的詮釋必須從脈絡導出。在這個剛剛引述的例子中，我假設其中先導的 1 代表個位數而非六十的乘冪）。讀者可以自行檢驗本行的其他項目，驗證它們的確等於 $(\frac{c}{a})^2$。

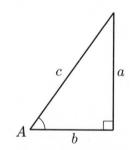

▲ 圖1.4　角的餘割：$\csc A = \frac{c}{a}$

現在，許多問題立即湧現：本數表中的項目之出現順序是隨機的嗎？或者它遵循了某種看不見的模式？巴比倫人如何發現構成畢氏三數組的那些特殊的數？而且，他們為什麼一開始會對這些數——尤其是 $(\frac{c}{a})^2$ 這個比中的數——感興趣呢？第一個問題相當容易回答：如果我們逐列比較 $(\frac{c}{a})^2$ 的值，我們發現它們穩定地從 1.983 遞降到 1.387，因此，看起來這些項目的順序，是由這個序列所決定。還有，如果我們計算第四行中的每一項之平方根——亦即比 $\frac{c}{a} = \csc A$——然後，求出對應的角 A，我們發現角 A 穩定地從 45° 遞升到 58°。因此，這份文本的作者感興趣的，似乎不僅在尋找畢氏三數組，而且也在於決定對應的直角三角形之比 $\frac{c}{a}$。這個假設有朝一日將可驗證，只要這塊泥版遺失部分現身，因為它應該包括遺失的有關 a 與 $\frac{c}{a}$ 這兩行的值。果真如此，普林頓 322 將成為歷史上第一張三角函數表。

至於巴比倫人如何找到這些數組——包含像 (4601, 4800, 6649) 這麼大的一組——只有一個合乎情理的解釋：他們必須已經知道 1500 年後在歐幾里得《幾何原本》中被形式化的一種演算法：令 u 與 v 為正整數，$u > v$，則

$$a = 2uv,\ b = u^2 - v^2,\ c = u^2 + v^2 \tag{1}$$

構成一個畢氏三數組。（如果我們還要求 u 與 v 是相反的一對——一偶一奇——而且它們除了 1 外沒有其他公因數，則 (a, b, c) 是一個樸素的畢氏三數組，亦即，a, b, c 除了 1 之外，沒有其他的公因數）。由(1)式所給出的數 a, b, c 滿足 $a^2 + b^2 = c^2$ 是容易驗證的：

$$a^2 + b^2 = (2uv)^2 + (u^2 - v^2)^2$$
$$= 4u^2v^2 + u^4 - 2u^2v^2 + v^4$$
$$= u^4 + 2u^2v^2 + v^4$$
$$= (u^2 + v^2)^2 = c^2 \text{。}$$

這個命題的逆命題——每一個畢氏三數組都可以按此一方式找到——之證明是有一點困難的（參見附錄 B）。

普林頓 322 因而顯示了巴比倫人不僅熟悉畢氏定理，而且也知道數論的一些初階知識，並擁有將理論付諸實踐的計算技能——早在希臘出現他們第一位大數學家 1000 多年前，這個文明就能有此等成就，可說是相當不凡。

註解與參考文獻

❶ 有關巴比倫人如何逼近 $\sqrt{2}$ 的值，請參見附錄 A。

❷ 接下去的文本改寫自拙著《毛起來說三角》，而那是參考奧圖·諾伊格鮑爾 (Otto Neugebauer)，《古代的嚴正科學》(*The Exact Sciences in Antiquity*, 1957; rpt. New York: Dover, 1969) 第 2 章。也參考 Eves, pp. 44-47。

❸ 更精確地，它的逆命題是：若一個三角形的三個邊滿足方程式 $a^2 + b^2 = c^2$ 則這個三角形是直角三角形。

❹ 不過，這並非樸素的三數組，因為這三個數有公因數 2，它可以化簡為 (28, 45, 53)。這兩個三數組表徵了兩個相似三角形。

❺ 在第二列出現了第四個錯誤，其中項目 3, 12, 1 應該是 1, 20, 25，構造了 (3367, 3456, 4825) 這個三數組。這個錯誤尚未曾被說明。

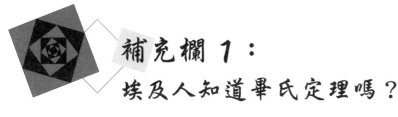

補充欄 1：
埃及人知道畢氏定理嗎？

埃及人必定曾經使用這個公式 $a^2 + b^2 = c^2$，否則他們
將不可能建造金字塔。不過，他們從未將它表示成為
一個有用的理論。
——哈其姆，《科學的故事》，第 78 頁

　　美索不達米亞西南五百哩，沿著尼羅河的河谷，興起了另一個偉大古文明，埃及。這兩個國家共存了三千年之久，從大約西元前 3500 到希臘時代，維持了相當程度的和平關係。這兩個文明都發展了先進的書寫技能、都是蒼穹的精明觀察者，並且保存了軍事勝利、商業交易與文化遺產的精細記錄。不過，儘管巴比倫人記錄所有這些在黏土泥版——本質上不會損壞的書寫材料——埃及人則使用紙莎草，一種非常脆弱的媒介物。要不是由於沙漠的乾燥氣候，他們書寫的東西很早以前就已經解體了。即使如此，比起同時代的美索不達米亞，我們對古埃及的知識還是少了許多；我們真正所知道的，主要來自於埃及統治王朝陵墓所發現的人工製品、少數得以流傳至今的紙莎草捲，以及他們神廟與石碑上的象形雕刻。

　　埃及神廟最著名的，是超過 1500 年之久所建造的金字塔，法老王在世時，他們用金字塔榮耀他，在他死後更是如此。有關金字塔，相

關文獻可以說是汗牛充棟；可惜，其中大部分都是虛構多於事實。這些金字塔吸引了一群崇拜者，他們在這些石碑中，發現與宇宙中差不多每一件事的隱密連結，從 π 的數值與黃金比，到行星與恆星的排列。茲引述傑出的埃及學家吉林斯 (Richard J. Gillings) 的說法：「作家、小說家、新聞記者，以及奇幻作家在十九世紀發現一個新的單元〔金字塔〕、一來有新的想法可以發展，再者，他們對這主題的認知越少、越不懂的話，越有助於他們的想像力自由奔馳。」❶

的確，建造像胡夫 (Cheops) 這樣偉大金字塔的巨型紀念塔——每邊 756 呎，且高聳到頂的高度 481 呎——需要好多的數學知識，而且，必定包括畢氏定理。不過，真是這樣嗎？我們有關古埃及數學的資訊，是來自萊因德紙草文件，是包含有八十四個處理算術、幾何以及初步代數的問題集。它在 1858 年由蘇格蘭的埃及學家萊因德 (A. Henry Rhind) 所發現，這張紙草 18 呎長，13 吋寬。這本最古老的數學教科書（現藏於倫敦大英博物館），保存條件極佳；幾乎完整無缺地呈現在我們眼前。❷這張紙草大約在西元前 1650 年，由一位稱作阿姆斯（A'h-mose，現在英文多拼成 Ahmes）的書記所寫。但是，這並不是他自己的作品；正如阿姆斯所告訴我們的，他只是從一份更早的文件上抄寫而成，這份文件大約可追溯到西元前 1800 年。這八十四個問題的每一個，都有細膩的逐步解法；某些問題還附有圖形。這部作品極有可能是書記學校使用的訓練手冊，畢竟讀、寫、算——也就是我們今日所謂三 R——這樣的任務，可是寄託於皇家書記這群人身上。

在《萊因德紙草》的這八十四題中，有二十題本質上屬於幾何，處理了求解一個圓柱形穀倉的體積或一個給定邊的田地面積，後者對埃及人來說至為重要，因為他們的生計依賴尼羅河的每年定期氾濫。另外，其中五題還特別和金字塔有關。然而，沒有任何一個曾經參考過畢氏定理，無論直接或間接。有一個一直重複出現的概念，是金字塔邊的斜率 (slope)，它對建造者是相當有意義的問題，因為他們必須保證

這四面全都維持相同與一致的斜度。**❸**但是畢氏定理呢？一次都沒有。

　　當然，就像考古學家喜歡指出，缺乏證據並不表示沒有證據。不過，《萊因德紙草》極可能代表一個有學問的人——書記、建築師或收稅員——日後生涯中會遭遇的那一類數學之摘要，因此，缺乏引用畢氏定理之證據，還是強烈地指出埃及人並未知道此一定理。**❹**經常有人討論說他們使用一條等間距打結的繩子，以便測量距離，於是，往下推論說，3–4–5（共 12 個結）的繩子一定引導埃及人發現 3–4–5 三角形是直角三角形，因而或許引導他們發現 $3^2 + 4^2 = 5^2$ 之事實。然而，再怎麼說，都缺乏證據支持此一假設。甚至正如某些學者所說明，他們使用 3–4–5 繩子來建構直角三角形，也不是那麼合乎情理，因為要是使用一條鉛垂線，那就更容易達到目的了。這個案例的最佳總結，可以引述三位傑出的古代數學史家的說法：

> 在所有〔數學史〕書籍的 90% 當中，吾人找到埃及人知道邊為 3, 4, 5 的直角三角形，以及他們利用這去畫直角之敘述。這個敘述有多少價值呢？完全沒有！
>
> ——凡德瓦登 (Bartel Leendert van der Waerden)**❺**

> 沒有跡象顯示埃及人知道畢氏定理的概念，儘管存在有「拉繩索者」(harpedonaptai, rope stretchers) 的無稽之談，這些拉繩索者據說是借助一條有 $3 + 4 + 5 = 12$ 個結的弦，畫出了直角三角形。
>
> ——史楚伊克 (Dirk Jan Struik)**❻**

> 看起來沒有證據顯示他們知道三角形 (3, 4, 5) 為直角；誠然，根據最近的權威（皮特 (T. Eric Peet)，《萊因德數學紙草》(*The Rhind Mathematical Papyrus*, 1923)），埃及數學中沒有任何東西指出熟悉這個事實或者畢氏定理的任何特例。
>
> ——史密斯**❼**

當然，考古學家將來某天可能發掘一份文件，顯示一個正方形以及其旁刻有邊長與對角線長，正如 YBC 7289 一樣。不過，直到那發生之前，我們無法下結論說：埃及人知道直角三角形的邊及對角線之關係。

▌註解與參考文獻▐

❶《法老王時期的埃及數學》(*Mathematics in the Time of the Pharaohs*, 1972; rpt. New York: Dover, 1982) 第 237 頁。

❷參考恰斯 (Arnold Buffum Chace)，《萊因德數學紙草》(*The Rhind Mathematical Papyrus: Free Translation and Commentary with Selected Photographs, Transcriptions, Transliterations and Literal Translations*, Reston, Va.: National Council of Teachers of Mathematics, 1979)。

❸有關這個主題，參考拙著《毛起來說三角》，第 6–9 頁。譯按：此處頁碼以英文原版為準。

❹根據史密斯 (Smith, vol. 2, 第 288 頁)，發現於卡夫姆 (Kahun) 屬於第十二朝代的一份紙草文件曾引用四個畢氏三數組，其中之一為 $1^2 + (\frac{3}{4})^2 = (1\frac{1}{4})^2$。這在消去分數之後，等價於三數組 (3, 4, 5)。不過，這些三數組是否指涉直角三角形，則不得而知。

❺《科學的覺醒》(*Science Awakening*, trans. Arnold Dresden, New York: John Wiley, 1963) 第 6 頁。凡德瓦登接著針對這個敘述說明他的理由，補充說「不斷地複製〔埃及人使用 3–4–5 邊的三角形去畫直角這個假設〕，使得它成為一個普遍為人所知的事實。」

❻《簡明數學史》(*Concise History of Mathematics*, New York: Dover, 1967), p. 24. 史楚伊克 (Struik 1894–2000) 是荷蘭裔的美國學者，在 1926–1960 年間任教於麻省理工學院 (MIT)。在他的訃文中，MIT 的第伯內 (Dibner) 科技史研究所所長伊夫琳‧辛哈 (Evelyn Simha) 形容他是「負責傳播全球一半數學史基本知識的講師」(《紐約時報》，2000 年 10 月 26 日，第 A29 頁)。他一生活躍，至死方休，享年 106 歲。

❼《幾何原本》十三冊 (*The Thirteen Books of Euclid's Elements*), vol. 1 (London: Cambridge University Press, 1962)，第 352 頁。

第 *2* 章 ─────────────

畢達哥拉斯

數目統治宇宙。

　　──畢達哥拉斯格言

　　你們將會在每一本數學史書籍中發現他的圖片,一個古老的聖像帶著長長的鬍鬚與智慧的眼光(圖 2.1)。然而,這位令人尊敬的人是誰呢? 真相是,我們都不知道。畢達哥拉斯是歷史上最神祕的角色之一; 有關他的資訊我們就只知道那一點點,可能也是虛構多於事實,因為那是幾百年後的史家所寫成的。因此,有關他的每一件事──還有,那張肖像所傳達的最確定形象──都必須要半信半疑才是。❶

▲ 圖 2.1　畢達哥拉斯

　　根據傳統的說法，畢達哥拉斯大約西元前 570 年出生於愛琴海的沙摩斯島上，剛好是在小亞細亞（今日土耳其）的海岸外。離東邊不遠的米利都 (Miletus) 濱海小城，住了一位著名的哲學家泰利斯；希臘有許多哲人，建構出往後 4 年間的知識基礎，而泰利斯正是其中第一人。因此，我們或許可以假定——雖然我們無法確定——年輕的畢達哥拉斯投入這位大師的門下學習，而被點燃了學習數學與哲學的熱情。後來，畢達哥拉斯到古代世界的文明主要中心遊學，其中包括埃及和波斯，盡其可能吸收它們的文學、宗教、哲學和數學。這位年輕學者在遊歷四處期間所學到，帶給他極深刻的印象。

　　當畢達哥拉斯回到他出生的島嶼時，他發現家鄉已經被暴君波里克拉所統治，因此，他只好離開沙摩斯，在（今日義大利的西南海濱的）希臘的邊陲城市克羅頓 (Croton) 安頓下來。在那裡，他建立了一所學校，即將對往後世代學者造成深遠的影響。在這位大師的領導下，畢氏學派研習當時已經存在的每一門知識學科，尤其是哲學、數學和天文學。不過，他們的學校不只是一所學校：他們建立一個學派，一個宣誓效忠、嚴格約束成員的兄弟會。畢氏學派宣誓密守他們的討論內容，或許是為了避免被他們的敵人——他們的確有許多——所藐視。或者也許這個公約可使他們更容易遠離大部分同胞每日的辛勞工作。無論是什麼原因，他們的神祕感帶來了不幸的歷史後果：他們的討論未能讓更多人知道，至少一開始是如此。我們所確定知道的畢氏學派，幾乎完全來自之後時代的作者，他們在榮耀這位大師的同時，經常企圖互相較勁。❷

　　被納入少量的原始文獻的，是畢氏學派遵循口語傳播的東方傳統。書寫材料極端稀少；埃及紙草大約在西元前 650 年被引入希臘，但在畢達哥拉斯時代供應一直不足。羊皮紙尚未問世，而若要書寫長篇哲學論述，黏土泥版也幾乎不適合。結果，知識從一代傳到下一代，主

要是運用口傳，就算有過書寫紀錄，也只有少數留存下來。還有，由於出自對領導者的尊崇，畢氏學派所完成的發現都歸功給畢達哥拉斯本人，因此，它們的真正發現者可能永遠不會為人所知。

　　畢達哥拉斯的第一項主要科學發現,是屬於一個不太可能的主題:聲學。故事接著說，當他有一天走在街上，他從鐵匠舖聽到鏗鏘有力的聲音。他停下腳步前去調查，結果發現這個聲音源自鐵匠用鎚子敲打金屬片的振動: 鐵片越大，產生的聲調越低。畢達哥拉斯於是利用鐘與裝滿水的玻璃器皿實驗，也發現同樣的一般關係式: 物體越大，音調越低。

　　不過，畢達哥拉斯並不滿足這種純定性的關係式。他進一步探討弦的振動（圖 2.2），發現它們的音調與弦長成反比。想像有兩條弦是同樣物質所構成、同樣厚度並由同樣張力所撐開，其中一條是另一條的兩倍長。如此，短弦的振動頻率將兩倍於長弦的振動頻率; 運用音樂名詞來說明，這兩條弦是相差八度音階。同理，長度比 3：2 對應到第五度音程; 比 4：3 對應到第四度音程，等等（八度、五度、四度這些名稱都出自這些音程在音階中的位置）。這是一個重大的發現，也是人類第一次，以精確量化的術語描述自然現象。就某個意義來說，它標誌著數學物理的起源。

▲ 圖 2.2　畢達哥拉斯發現和音定律

從那裡到畢達哥拉斯的下一個發現，不過是一步之遙。如果這兩條弦被允許同時振動，它們就製造了音樂和弦 (musical chord)。畢達哥拉斯發現弦長的簡單比產生了悅耳的和弦或輔音 (consonants)，這對他而言，是極大的喜樂。而其中主要的是剛剛提及的音程──八度、五度和四度音程，被畢達哥拉斯稱為完美音程 (perfect intervals)。更複雜的比對應到比較不悅耳的和弦；例如說吧，9：8 這個比產生第二度音程，是再清楚不過的不和諧和弦 (dissonant chord)。畢達哥拉斯於是下結論說：數值比支配了音樂和音律──而再延伸，則是支配了整個宇宙。畢氏學派後來為此理念深深著迷，甚至對他們而言，這是他們觀察世界時所仰賴的基石。

為了理解信念的這種巨大躍進，我們必須記住，在古希臘時代，音樂之重要性位階等同於算術 (arithmetic，特別是數論)，幾何學與天文學；這四個主題就成為四學科 (*quadrivium*)，在當時，若要做一名受過教育之人，那他必須先精通這四大核心課程。而由於音樂被放在與數學相同的立足點上，雙方對彼此的影響巨大，這並不教人意外（只要想想在數學上，「調和」這個字的經常現身──調和平均，調和級數，以及調和函數，不過叫出少數幾個而已）。因此，畢氏學派論證說，如果數目支配音樂的和音，它們必也支配宇宙中的其他的每一個事物。

畢氏學派執著於數目造成許多結果，有一些對科學的進展有所裨益，其他則是有害。一方面，這激發他們研究數目（此處指正整數）的數學性質；也因此埋下現代數論的種籽。但是，要是太過痴迷、一味狂熱追求，那就偏離正道了。畢氏學派對於數目之至高無上──無論是在音樂和音中或物質宇宙中──的不妥協信仰，使他們看不到其他理念也許可以更好地說明大自然的運作。將自然律臣服於美、對稱與和諧的希臘理念，畢氏學派阻礙物理科學的發展，足足有兩千年之久。

最明顯的便是希臘的宇宙論了。畢氏學派認為地球是懸掛在宇宙中心的一個球體，而恆星則是像小顆的珠寶，鑲嵌在天頂，每二十四小時以完美的圓繞著地球運行一周。太陽、月球，以及當時所知的五顆行星，都以它們各自的圓形軌道繞地旋轉，疊加在天頂的運行上。當這些圓形軌道不完全符合觀測數據時，它們在西元前第三世紀，被本輪 (*epicycles*)──圓心沿著主要的圓形軌道移動的一些小圓──所取代。當本輪的個數增加，越來越多被加入到已知的部分，直到這個系統變得笨拙不堪使用。儘管如此，希臘人的世界圖象還是支配了天文學超過兩千年之久。天體遵循圓形之外的其他軌道之可能性，是希臘人所無法接受的：它必須是個圓，所有形狀中最美的。甚至當哥白尼 (Nicolaus Copernicus) 在他的《論天體之旋轉》(*De Revolutionibus*, 1543) 中，將地球從宇宙中心的尊貴地位貶損下來，並以太陽取代時，他還是緊抓住這個古老的、好的圓形軌道。要一直等到 1609 年，克卜勒 (Johannes Kepler) 才讓這圓形軌道退休，以橢圓取代之。針對這個曲線，牛頓後來又擴充，增入了拋物線和雙曲線。

不過，請容許我們回到數學上。畢氏學派研究數目始自性靈的探索，有點近於今日的卡巴拉 (Kaballah)。對於他們來說，每個數目都攜帶著一個符號的身分 (symbolic identity)。一是所有數目的生成元 (generator)，因為每一個數都可以從它累加而成；因此，它有一個特殊的地位，而且其本身不被視為數目。二和三分別代表女性與男性，而五則代表它們的聯姻。五也是正多面體的個數，這些立體的每一個面都是相同的正多邊形（圖 2.3）：四面體（有四個等邊三角形），立方體（有六個正方形），八面體（有八個正三角形），十二面體（有十二個正五邊形），以及正二十面體（有二十個正三角形）。根據畢氏學派的

說法，這五個立體代表宇宙被認為據以構成的五種元素：火，土，氣，水，以及環繞所有一切的天頂。五獲得某種神聖的地位，而在五星形式中的五也就成為畢氏學派的標記（圖 2.4）。

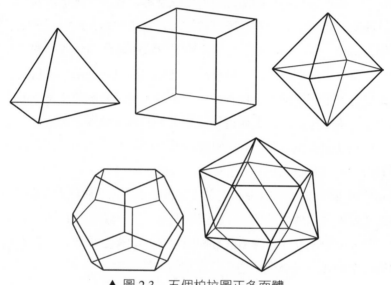

▲ 圖 2.3　五個柏拉圖正多面體

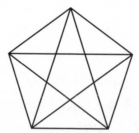

▲ 圖 2.4　五星形：畢氏學派的標記

　　比起五更神聖的是六，第一個完美數。一個數如果等於它的真因數（含 1 但排除本身）之和，就是完美數。6 的真因數是 1, 2 與 3，且由於 1＋2＋3＝6，所以，6 是一個完美數。下三個完美數是

28 (= 1 + 2 + 4 + 7 + 14), 496 (= 1 + 2 + 4 + 8 + 16 + 31 + 62 + 124 + 248)，以 及 8,128 (= 1 + 2 + 4 + 8 + 16 + 32 + 64 + 127 + 254 + 508 + 1,016 + 2,032 + 4,064)。這些是希臘人僅知的四個；第五個，33,550,336 一直到 1456 年才被發現。在本書撰寫的這個時候，總共有四十三個為我們所知，全都是偶數；至於是否有奇完美數存在，或者完美數的個數是有限還是無限，也仍然尚未為我們所知。❸

對畢氏學派特別有興趣的，是擬形數 (*figurative numbers*)，是可以安排成為規則模式的點 (dots) 所表徵的一些數目。考慮前五個整數，1 + 2 + 3 + 4 + 5。我們可以將這個和表現成為梯狀的點，如下：

$$1 + 2 + 3 + 4 + 5$$

為了找出這些點的總和，讓我們填滿空白的地方，以得到一個長方形：

$$1 + 2 + 3 + 4 + 5 = \frac{(5 \times 6)}{2} = 15$$

這個長方形有 $5 \times 6 = 30$ 個點；而且，這是黑點的兩倍，因此，所求的點數是 30 的一半，或 15。延拓這個和到前 n 個整數，我們得到公式

$$1 + 2 + 3 + \cdots + n = \frac{n(n+1)}{2}。 ❹$$

一個甚至更加有趣的模式，涉及了前 n 個奇數——$1 + 3 + 5 + \cdots + (2n-1)$——的和。我們注意到 $1^2 = 1$，$1 + 3 = 4 = 2^2$，$1 + 3 + 5 = 9 = 3^2$，等等。無論我們加了多少個奇數，它們的和永遠是一個完全平方：$1 + 3 + 5 + \cdots + (2n-1) = n^2$。

點的模式使得這個事實變得清晰：

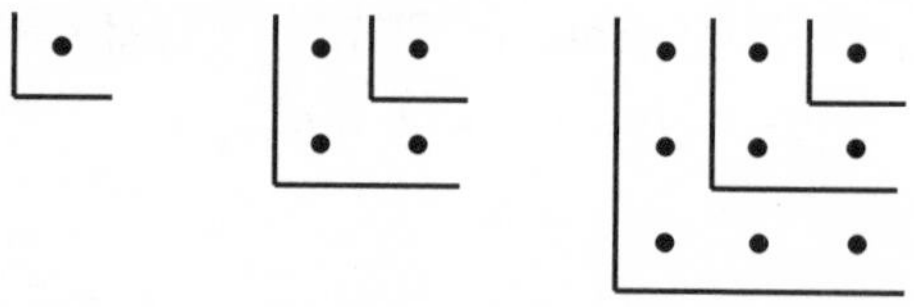

$$1 = 1^2 = 1 \quad 1 + 3 = 2^2 = 4 \quad 1 + 3 + 5 = 3^2 = 9$$

這些探索，引領畢氏學派發展出早期的代數，它是以各類圖形的相互關係為基礎建構而成。例如說吧，$(a+b)^2 = a^2 + 2ab + b^2$ 可以在考慮一個邊長為 $(a+b)$ 的正方形時，以幾何方式證明，正如圖 2.5 所示。

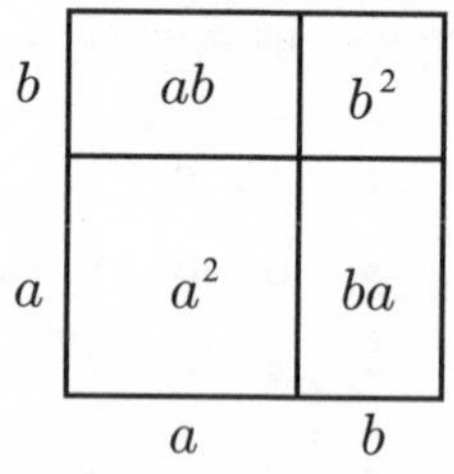

▲ 圖 2.5　$(a+b)^2 = a^2 + 2ab + b^2$ 的幾何證明

我們可以將這個正方形切割成為兩個面積分別為 a^2 和 b^2 的小正方形，以及兩個面積為 $a \times b$ 和 $b \times a$ 的長方形。不過，這兩個長方形全

等，所以，它們的面積相等。因此，切割開來的部分之總面積
為 $a^2 + 2ab + b^2$，而這等於原來的正方形面積 $(a+b)^2$。其他公式如
$(a-b)^2 = a^2 - 2ab + b^2$ 或 $(a+b)(a-b) = a^2 - b^2$，也可依類似方式來
證明。這種幾何式的代數 (geometric algebra) 是我們現代符號代數的
先驅。❺

　　然後，他們也有畢氏三數組。正如第 1 章所提及，這些是滿足
$a^2 + b^2 = c^2$ 的正整數。畢氏學派學者身為以其大師為名的著名定理之
專業發現者，當然渴望發現三邊長都是整數值的直角三角形，然而，
不久就體會到說的比做的容易：我們可以任意選整數長度的兩邊，但
第三邊通常不會是整數值。不過，在罕見的場合，這種畢氏三角形
(Pythagorean triangles) 的確可以找到，帶給這個教團極大的喜樂。傳
說他們會為此舉辦宴會，宰殺一百頭牛來慶祝。❻
　　至於畢氏學派如何發現這些三角形呢？我們缺乏直接證據。根據
某一種說法，他們運用了下列公式：

$$n^2 + (\frac{n^2-1}{2})^2 = (\frac{n^2+1}{2})^2 \tag{1}$$

這指出：對每一個 n 的奇數值來說，數 n, $\frac{n^2-1}{2}$ 與 $\frac{n^2+1}{2}$ 構成一個
畢氏三數組（其實是樸素的三數組，參見本書第 13 頁）。例如，對 3
而言，我們有數組 (3, 4, 5)；而對 5 來說，則有 (5, 12, 13)，等等。
　　利用現代的代數證明方程式(1)當然易如反掌，不過，那不是希臘
人的作法。極有可能，他們基於下列觀察，而使用幾何證法。想像一
個有 m^2 點的陣列，排成 m 行 m 列。在這個正方形陣列的外邊，我們

可以放置 $2m+1$ 額外的點（m 點各沿著相鄰的兩邊，還有 1 點擺在角落），便成為一個有 $(m+1)^2$ 個點的擴張正方形。例如說吧，若 $m=4$，則 $2m+1=9$，如此，從一個有 $4^2=16$ 個點的陣列，我們可以得到 $5^2=16+9=25$ 個點的一個新陣列：

```
○   ○   ○   ○   ○
○   ●   ●   ●   ●
○   ●   ●   ●   ●
○   ●   ●   ●   ●
○   ●   ●   ●   ●
```

因此，我們導出下列公式：

$$m^2 + (2m+1) = (m+1)^2 \tag{2}$$

其中，我們認識到它是一個來自初等代數的熟悉等式。現在，假設 $2m+1$ 是一個完全平方，比方是 n^2。則方程式(2)就成為 $m^2+n^2=(m+1)^2$，而產生了畢氏三數組 $(m, n, m+1)$。針對 m 解方程式 $2m+1=n^2$，得 $m=\dfrac{n^2-1}{2}$，則方程式(2)就成為

$$(\dfrac{n^2-1}{2})^2 + n^2 = (\dfrac{n^2+1}{2})^2$$

這剛好是方程式(1)。❼

　　不過，這些發現再怎麼重要，和另外兩個深刻影響未來數學發展的事件一比，也相形失色。這兩個事件是：畢達哥拉斯對這個以他為名的定理之證明，以及一個新種類的數——無法寫成兩個整數的比，

亦即無理數——之發現。這個發現的證明及細節都未能留傳下來，因此，我們可以做的，是依賴之後年代的作者的書寫，再加上我們自己的想像。❽

當歐幾里得在大約西元前 300 年書寫他的《幾何原本》時，他給出了畢氏定理的兩個證明：其一，第 I 冊命題 47 (I.47)，完全依賴面積的關係，且相當老練複雜；另一個，是第 VI 冊命題 31 (VI.31)，是基於比例的概念，而且簡單多了（我們將在第 3 章討論這兩種方法）。這些是畢達哥拉斯自己的方法嗎？畢達哥拉斯可能不會利用 I.47 的方法，幾何學在他那個時代還沒有那麼進步。他有可能利用 VI.31，不過，即使如此，他的證明會有瑕疵，因為比例的完備理論是由尤得塞斯所發展，而他生長在畢達哥拉斯之後差不多兩個世紀的時代。另一方面，有某種理由相信畢達哥拉斯首先證明了等腰直角三角形，亦即45-45-90度三角形這個特例。這個證明老早為印度人所知，而畢達哥拉斯可能在遊學地中海時，聽聞得知。這個證明相當簡單：在正方形 *ABCD* 中，連接鄰邊與對角線的中點（圖 2.6）。內正方形 *KLMN* 被切割成四個全等的 45-45-90度三角形。這些任意兩個組合的面積，都會等於在三角形 *MCN* 的邊 *MC* 或 *NC* 所張出的正方形面積，因此，正方形 *KLMN* 的面積等於那兩邊所張出的正方形面積之和。

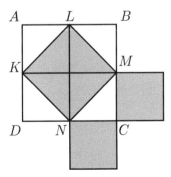

▲ 圖 2.6　畢氏定理的特例：45-45-90 度三角形

　　畢達哥拉斯也曾證明通例嗎? 我們缺乏直接證據, 但是很難相信
在演示了特例之後, 他不會進一步去建立一般性的定理。希臘數學傳
統所歸功給他的一個演示 (demonstration) 老早為中國人所知。在圖 2.6
中, 將 45 度位置的內正方形傾斜一下, 我們可得圖 2.7 (a)的構圖。正
方形 *ABCD* 現在切割成為一個內正方形 *KLMN* 以及四個全等的直角
三角形 (塗有陰影)。重組這些三角形如圖 2.7 (b)所示, 我們發現剩下
為圖陰影的部分的面積, 是正方形①與②的面積——亦即直角三角形
兩股所張出的正方形面積——之和。

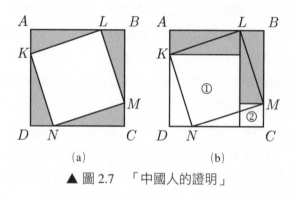

(a)　　　　　　　　(b)

▲ 圖 2.7　「中國人的證明」

　　我們在第 5 章將會再度遭遇「中國人的證明」。這是否就是畢達哥
拉斯真正使用的方法, 我們可能永遠不會知道。[9]無論如何, 畢氏定
理這個證明預示著我們思考數學的方式的一種根本改變: 不再只是發
現數學物件的一種新的關係而已, 必須藉由邏輯上相容的論證去證明
它。這個改變標誌著前希臘數學的經驗本質, 到成為今日演繹學科
(deductive discipline) 的整個轉變過程。

　　45-45-90度三角形自然會將畢氏學派引到下列問題: 給定邊為單
位長的一個正方形, 求對角線的長 (圖 2.8)。以 *d* 代表這個長並使用

畢氏定理，我們有 $d^2 = 1^2 + 1^2 = 2$，因此，$d = \sqrt{2}$（以今日記號表示之）。但是，$\sqrt{2}$ 究竟是什麼類的數？一個簡單的尺規作圖（圖 2.9）可以證明 $\sqrt{2}$ 的值介於 1 與 2 之間，因此，它必須是一個分數——兩個整數的比。然而，無論畢氏學派如何努力，企圖找到這個比，他們總是失敗：許多比（值）會接近，但沒有任何一個恰好等於 $\sqrt{2}$。因此，無理數的無理 (irrational)，是指「不是有理的」(*not rational*) 之意思。不過，請注意這個字的雙重意義：它也意指「不被理性所支配」(not governed by reason)，湊巧的是，當希臘人發現 $\sqrt{2}$ 不是整數的比時，他們正是這樣的反應。

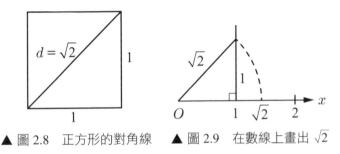

▲ 圖 2.8　正方形的對角線　　▲ 圖 2.9　在數線上畫出 $\sqrt{2}$

　　這個發現的正確情況，就像畢氏學派的所有其他發現一樣，都籠罩在神祕之中；我們不知道是否畢達哥拉斯自己或徒弟之一應該獲得此一名譽，也不知道使用哪一個證法（在附錄 D 我們給出一個證法）。無論如何，這個發現使得畢氏學派無所適從，因為此處是一個幾何量——正方形的對角線——其長度無法表示為兩個整數的比。這立即撼動了他們對於有理數的至高無上之信仰，而它也帶來非常深遠的反響。由於不曉得如何處理這個新種類的量 (magnitude)，畢氏學派完全拒絕將它視為一個數，實際上是將正方形的對角線視為一個沒有數值的量 (numberless quantity)。因此，幾何與算術，以及延伸的幾何與代數之間，就出現了裂縫。這個裂縫將會在以後的兩千年間持續存在，也將

成為數學的未來發展的一個主要障礙；要一直等到十七世紀，由於笛卡兒發明了解析（坐標）幾何，這個分隔才終於有了跨橋連接起來。

根據傳說，畢氏學派是如此地被 $\sqrt{2}$ 是無理數的發現所震撼，以至於他們都發誓嚴守祕密，或許是擔心它可能對大眾造成可怕的影響。然而，名字叫海巴瑟斯 (Hippasus) 的門徒，卻將此祕密洩露出去。被這種忠誠破壞所激怒，他的同門師兄弟將他從船上丟入海中，而他的軀骸到今天還躺在地中海底。

畢氏學派的遺產流傳超過有兩千年之久，而且在某種程度上，還延續到今天。畢氏學派對於數目符號法則以及數目神祕主義的偏執理念，影響了無數的作家、藝術家與思想家。首先由畢氏學派所發現的數學與音樂，在文藝復興時期歐洲獲得迴響，在那兒，大教堂是根據樂音比例 2：1, 3：2 與 4：3 來設計。引自 1617 年問世的書籍之插圖（圖 2.10）顯示上帝之手已經調好巨大的單弦──那是一條沿著共鳴板的弦，而在此板上，行星軌道疊加在音階的間隔上。因此，「星球的音樂」(music of the spheres) 這個片語就成為許多文藝復興科學家的靈感。天文學家克卜勒就是最後的畢氏學派中的一位。他同時是最高等級的科學家，以及死硬的神祕主義者，曾經花費了──有些人會說他浪費了──生命中的寶貴三十年時間，尋求發現音樂和諧中的行星運動定律。克卜勒相信每一顆行星都按照它與太陽的距離，而演奏某一音調──距離越近，音調越高（圖 2.11）。不過，倒是經由克卜勒的手，終止了古老的希臘圓形軌道的使用，代之以橢圓軌道，因而帶領天文學走上現代化的道路。

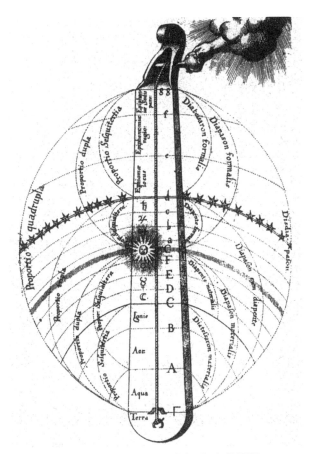

▲ 圖 2.10　上帝之手在調宇宙的單弦

▲ 圖 2.11　「行星的和諧」，取自克卜勒的《世界之和諧》(1619)

畢氏哲學的精神到今天還持續徘徊。在愛因斯坦寫出明確而偉大的廣義相對論之後，在自然律中，簡單和對稱扮演一個角色之理念，又再次抬頭。物理學家狄拉克 (Paul A. M. Dirac, 1902-1984) 在他的箴言中為此定調：「使方程式有美妙的內涵比起它們是否符合實驗結果，要重要得多了。」[⑩]目前，一些傑出的理論物理學家獻身於研究一門稱做弦論的深奧學問，它旨在利用在 11 維度中的弦之振動，說明宇宙中的每一件事——從大霹靂到次原子的粒子之內部運作。振動的弦? 畢達哥拉斯若在世的話，應會十分高興。

▌註解與參考文獻▐

❶ 在此給出的畢達哥拉斯生平之細節，部分是根據史密斯的著作。特別地，參考 Smith, vol. 1, 第 69-77 頁，與 vol. 2, 第 288-290 頁。

❷ 我們有關畢達哥拉斯的研究工作之主要參考資料，是普羅克勒斯的《歐得姆斯摘要》(*Eudemian Summary*)，它包含有關《幾何原本》第 I 冊的評論，以及截至歐幾里得時代之前，希臘幾何學的歷史概述。這個摘要根據歐得姆斯 (Eudemus，活躍時間約在西元前 335 年，亞里斯多德的學生) 早期作品中的片段。雖然普羅克勒斯 (西元 412-485 年) 生活在畢達哥拉斯的千年後，他還是有可能看得到他的前輩所寫的某些第一手資料。

❸ 截至 2005 年，最大的完美數為 $2^{25,964,950} \times (2^{25,964,951} - 1)$，這是一個 15,632,458 位數的怪物，由一名叫諾臥克 (Martin Nowak) 的德國眼科醫生，花了五十天利用 2.4 GHz Pentium 4 電算機找到的。在西元前三世紀，歐幾里得證明當 $2^n - 1$ 為質數時，則 $2^{n-1}(2^n - 1)$ 是完美數 (而且必要地，此數為偶數)。約兩千年之後，在 1770 年，歐拉證明每一個偶完美數都是 $2^{n-1}(2^n - 1)$ 這種形式。雖然理論上，並沒有任何事排除完美數為奇數之可能，但就是找不到任何一個奇完美數。

形如 $2^n - 1$ 的質數，其中 n 為質數，都被稱為梅仙數 (*Mersenne primes*)，是依梅仙 (Marin Mersenne, 1588-1648) 而命名的。梅仙是密尼米 (Minims) 教團的修士，以及自由撰稿的數學家。上面提及的歐幾里得與歐拉定理意指：每一個梅仙數生成完美數；因此，它們的歷史是緊密連結的。n 的前四個值產生的梅仙數為 2, 3, 5 與 7，而導出的質數為 3, 7, 31 與 127。並非每一個質數 n 都會產生梅仙數；對於 $n = 11$ 而言，我們有 $2^{11} - 1 = 2,047 = 23 \times 89$，為合成數。因此，$n$ 為質數的前提，是使得 $2^n - 1$ 為質數的必要但非充分條件。

❹由於點的模式之三角形狀，前 n 個整數的和就稱為三角形數 (*triangular number*)。前十個三角形數依序為：1, 3, 6, 10, 15, 21, 28, 36, 45 與 55。

今天，我們會將這個和視為算術級數的一個特例，其中每一個元素都是從它的前項加一個固定的數而得，在本例中，這個固定的數是 1。有一個有關偉大的德國數學家高斯 (Carl Friedrich Gauss, 1777−1855) 的故事，當他十歲時，他被老師要求加上前一百個整數。令老師大為驚奇的是，高斯幾乎是馬上想出正確答案：5,050。高斯說明他只是將這個所求的和寫兩遍，一次是 $1 + 2 + 3 + \cdots + 98 + 99 + 100$，而再一次則寫成 $100 + 99 + 98 + \cdots + 3 + 2 + 1$，然後，他將這兩列重直地加起來。每一對加起來是 101，而總共有一百對，得兩列的和為 $100 \times 101 = 10,100$。因此，所求的和是其半 5,050。

有關擬形數的更多資料，參考伊夫斯, 第 78−80, 94 頁。

❺不過，我們應該提及，希臘人並不將數量 a 與 b 視為變數——正如我們今日所做的一樣，而是視為由線段所表徵的固定幾何量。變量 (variable quantity) 對他們而言是陌生的觀念，這個事實阻礙了他們將幾何式代數，轉換成為許多世紀後符號代數將要成就的有力工具。

❻不過，這個說明非常可疑：由於恪遵他們苦修的行為準則，畢氏學派厭惡動物之殺戮。然而，根據一位十九世紀德國詩人的說法，這個故事使牛群只要聽到又有一個數學上的新發現，便噤若寒蟬，全身發抖（參見本書第 53 頁）。

❼更多有關畢氏三數組的資料，參見附錄 B。也參考 Eves, pp. 81−82, 97−98。

❽圍繞在畢氏學派如何證明這個定理，有熱烈的學術辯論，不過，我們的論述並沒有比較精明。參考希斯 (Heath) 所翻譯、評注並撰寫導論的《歐幾里得：幾何原本》(*Euclid: The Elements*, New York: Dover, 1956) 第 350−356 頁。

❾畢氏學派究竟用過什麼樣的證法？對此，學者們的不確定，可以從兩位擁有高度聲望的數學史家——伊夫斯和希斯 (Sir Thomas Heath)——的極端相反看法，看得出來。伊夫斯說：「一般人認為它〔畢氏學派的證明〕可能是一種切割類的證法」(Eves, p. 81)，至於希斯的意見則是：「假定畢達哥拉斯使用這類的一般性證明，是有困難的……；它沒有特定的希臘特色，反倒令我們想起印度人的方法」(Heath, *Euclid*, vol. 1, p. 355)。不過，希斯並未排除畢達哥拉斯針對有理邊的三角形（譬如 (3, 4, 5) 三角形），使用這樣的方法的可能性。

❿引自他的文章，〈物理學家有關自然圖象之演化〉(The Evolution of the Physicist's Picture of Nature),《科學美國人》(*Scientific American*)，1963 年 5 月號。

第 *3* 章

歐幾里得《幾何原本》

> 沒有其他幾何命題像被稱為畢氏定理的簡單二次公
> 式，曾經對數學的這麼多分支造成如此深刻的影響。
> 誠然，古典數學歷史的大部分，以及近代數學的歷史
> 也一樣，都可以環繞著那個命題來書寫。
>
> ——丹其格，《希臘的遺產》，第 95 頁

　　畢氏學派很快地獲得獨一無二、貴族化的俱樂部之聲望——今日我們將會說這是一個菁英團體——而等不了多久，其成員就惹火了他們的同胞。於是，他們受到騷擾，集會地方被破壞，而畢達哥拉斯本人不是被威脅放逐就是被威脅殺害（就像他的生平的其他事蹟一樣，他如何死的情況並不確定；他被認為將近八十歲才去世）。不過，這絕非終結，畢氏遺產才開始要發光發熱。

　　同一時期，巨大政治變化正在重新塑造古代世界。波斯帝國正在崛起，很快地取代巴比倫而成為東地中海的支配勢力。在西元前 546 年那一年，波斯征服了愛奧尼亞及其在小亞細亞的殖民地。西元前 499 年，雅典（城邦）反抗波斯人，但失敗了。為了報復，國王大流士派出一支艦隊攻打希臘陸地，結果被暴風雨摧毀。西元前 490 年，雅典人在馬拉松 (Marathon) 擊敗波斯軍隊，於是，雅典在希臘其他城邦上，建立了一個雄霸一方的政治勢力。

隨之而來的，是為期半個世紀的承平時期，其間雅典發展成為民主與學術中心。被驅散的畢氏學派門徒在那兒找到庇護，偉大思想家如伯里克里斯 (Pericles)、蘇格拉底 (Socrates)、安那薩哥拉斯 (Anaxagoras)、吉諾 (Zeno)，以及巴門尼迪斯 (Parmenides)，都以雅典為家。然而，這個安定的時期被伯羅奔尼撒戰爭（西元前 431–404 年）所終結，其間雅典被斯巴達的軍隊所摧毀，也被瘟疫所肆虐。然後在西元前 371 年，斯巴達本身則被叛變的城邦所打敗。學術中心遷移到塔倫土姆（位於現在的義大利），在那兒，畢氏學派在阿爾庫塔斯 (Archytas) 的領導下，另起爐灶。

然而，雅典慢慢地重新取得領導的角色。它的光輝時刻在柏拉圖（約西元前 427–347 年）於雅典建立學院時來臨，這個學院將在下一個千年之間主導希臘人的智識生活。雖然柏拉圖本人並非數學家，他對數學的主要貢獻，在於體認對一般學習、邏輯思考的重要性，以及最終地，對於健全民主的重要性（即使今日，這也是多麼真實啊）。他刻在學院入口的座右銘已經永恆不朽：「不懂幾何學不准進來。」

下一個政治巨變在西元前 338 年發生，當時希臘在菲力普國王 (King Philip) 的軍事征服下，成為馬其頓的一部分。兩年之後，他的兒子亞歷山大大帝（西元前 356–323 年）繼位，並且在十年之間，將希臘帝國擴充到幾乎納入整個古代世界，從東方的印度入口到西方的海克力士柱（直布羅陀海峽）。

西元前 332 年，亞歷山大在埃及尼羅河三角洲的極西處，建立了一座新城市，並以自己的名字命名。亞歷山卓 (Alexandria) 很快地發展成為希臘化帝國 (Hellenistic Empire) 的商業與文化中心。到西元前 300 年時，它的人口已經成長到五十萬人，並以擁有古代最宏偉的建築自豪。在它那巨大的港灣入口，矗立了一座 300 呎高的壯麗燈塔，其熾熱火炬在 70 哩外就可以看得到——是古代七大奇景之一。

　　然而，就在九年之後，歷史的進程再度改變。西元前 323 年，亞歷山大大帝早逝，得年僅三十三歲。這個希臘化帝國分裂成為好幾個部分，分別由幾個政治對手所掌控，不過，它們仍然被亞歷山大的文化遺產連結在一起。埃及落入托勒密王朝的統治。托勒密一世從西元前 306 年開始統治，他建都於亞歷山卓，並且在那兒建立了一所學校，後來就成為古代世界皇冠上的珠寶，熠熠生輝。它擁有現代大學校園的所有排場：宏偉的建築物、花園與宿舍，以及博物館。它的著名圖書館自豪地擁有超過五十萬本藏書（全都是紙草文件形式），得自所有可能的出處——有時是運用非法或強迫手段取得。遠近學者蜂擁前來亞歷山卓進行長期研究。多虧他們，希臘文化主導了古代世界，而它的語言，則是當時的共同語言 (the lingua franca of the day)。❶

　　正是在這個歷史的際會點，歐幾里得進入歷史舞臺。他就像畢達哥拉斯一樣，我們對他的生平幾乎一無所知；甚至他的出生年與出生地都無法確定，然而，他很有可能是在雅典長大並接受教育。然後，他定居在亞歷山卓，並成為當地大學的數學系系主任（按其他某些說法，他是該校圖書館的館長）。他答覆托勒密王的提問學習幾何是否有捷徑時的著名妙語——「學習幾何學無王者之路」，也可能實際是其他人的說法。還有一個故事，是有一位學生想知道學幾何有什麼好處時，歐幾里得的回應是給他一分錢，然後說：「因為他必須從他所學獲得報酬」。

　　歐幾里得書寫了多本有關數學與光學方面的著作，其中有一些因有阿拉伯文譯本而得以流傳下來。然而，迄今他最具影響力的作品卻是《幾何原本》。該書寫成十三冊 (books)（今天我們將會稱之為「部分」(parts)），是他的時代已知的數學知識狀態 (state) 之彙編。它那精

簡、嚴密的風格——定義、公理、定理與證明——直到今日仍是數學書寫的典範。這十三冊包括 465 個定理，❷其範圍涉及幾何、數論 (number theory)，以及樸素代數（「樸素」的意思，是指代數公式依幾何而非符號方式導出）。我們並不清楚，究竟哪些定理（如果有的話）是由歐幾里得本人發現的。他隻手擔任這個巨大計畫的主編角色，將畢達哥拉斯以來所獲得的大量數學知識體，編輯成為一個單一的、邏輯井然的結構。就算他真的對定理之發現有所貢獻，它也完全未歸功於自己。

比較《幾何原本》與現代數學教科書，是有教育意義的。在此，你將不會發現通常可見的序言與導論、給學生與教師的前言、有著解答的習題、附錄、參考文獻，以及索引。你也不會發現有關本書優於競爭者的讚詞。打從第一頁——其實是第一個句子——開始，它就認真工作。這種精簡的風格，以及論證本身那種鋼鐵般的邏輯，正是這部作品吸引思想家的原因：笛卡兒、牛頓，以及其他許多科學家通常都在青少年時透過自行研讀歐幾里得，得到基礎的數學知識。

的確，沒有任何一本書對數學有著比《幾何原本》更大的衝擊。這部作品實際上已經被翻譯成各種語言，並且發行了許多版本（據估計，它擁有聖經以外的第二大版本數）。還有，少有作品具有這麼大數目的書寫評論，以及評論的評論；一個現代版本的每一頁原始文本，或許將會有二十頁的註解（稍後，我將說明何謂「原始」(original)）。除此之外，再加上它簡明、實事求是的風格，《幾何原本》或許頗適合拿來對比《塔木經》之編寫，後者是西元第四世紀完成的一部猶太法典 (Talmud)。

《幾何原本》開卷有二十三個有關基本概念的定義，比如點（「點者無分」(that which has no part))、線（「無寬之長」(breadthless length))、直線（「其上之點均勻地落在上面的線」），以及平面角

(plane angle，交於一點且未落在一直線上的兩條共平面的直線之傾斜 (inclination))。❸這些之後接著十個敘述，歐幾里得視為不證自明 (self-evident)、如此清晰與無疑以至於排除證明之需求。這些敘述——今天我們稱之為公理 (axiom)——被分成兩組：前五個處理幾何概念，且被稱為「設準」(postulate)，剩下的五個在性質上屬於算術且被稱為「共有概念」(common notion)。我們列舉如下：

設準

設定下面敘述成為準則 (Let it be postulated)：❹

1. 從任何一點到任何一點可畫一直線。
2. 且一條有限直線可以持續地延長。
3. 且以任意點為圓心及任意距離可以描出一個圓。
4. 且凡直角都相等。
5. 且如果一條直線與另兩條直線相交，若同一側的兩個內角和小於兩直角，則這兩條直線不斷延長後，會在內角小於兩直角的那一側相交。

(「可畫」(to draw)、「可延長」(to produce) 以及「可以描出」(to describe) 等片語都可以被詮釋為「我們可以畫出」(one can draw) 等等。)

共有概念

1. 等於同量的量彼此相等。
2. 等量加等量，其和相等。
3. 等量減等量，其差相等。
4. 能重合的物，彼此相等。
5. 全體大於部分。

對於下一個兩千年來說，這十個公理以及歐幾里得據以推出的 465 個定理之理論體系，被接受為絕對、不可誤的 (infallible) 真理，是由神聖的權威交到我們手上的。的確，它們有時候被引用為幾何學的十誡 (Ten Commandments)。還有，奠基於它們的幾何學——歐氏幾何學——也被視為唯一可能的幾何學。一直到十八世紀,有關這些公理——尤其是也被稱為平行設準的第五設準——的絕對有效性 (absolute validity) 才開始受到質疑。然而，那將需要另一個百年，才能使得數學家體會歐幾里得幾何不過是許多可能幾何學中的一種。這些蘊涵十分深刻，而且行將撼動數學之核心。不過，這個故事將要等到第 12 章再說。

❖　❖　❖

緊接著十個公理之後，沒有多說一個單字，就出現了構成了《幾何原本》的第 I 冊四十八個定理——歐幾里得稱之為「命題」——的第一個: 當一個邊給定時，如何求作這一個等邊三角形。這接著是一個運用直尺和圓規的基本幾何作圖，它是到今日每一個學童所學的相同作圖: 如何複製一個線段 (亦即: 在平面上將它移到新的位置)，如何從直線外一點，求作此線之垂直線，如何平分一個角，等等。在這兒，我們也一樣找到三個熟悉的全等定理 (SAS, ASA, SSS，其中 S 代表「邊」，A 代表「角」)，以及有關一個三角形的三角和等於兩個直角和之定理 (在那兒，歐幾里得未提及 180°)。然後在第 I 冊接近尾聲時，出現了

 命題 47

在一個直角三角形中，在直角的對邊上的正方形，是等於包含直角的兩邊上的正方形之和。

這也就是說，斜邊上的正方形等於兩邊上的正方形之和：畢氏定理。
在《幾何原本》中，完全不曾有過名字連結到一個特別定理上，當然
更不必提畢達哥拉斯了。

　　在歐幾里得得以證明它之前，他需要一個預備定理，列成如下命題：

命題 38

　　等底且落在相同平行線之間的三角形彼此相等。

這也就是說，三角形若有相同的底邊，且上頂點落在一條平行於底邊
的直線時，則這些三角形的面積相等。

證明：

　　在圖 3.1 中，令三角形 ABC 與 DEF 分別有相等的底邊 BC
　　與 EF（在圖形中，它們沿著相同的直線來畫）。頂點 A 與
　　D 落在平行於 BC 與 EF 的直線上。我們延長 AD 到點 G 與
　　H，其中 GB 平行於 AC 且 HF 平行於 DE。則圖形 GBCA
　　與 DEFH 為等面積的平行四邊形，因為它們有等邊 BC 與
　　EF，且落在相同的平行線 BF 與 GH 之間。現在，三角形
　　ABC 的面積是平行四邊形 GBCA 的一半，而且三角形 DEF
　　的面積是平行四邊形 DEFH 的一半。因此，這兩個三角形
　　具有等面積。Q.E.D.。❺

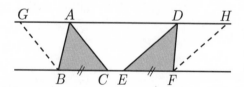

▲ 圖 3.1　命題 I.38：三角形 ABC 與 DEF 有相同面積

（現代證明將只是利用三角形面積公式 $\dfrac{(底 \times 高)}{2}$，然後，按下列方式進行：令固定的底邊 BC 之長為 a，且讓頂點 A 在平行於 BC 的直線上移動。無論 A 點的位置在直線上的哪裡，它到 BC 的垂直距離都是常數，比如是 h。因此，每個滿足給定條件的三角形面積 $\dfrac{ah}{2}$ = 常數。）

現在，歐幾里得準備好要證明主要定理了。首先，他證明一個引理（一個預備結果）：在直角三角形中，一個邊上的正方形會等面積於由斜邊及這一邊向斜邊所作的垂直投影之長方形。

為了說明這個引理，我們轉看圖 3.2。令直角三角形為 ABC，直角頂為 C 點。在 AC 邊上，我們作一個正方形 $ACHG$ 使得 $\angle ACH$ 為直角。$\angle ACB$ 也是直角，它與 $\angle ACH$ 共用了 AC 邊。因此，$\angle HCB = \angle HCA + \angle ACB = $ 兩個直角，從而 HC 直線為直線 BC 的延長線。令 AC 在斜邊上的垂直投影是 AD。作 AF 等於 AB 且垂直於它，考慮三角形 BAG 與 FAC（在圖形中都有陰影）。於是，我們有 $AF = AB$ 且 $AC = AG$。還有，$\angle BAG = \angle FAC$，因為每個都包括一個直角與共同角 $\angle BAC$。因此，$\triangle BAG$ 與 $\triangle FAC$ 全等（SAS 的情形）而有相同的面積。但是，根據引理，$\triangle BAG$ 與 $\triangle CAG$ 等面積（其中 CG 是正方形 $ACHG$ 的對角線），因為頂點 B 和 C 都落在平行於底邊 AG 的一條直線上。同理，$\triangle FAC$ 與 $\triangle FAD$ 等面積（其中 FD 是正方形 $AFED$ 的對角線）。不過，$\triangle CAD$ 的面積是正方形 $ACHG$ 的一半，且 $\triangle FAD$ 的面積是長方形 $AFED$ 的一半。將這些綜合在一起，我們最後可得：

$$ACHG \text{ 的面積} = AFED \text{ 的面積。}$$

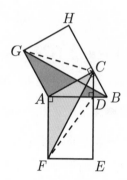

▲ 圖 3.2　證明命題 I.47 的引理

現在，要是你堅持到這一點的話，我們差不多快要抵達終點了。對於直角三角形一邊成立的性質，在另一邊當然也會成立。參考圖 3.3，我們得到：

$$面積\ ACHG = 面積\ AFED$$
$$面積\ BCNM = 面積\ BKED。$$

將這兩個方程式相加，我們得到：

$$面積\ ACHG + 面積\ BCNM = 面積\ AFKB，$$

這就是畢氏定理——Q.E.D.。❻

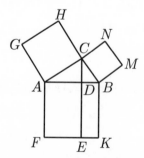

▲ 圖 3.3　證明命題 I.47

現在,這必定是初學幾何的學生可能遭遇到的最困難的證明之一。不過,正是這個證明,讓一代一代的學童(包括作者本人)必須奮戰不休。哲學家叔本華 (Arthur Schopenhauer) 據傳曾經抗議說這個證明可以輕易地讓他神魂顛倒,更甚於教導學生:「直線畫出來,我們不知道為什麼,而它們看起來就像出其不意的封閉陷阱,獵捕到驚喜連連的讀者之贊同。」❼

因此,問題自然就發生了,當那麼多較簡單的證明──簡單甚多的證明存在時,為何歐幾里得選擇這個特別的證明? 有兩個可能的答案。首先,大部分這些其他的證明依賴了將一個直角三角形,拆解成為幾個較小的、相似的直角三角形,然後,再利用比例定律導出方程式 $a^2 + b^2 = c^2$。不過,比例理論在《幾何原本》中,要直到第 V 冊才開始引進,而相似定律則是要等到第 VI 冊,因此,歐幾里得在此階段不可能利用它們,否則他將會遵循「循環論證」(circular argument),那是數學家可能觸犯的重大謬誤之一。

當然,歐幾里得也可能利用「中國人的證明」(參見本書第 30 頁),它確定比 I.47 簡單多了。這個證明,包含一個正方形之拆解,是一個「動態的」證明,至於所根據之事實,則是平面圖形按剛體方式移動時,不會改變其面積。然而,這樣的演示(demonstration,或證明)依賴了來自物理世界的概念,是歐幾里得相當厭惡之事,因為他堅持每一個敘述的有效應該純由演繹推論來建立。這本質上排除了任意拆解,「割切貼補」(cut-and-paste) 類的證明。

這引導我們轉移到第二個理由。在丹其格 (Tobias Dantzig) 的經典著作《希臘的遺產》(*The Bequest of the Greeks*) 中,他宣稱歐幾里得的證明「將畢氏定理不是詮釋成為直角三角形的邊之**距離** (metric) 關係,

而是在這些邊上張拓出**正方形**的性質。此定理的這個字面上的詮釋，將它的證明侷限在**面積**〔相關〕**等價**上。」❽我們必須再一次記住希臘人在幾何脈絡中，詮釋所有的算術運算。一個數被視為一個線段的長；兩個數的和，則被視為兩個線段頭尾相連後，加起來的總長；至於兩個數的乘積，則是具有對應線段為邊的長方形之面積。特別地，一個數的平方 (square) 被詮釋為邊為 a 的正方形之面積（這是為什麼數量 a^2 被稱作「a 平方」的原因）。因此，希臘人將畢氏定理視為面積之間的關係，是很自然的——的確，那是他們可以想到的唯一方式。由此來看，歐幾里得依他的方式證明這個定理，實在是相當合理。

　　儘管如此，他必定已經體認到這個證明對讀者所帶來的困難，因為在第 VI 冊中，歐幾里得提供了第二個證明，這一個是根據相似性。命題 VI.31 說道：

> 在直角三角形中，直角對邊上的圖形是等於包含直角的兩邊上之相似及相似地被描述的圖形 (similar and similarly described figures)。

這幾乎是命題 I.47 的逐字重複，除了「正方形」被「圖形」所取代。《幾何原本》中伴隨著這個定理的附圖（如圖 3.4）顯示了三個相似的長方形，但是，「被描述的圖形」可以是任意被相似的作出來的圖形；

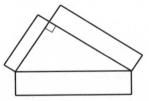

▲ 圖 3.4　歐幾里得為命題 VI.31 所提供的附圖。

它們甚至不需要是多邊形。在這個意義上，比起 I.47，VI.31 可以說是畢氏定理的一個較一般性 (general) 的說法。歐幾里得的證明概要如下。❾

在圖 3.5 中，令這個直角三角形為 ABC，直角頂在點 C。正如同 I.47 的證明一樣，我們從 C 點向斜邊 AB 作垂線 CD。由於 $AB \perp CD$ 且 $AC \perp CB$，我們有 $\angle DAC = \angle DCB$。因此，三角形 ADC 與 CDB 彼此相似，且與全部三角形 ACB 相似。❿於是，$\dfrac{AB}{AC} = \dfrac{AC}{AD}$ 且 $\dfrac{AB}{BC} = \dfrac{BC}{BD}$，由此，經由交叉相乘，我們可以得到：

$$AC^2 = AB \times AD \text{ 且 } BC^2 = AB \times BD。$$

將這些方程式相加，我們有

$$AC^2 + BC^2 = AB \times AD + AB \times BD = AB \times (AD + BD)。$$

但是，$AD + BD = AB$，所以，我們最後得到：

$$AC^2 + BC^2 = AB \times AB = AB^2。 \qquad \text{Q.E.D.}$$

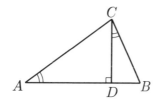

▲ 圖 3.5 命題 VI.31 的證明

評論者普羅克勒斯（Prioclus，約西元前 412−485 年），將歐幾里得歸為這個證明的原創者，他的《歐得姆斯摘要》(Eudemian Summary) 是我們有關早期希臘數學的主要參考來源。根據普羅克勒

斯，這是《幾何原本》中，由歐幾里得本人所證明的唯一證明。[11]無論如何，這是今日作家喜愛的第二個證明。正如十七世紀一位作者說道：「關於它我已經想了有一陣子了，但是，我從來不能處理比例證法之外的其他證明。」[12]

至於 I.47 的證明呢，普羅克勒斯則歸功給歐幾里得的前輩尤得塞斯（Eudoxus of Cnidus，約西元前 408–355 年）。尤得塞斯是窮盡法（*method of exhaustion*）的發現者，這是一個威力十足的數學方法，待兩世紀後的阿基米德將會發揮它的極致。尤得塞斯也被認為是比例論——《幾何原本》第 V 冊的主題——的原創者。我們無從追溯這個以他為名的定理之畢達哥拉斯原創證明——要是他的確給出一個有效的一般性證明的話。考慮到他那時代的數學仍處於原初階段，I.47 或 VI.31 都源出於他，是非常不可能的事（不過，我們將在第 5 章多做一點說明）。由於有關早期希臘數學還有其他那麼多可說，哪一個人將被歸功於這個數學上最著名的定理之最早證明者，仍然還是無法得知。

　　I.47 是第 I 冊的倒數第二個命題。本冊總結的命題，第 48 號，鮮為人知且甚少在幾何教科書提及：

> 如果在一個三角形中，一個邊上的正方形等於另兩邊上的正方形，那麼，另兩邊所夾的角為直角。

這是畢氏定理的逆定理；本質上，它說明直角三角形是唯一一個適用於方程式 $a^2 + b^2 = c^2$ 的三角形。

　　證明很簡單，我們在此以現代記號給出。令這個三角形之三邊為 a, b 和 c，且 $c^2 = a^2 + b^2$。作一個兩邊為 a 和 b 的直角三角形，並令其斜邊為 d。根據 I.47，$d^2 = a^2 + b^2$。但是，$a^2 + b^2 = c^2$（已知），因此

$d^2 = c^2$；亦即，在 c 與 d 邊上所造的正方形有相同面積，因而全等，於
是，$d = c$。而現在，給定的三角形與剛剛作圖出來的三角形有三個邊
分別相等，因此，它們是全等的（SSS 全等的情形）。由於三角形
(a, b, d) 為直角三角形，因此，(a, b, c) 也是直角三角形，且 c 的對
邊為直角──Q.E.D.。**⑱**

　　歐幾里得以這個命題總結了第 I 冊。雖然畢達哥拉斯的名字從未
被提及，歐幾里得必定認為畢氏定理將是他的第 I 冊的最適當結論，
這是他對畢達哥拉斯這位大師的一種含蓄的敬意。歐幾里得將會在
《幾何原本》的其他部分，經常使用這個定理。而他的兩個證明，
I.47 和 VI.31，將會在以後的幾個世紀中，複製百倍之多；到今天已經
超過四百個了。有了歐幾里得打頭陣，畢氏定理的遺澤才正要發揚光
大。

▌註解與參考文獻▐

❶ 這個有關希臘歷史的簡短概述是根據 Eves, pp. 105–108 及 140–141。有關亞
歷山卓圖書館的更多說明，參見卡森 (Lionel Casson)《古代世界的圖書館》
(*Libraries in the Ancient World*, New Haven, Conn., and London, U.K.: Yale
University Press, 2001) 第 3 章。

❷ 譯注：《幾何原本》稱這些定理為命題 (proposition)。定理與命題常常通用，不
過，在《幾何原本》中，作圖題也稱為命題，這可能是由於這些圖運用尺規作
好之後，也需要證明的確符合所求的緣故吧。

❸ 此處所給出的所有定義與公理，都來自希斯有關《幾何原本》的英文翻譯（連
同導讀與評註）（三冊；New York: Dover, 1956）。

❹ 譯注：這句話為本書所遺漏。茲根據希斯 1956 版補回。不然，第四、五設準
英文原版前的 "that" 無法解釋。第四設準英文版如下：That all right angles are
equal to one another. 第五設準英文版如下：That, if a straight line falling on two
straight lines makes the interior angles on the same side less than two right angles,

the two straight lines, if produced indefinitely, meet on that side on which are the angles less than the two right angles.

❺ Q.E.D. 是拉丁文 *quod erat demonstrandum* 的字首組字——「得其所證」。在現代的美國教科書中，這經常由一個小正方形所取代。至於古老一點的書籍則經常使用∴這個記號。

❻ 伊夫斯 (pp. 155–156) 指出歐幾里得的證明可以變成為一個「動態的證明，……在其中，直角三角形斜邊上的正方形可以連續地變換成為兩股的正方形之和。」參見圖 3.6。

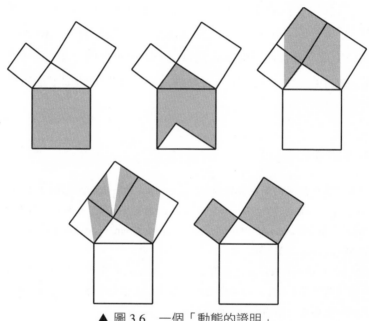

▲ 圖 3.6　一個「動態的證明」

❼ 正如海布朗 (J. L. Heilbron)《幾何的文明化》(*Geometry Civilized: History, Culture, and Technique*, Oxford: Oxford University Press, 1998) 第 147 頁所引述。海布朗接著引述卡爵力 (Florian Cajori) 的《通識教育中的數學》(*Mathematics in Liberal Education*, Boston: Christopher, 1928)。

❽出自《希臘的遺產》(New York: Charles Scribner's Sons, 1955) 第 97 頁。此處
引文中的粗體字為原出處已有。

❾不過，參見 Heath, vol. 3, pp. 269–270，其中有關歐幾里得可能漏掉的某些微妙
處之討論。

❿我們書寫 ACB 而非 ABC，是為了在相似關係中的正確字母順序；不過，線段
本身無方向性，亦即，$AB = BA$ 等等。

⓫有關這一主題參考丹其格 (Dantzig)《希臘的遺產》第 97–99 頁；Heath, vol. 2,
pp. 269–270。

⓬參考海布朗的《幾何的文明化》。

⓭我們可能會想要在這個方程式 $d^2 = c^2$ 的兩邊開平方根，並且下結論說，由於 d
和 c 代表長度因而為正，於是 $d = c$。不過，正如前述，這不是歐幾里得推演
的方式；他根據面積關係，遵循一個嚴格的幾何進路。

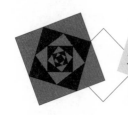

補充欄 2：
藝術、詩歌及散文中的畢氏定理

海—波特—伊—芬斯 (Hy-Pot-E-Nuse) 上的正方形
……

——索爾‧卓別林一首短歌主題，由梅瑟配上歌詞

　　畢氏定理有許多名字：歐幾里得 I.47，因為它列在歐幾里得《幾何原本》第 I 冊第 47 命題；風車，因為它別具特色的圖形組合像磨坊風車的三翼；新娘椅，其理由只有提議者知道；❶*Dulcarnon*（「兩角形的」，形似方濟會的罩袍）；❷或更簡單地，就叫斜邊定理。文藝復興數學家佩西歐里 (Luca Pacioli, 1445－1509) 稱它為鵝腳與孔雀尾巴 (*Goose foot and the Peacock's tail*)，❸而對中國人來說，它則被稱之為勾股定理。或許最怪異的，莫過於驢橋定理 (*pons asinorum*, Bridge of Asses)；不過，這個名稱經常連結到一個不同的定理——斷言等腰三角形兩底角相等的那一個（歐幾里得 I.5）——但是，法國人卻保留給畢氏定理的具有特性之圖形。❹

　　路易斯‧卡羅是《愛麗絲夢遊仙境》與《愛麗絲鏡中奇遇》的作者，他在兒童故事作家中受歡迎的程度，是數一數二的。他還是一位本名為道格森 (Charles Lutwidge Dodgson) 的數學家，則是較少為人所

知的事實。但即使在他的數學論述中，他仍然不能壓抑他的雙關語與幽默感。此處，是從他的《平行線新論》(*A New Theory of Parallels*, 1895) 摘錄的一段引文：

> 然而，既不是三十年，也不是三十個世紀，影響幾何真理的清晰與迷人特質。像「直角三角形斜邊上的正方形等於兩股上的正方形之和」這樣的一個定理，正如畢達哥拉斯當年首度發現時那樣光彩奪目，據說他們還大舉屠牛以慶祝它的誕生——這種榮耀科學方式總是令我覺得有一點誇大其詞而且多餘。我可以想像自己，即使在這樣的墮落日子裡，為了慶祝某些傑出科學發現劃下新的紀元，通常也只是邀請一二好友吃塊牛排與喝一瓶酒。然而屠牛百隻！那將會使牛肉供給短缺。❺

針對同一主題, 德國作家波恩 (Karl Ludwig Börne, 1786−1837) 也這樣說：「在畢達哥拉斯發現了他的基本定理之後，他犧牲了百牛。從那時以後，所有的牛只要一聽到新的真理被發現，就會顫抖起來。」❻

德國詩人兼植物學家查密索 (Adelbert von Chamisso, 1781?−1838) 為同一個主題，寫了一首短詩，我在此翻譯如下：

> 真理延伸至永恆，
> 一旦這愚笨的世界被它的光所照亮：
> 這個擁有畢達哥拉斯名字的定理，
> 今日之為真，一如它在古代如此。
>
> 絕妙的犧牲畢達哥拉斯所帶來
> 諸神賜他這道神聖之光，
> 百牛的燒烤獻祭，
> 賢哲的感激遠遠地宣示。

現在，自從那一天起，當所有的牛發覺，

新的真理即將問世時，

驚恐的吼叫顯示了內心的沮喪；

畢達哥拉斯帶給牠們萬分恐怖

無力因謬誤使得光照消失，

無端的絕望牠們闔上眼睛且顫抖。❼

伯羅諾斯基 (Jacob Bronowski, 1908－1974) 這位傑出的物理學家、生物學家、作家以及電視名嘴，在他的《科學與人文價值》中如是說：「迄今為止，畢氏定理還是整個數學領域中最重要的單一定理。這樣說似乎是一件大膽與不尋常的事情，不過，這並不是溢美之詞，因為畢達哥拉斯所建立的，我們在其中移動的空間之基本刻劃，而且，它還是首度被翻譯成數目。……事實上，構成直角三角形的數目已經被提議成為一種我們送到其他星系的行星之訊息，以便測試那兒是否有理性生物存在。」❽

美國物理學家與諾貝爾獎得主李德曼 (Leon Lederman, 1922－　) 則運用比較沒那麼尊崇的口吻，描述畢達哥拉斯為「第一位宇宙人。正是由於他（而非薩根 (Carl Sagan)）敲定 *kosmos* 這個字，來指涉我們宇宙中的所有事物，從人類到地球到頭頂上旋轉的星球。*Kosmos* 是一個無法翻譯的希臘字，它代表的是秩序與美。他說，宇宙是一個 *kosmos*，一個有秩序的整體，而我們人類的個體也是一個 *kosmos*（有些人比其他人更是如此）。」❾

下列文字出自克卜勒，曾經同時是近代天文學之父與最後的畢氏學派中的一位門徒：「幾何學有兩大珍寶：其一是畢氏定理，另一個則是中末比（或黃金比，the division of a line into extreme and

mean ratio)。第一個我們可以比喻為黃金; 第二個則可比喻為珍貴的
珠寶。」❿

　　至少有一位著名作家在精通畢氏定理的歐幾里得證明之後, 轉向
幾何學的學習。這一位就是英國的政治哲學家霍布士 (Thomas
Hobbes, 1588-1679)。正如傳記作家歐布雷 (John Aubrey) 在《簡要生
平》(*Brief Lives*) 中所說:

> 他在四十歲那一年, 才無意中注意到幾何。那是在某位紳士的書
> 房內, 歐幾里得的《幾何原本》攤開著, 上面是第一冊的 47 命
> 題。他閱讀著此命題, 運用偶而發誓時的加重語氣說: 天啊, 這
> 怎麼可能! 於是, 他閱讀其證明, 這引導他回到這樣一個命題;
> 那個他讀過的命題。那又引導他回到另一個命題, 而那個他也讀
> 過, 等等, 最後, 他相信了那個真理。從此, 這使他愛上了幾
> 何學。⓫

　　這著名的定理也在舞臺上得到它的認可。在吉伯特 (William S.
Gilbert) 與蘇利文 (Arthur S. Sullivan) 的《班戰斯海盜》(*The Pirates of
Penzance*) 劇中, 陸軍少將高興地提醒我們說:

> 我也一樣非常熟悉與數學有關的事物,
> 我理解方程式, 簡單的與一次、二次的都會,
> 在二項式定理之上, 我正在填滿新的東西,
> 還有? 許多有關弦的平方、令人振奮的事實。

　　在十七世紀, 帶著人文主義與普遍主義精神的文藝復興, 達到了
顛峰。詩人、藝術家, 及哲學家陶醉在伽利略與牛頓的發現所打開的

全新遠景。數學與科學，不再專屬於排外的學術圈，找到它們進入人文的途徑，並被欣然接受藝術家運用各種經常帶有寓言意義的幾何物體來裝飾。法國藝術家拉海爾 (Laurent de la Hyre, 1606-1656) 畫了一系列的畫，推崇七學科：古代的四學科（數論、幾何、音樂與天文），以及中世紀的三學科（文法、修辭與辯證）[12]——這些是受教養者被期待要精通的學問。這個系列中的一項作品，《幾何學的寓言》(*Allegory of Geometry*, 1649)[13]（圖 S2.1），尤其令人興味盎然。在這塊大張的 104×218 cm 的畫布的左邊，我們可以看到一張畫在畫架上；這張畫中畫提供我們許多提示，使我們得以一窺笛薩格 (Gérard Desargues, 1593-1662) 這位建築師暨工程師所作的透視學研究。當然，占據此畫最大篇幅景像是，一位斜倚的女人展示一張可以看得出許多幾何圖形的羊皮紙。我們可以立刻認出左上角的圖形是：畢氏定理的歐幾里得證明（參見本書第 44 頁）。至於其右的圖形，則可辨識為《幾何原本》的命題 II.9，而底邊那一個則是命題 III.36。[14]

▲ 圖 S2.1　《幾何學的寓言》(1649)

　　有許多國家印製郵票以紀念畢達哥拉斯與畢氏定理，其中有一些請參見圖 S2.2。

▲ 圖 S2.2　畢達哥拉斯與畢氏定理紀念郵票
　　　　　　第一列：希臘，1955；希臘，1955；希臘，1955。
　　　　　　第二列：尼加拉瓜，1971；蘇利南，1972；聖馬利諾，1982。
　　　　　　第三列：馬其頓，1998；菲律賓，2001；韓國，2014。

註解與參考文獻

註: 本章首題詞所引歌詞原由丹尼凱 (Danny Kaye) 主唱，是 1958 年歌舞喜劇電影《快樂安德魯》(*Merry Andrew*) 的主題曲。全曲請參看 Clifton Fadiman 的《數學喜鵲》(*The Mathematical Magpie*, New York: Simon and Schuster, 1962), pp. 241–244。

❶ 史密斯 (Smith, vol. 2, pp. 289–290) 解釋這個名字說：「可能因為歐幾里得圖形不像奴隸背上的椅子，而且，東方的新娘經常如此被背到婚禮。」根據史密斯的說法，希臘人被認為曾經用過如下這個類似的名義，「已婚女人之定理」。

❷ 參考山佛 (Vera Sanford)，《數學簡史》(*A Short History of Mathematics*, Cambridge, Mass.: Houghton Mifflin, 1958) 第 272 頁。

❸ 同上。

❹ 參考佩多 (Dan Pedoe) 的《幾何學與通識教育》(*Geometry and the Liberal Arts*, New York: St. Martin's Press, 1976) 第 153 頁。法文的（對應）詞項為 *pont aux anes*。有關這個名詞的起源，請參考《歐幾里得：幾何原本》希斯英譯版 vol. 1, pp. 415–416；有關畢氏定理的其他通俗名稱，請參考《歐幾里得：幾何原本》希斯英譯版 vol. 1, pp. 417–418。

❺ 參考莫里茲 (Robert Edouard Moritz) 的《數學與數學家》(*On Mathematics and Mathematicians* (*Memorabilia Mathematica*), 1914; rpt. New York: Dover, 1942) 第 307–308 頁。

❻ 引自莫茲考斯基 (Moszkowski) 的《不朽的盒子》(*Die unsterbliche Kiste*, Berlin, 1908)，轉引自莫里茲的《數學與數學家》第 308 頁。

❼ 參考 Gedichte, 1835，譯自德文；轉引自莫里茲的《數學與數學家》第 308–309 頁。

❽ 引自特雷斯 (Dick Teresi) 的《消失的發現：近代科學的古代根源──從巴比倫人到馬雅人》(*Lost Discoveries: The Ancient Roots of Modern Science— from the Babylonians to the Maya*, New York: Simon and Schuster, 2002) 第 17 頁。

❾ 參考李德曼的《上帝的例子》(*The God Particle: If the Universe Is the Answer, What Is the Question?* Boston, Mass.: Houghton Mifflin, 1993) 第 66 頁提及薩根是參考他的電視系列節目 *Cosmos*，在 1980 年代，這些節目將天文學帶入幾百萬人的客廳內。

❿正如佩多在他的《幾何學與通識教育》第 72 頁中所引述,「中末比」意指黃金分割 (*golden section*),這個比 (ratio) 來自一個線段分成大、小兩段的方式,其中全部對大段的比等於大段對小段的比。這個比通常記作希臘字母 ϕ,等於 $\frac{1+\sqrt{5}}{2} \approx 1.61803 \cdots$。它也被稱為黃金比例 (*divine proportion*),擁有悠久的歷史且具有許多有趣的性質。參考李比歐 (Mario Livio)《黃金比例》(*The Golden Ratio: The Story of Phi, the World's Most Astonishing Number*, New York: Broadway Books, 2002) 第 39 頁。譯按:本書有中譯本。

⓫引自霍林達爾 (Stuart Hollingdale) 的《數學家》(*Makers of Mathematics*, London: Penguin Books, 1991) 第 39 頁。

⓬譯注: 原文是 dialectic,故中譯為辯證。一般的說法,(古羅馬) 三學科是文法、修辭之外,再加上邏輯 (logic),而非此處的辯證。

⓭譯注: 原作者請讀者參看原版精裝本封面用圖。

⓮參考費爾德 (J. V. Field) 的《無限概念的發明》(*The Invention of Infinity*, Oxford, U.K.: Oxford University Press, 1997) 第 214－220 頁。《幾何學的寓言》(*Allegory of Geometry*) 僅在 1993 年以私人收藏的方式現身,而目前則被俄亥俄州的托雷多 (Toledo) 藝術博物館收藏。在本書撰寫時,拉海爾本人是否曾經繪製此畫已經遭受質疑,不過,最終的判定迄今則尚未達成。

第 4 章

阿基米德

> 他（阿基米德）所設計與發明的這些（戰爭）機械，
>
> 不是什麼重要的東西，
>
> 純粹是幾何學的娛樂。
>
> ——普魯塔克，《馬賽勒斯的一生》

　　歐幾里得之後，數學史上的下一個偉大數學家是阿基米德（西元前 287-221 年）。誕生於西西里的一個小島敘拉古，大家一致地公認他是古代最偉大的科學家。阿基米德體現了人們心中所謂傑出數學家的形象，他純粹為了科學本身而致力於研究。然而，他也將自己的發現廣泛地應用到現實生活之中。阿基米德有關機械的諸多發明僅是傳說，然時至今日，在這些發明之中的螺旋式抽水機 (screw-driven pump)，仍在某些地方被使用著。利用滑輪機器，他可以不費力地舉起巨大的船，此外，他也發現了浮力定律。傳說當西西里的國王海隆 (Heron) 懷疑他的皇冠不是純金打造的，他召來了阿基米德，希望他好好研究這個皇冠。阿基米德將自己和皇冠同時浸在敘拉古的公眾澡堂中的浴盆，接著，他量出放入皇冠後所溢出水的重量，從中他發現皇冠的確是偽造的。為此，阿基米德實在是太興奮了，光著身體跑了出去，在大街上喊著「我發現了!」(Eureka)

當羅馬圍攻敘拉古時，海隆再次召來阿基米德，希望他製造武器來協助城市的防禦。撇開更神祕的研究不談，他設計出巨大的起重機，放置於城牆的頂端，當敵人的船隻抵達時，他們將船從海上高舉至天空，接著重重地把這些船摔毀。據說他也曾打製了一個巨大的拋物面鏡，就像今日所見的衛星信號接受器，他將陽光聚焦照射到敵人的船隻上，使其著火。❶這些工程上的事蹟使他的名聲遠播至帝國的各個角落。當羅馬最後突破城市的防禦時，他們的指揮官命令士兵們不得傷害這位偉大的科學家。某個士兵在海灘上發現了這位聰明的老人，他正對著他所畫的圖形沉思。由於沒有注意到士兵命令他站起來，於是，阿基米德就這樣被殺害了，史上最傑出科學家之一的阿基米德，也結束了傳奇的一生。

阿基米德在純數學的領域裡，留下了許多偉大的成就。他是第一個求出拋物線所截區域面積的數學家，他發現許多與螺線有關的性質，他也發現內接於圓柱體的球體，其表面積與體積皆為圓柱表面積和體積的三分之二。由於他深深地喜歡這個結果，他也要求死後在其墓碑刻上一個內切於圓柱的球體，這個願望最後由馬塞勒斯 (Marcellus) 為他實現。

阿基米德的著作大都是透過抄寫與翻譯的方式保留下來，但有些早已不幸佚失，我們之所以能知道這些著作的存在，是因之後有作者引用之而留下紀錄。西元 1906 年，一份阿基米德早已遺失的著作，突如其來地在一座位於伊斯坦堡的修道院被發現。這也使我們有幸一睹這偉大頭腦思考的過程。❷

在阿基米德所著的《圓的度量》(*Measurement of a Circle*) 一書裡，他證明了 π 的值（圓周長與其直徑之比值）介於 $3\frac{10}{71}$ 與 $3\frac{10}{70}$ 之

間。他的作法是將圓夾在邊數越來越多的圓外切正多邊形與圓內接正多邊形之間，接著，他求出這些多邊形的周長，從而得到一系列與 π 有關的近似值，並且越來越接近真正的值。雖然，在這之前的人已知道一些相當接近 π 的近似值，但阿基米德是第一個導出相關算法 (*algorithm*) 的數學家，而這個算法可以讓我們計算 π 的近似值到任意想要的精確程度。他的方法主要是重複地使用畢氏定理，這裡我們用現代的符號來說明。

如圖 4.1 所示是一個以 O 為圓心，半徑是 1 的圓。線段 AB 表示圓內接正 n 邊形（它是 n 邊皆相等，且 n 個角都相等的多邊形）的其中一邊，將此段長稱為 s_n。令 OC 是 AB 的垂直平分線，將其延長後與圓交於 D 點，因為 D 平分弧 AB，因此可知 AD 與 BD 皆是正 $2n$ 邊形的其中一邊，將其稱為 s_{2n}。在已知 s_n 的情況下，阿基米德導出了 s_{2n} 的公式。

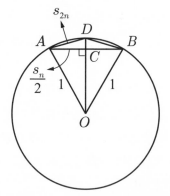

▲ 圖 4.1　圓及其內接多邊形

考慮直角三角形 ACD，利用畢氏定理可得：

$$AD^2 = AC^2 + CD^2 = AC^2 + (OD - OC)^2 \qquad (1)$$

再考慮直角三角形 ACO，使用第二次畢氏定理可得：

$$OC = \sqrt{OA^2 - AC^2}$$

將它代入(1)式，已知 $OD = OA = 1$，$AC = \dfrac{s_n}{2}$，以及 $AD = s_{2n}$，我們得到：

$$s_{2n}^2 = (\frac{s_n}{2})^2 + [1 - \sqrt{1 - (\frac{s_n}{2})^2}]^2$$

利用一些簡單的代數操作，這個公式可以改寫成：

$$s_{2n}^2 = 2 - \sqrt{4 - s_n^2}$$

兩邊開平方，我們最後會得到：

$$s_{2n} = \sqrt{2 - \sqrt{4 - s_n^2}} \qquad (2)$$

這可以讓我們在已知 s_n 的情況下求得 s_{2n}。

　　接著，阿基米德實際使用這個公式。首先，正六邊形 $(n = 6)$ 它的每一邊長都等於圓的半徑 1 （如圖 4.2 所示）。當 $s_6 = 1$ 時，利用方程式(2)，他求得了正十二邊形的每邊之長 $(n = 12)$：

$$s_{12} = \sqrt{2 - \sqrt{4 - 1}} = \sqrt{2 - \sqrt{3}}$$

將這個等式平方，並代回(2)式，化簡後可得：

$$s_{24} = \sqrt{2 - \sqrt{4 - (2 - \sqrt{3})}} = \sqrt{2 - \sqrt{2 + \sqrt{3}}}$$

重複這過程，他得到：

$$s_{48} = \sqrt{2 - \sqrt{2 + \sqrt{2 + \sqrt{3}}}}$$

最後得到：

$$s_{96} = \sqrt{2 - \sqrt{2 + \sqrt{2 + \sqrt{2 + \sqrt{3}}}}}$$

為了求得正九十六邊形的周長，我們需要將 s_{96} 乘上 96 倍，而這便得到了與 π 有關的近似值，我們只需將其除以 2（若我將 π 定義為單位圓周長之半），便可求得近似值 $48\sqrt{2 - \sqrt{2 + \sqrt{2 + \sqrt{2 + \sqrt{3}}}}} \approx 3.14103$，這大約是 $3\frac{10}{71}$。

▲ 圖 4.2　圓內接正六邊形與正十二邊形

　　阿基米德接著再重複這個過程，求得一系列圓外切正 6, 12, 24, 48, 96 邊形之邊長，從這過程中又可導出一個更複雜的公式：

$$s_{2n} = \frac{2\sqrt{4 + s_n^2} - 4}{s_n} \tag{3}$$

這裡的 s_n 定義成圓外切正 n 邊形的一邊之長。這個方程式就像(2)式一樣，可利用畢氏定理來證明。

　　（相關證明放在附錄 E 裡）阿基米德再次從正六邊形出發，然而，這

次是圓外切正六邊形（如圖 4.3 所示）。為了求得它的邊長，我們先注意到三角形 OAB 是等邊三角形，所以 $OA = OB = AB = s_6$，$AC = \dfrac{s_6}{2}$，而 $OC = 1$。考慮直角三角形 OAC 並利用畢氏定理，我們可以知道 $OA^2 = OC^2 + AC^2$，換言之，$s_6^2 = 1^2 + (\dfrac{s_6}{2})^2$，從而我們可得 $s_6 = \dfrac{2\sqrt{3}}{3}$。

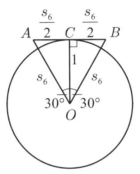

▲ 圖 4.3　圓外切正六邊形（只顯示其中一邊）

阿基米德把這個值代回方程式⑶以求得 s_{12}，接著，重複三次這個過程，可求得 s_{24}、s_{48} 最後則是 s_{96}。如前述，為了逼近 π 的值，我們需要將每個 s_n 乘上 n 倍，再除以 2。以正 96 邊形為例，阿基米德求得了 3.14271，這大約是 $3\dfrac{10}{70}$。由於真正的圓被夾在內接與外切正多邊形之間，因此，他的結論是：圓周率 π 的正確值落在 $3\dfrac{10}{71}$ 與 $3\dfrac{10}{70}$ 之間。❸

但是，阿基米德不僅求得了這個精準的估計值，他更進一步指出只要不斷地重複上述過程，這個估計值理論上可以更加地精確，達到我們所要求的精確值。這是因為，每當我們把邊長加倍，內接與外切正多邊形將圓夾得更緊，使得 π 的值被夾在越來越窄的上下限之間，

這就好比被鉗口越靠越近的老虎鉗所夾住的物體。表 4.1 所示，是依 3, 6, 12, 24, 48, 96 及 192 邊形所求得的圓周率近似值，從中可知 π 準確到小數點後第五位的近似值為 3.14159。

▼ 表 4.1

n	內接正 n 邊形	外切正 n 邊形
3	2.59808	5.19615
6	3.00000	3.46410
12	3.10583	3.21539
24	3.13263	3.15966
48	3.13935	3.14609
96	3.14103	3.14271
192	3.14145	3.14187

這是相當傑出的成就，如果我們更進一步地考慮希臘人並未掌握到以數字作計算的有效方法，他們是混合了古巴比倫人 60 進位制計數系統（參見本書第 6 頁）以及以一個符號表徵一個數字（例如 $\alpha = 1$、$\beta = 2$ 等等）的舊系統。同時，它也是一套加法系統，僅足以用來計數，當需要用它來計算時，會顯得非常地不方便。阿基米德肯定是利用紙莎草紙與尖筆來做計算，並且很可能將圖形畫在沙上。

隱藏在阿基米德這個程序性方法背後的想法，即為我們所熟知的窮竭法，它最早是由阿基米德的前輩，尤得塞斯所提出，但它被阿基米德廣泛地使用於數學研究的過程中（他發現有關拋物線所截區域面積也是基於這個方法）。而這也近乎觸及了現代微積分的想法。

▌註解與參考資料▌

❶然而，有許多人提出質疑，阿基米德當時是否真的具備足夠的科技，可以磨亮反射面使其能用於作戰中。相關資料請參見〈英國人問阿基米德的英雄事蹟〉(Briton Questions Archimedes' Feat, *New York Times*, January 10, 1965)，以及〈再現古代的死亡射線〉(Recreating an Ancient Death Ray (They Did It with Mirrors), *New York Times*, October 18, 2005, p. D1) 這兩篇文章。

❷有關此驚人發現的故事，是許多傳說的來源。手抄本——阿基米德著名的研究成果《方法》的抄本——是藉由重複使用的羊皮紙而被保存下來。通常羊皮紙的使用者會刮去舊文本的內容，再書寫新內容，以節省昂貴的羊皮紙。以這個例子來看，新的內容是十二世紀的宗教祈禱文，但抄寫員並未完全清除舊的內容，也因此，經過學者們小心地分析之後，仍能解讀出舊文本中的多數內容。相關資料請參見《阿基米德羊皮書》(*The Archimedes Palimpsest*)（紐約佳士得拍賣目錄：Christie's auction catalog for October 29, 1998, New York: Christie's 1998），以及希斯所編的《阿基米德的作品》(*The Works of Archimedes*, 1897; rpt. New York: Dover, 1953)，這個版本裡包含了阿基米德所有現存可及的著作，當然也包含了《方法》。
譯按：有關此一再生羊皮書之說明，請參考內茲 (Reviel Netz) 與諾爾 (William Noel) 的《阿基米德寶典：失落的羊皮書》（中譯本）。

❸當 $n = 6$ 時，方程式(3)可導出簡單的關係 $s_{12} = 4 - 2\sqrt{3}$，但是，當 $n = 24, 48, 96, \cdots$ 時，s_{2n} 的關係式變得相當複雜。因此，許多作者傾向利用三角學的知識來導出這些關係式。圖 4.4 (a)所示，為單位圓內接正 n 邊形的一邊。我們知道 $\alpha = \angle AOB = \dfrac{360°}{n}$，因此，在直角三角形 OAC 裡，$\sin\dfrac{\alpha}{2} = \dfrac{\frac{s_n}{2}}{1}$，從而我們得到 $s_n = 2\sin\dfrac{\alpha}{2} = 2\sin\dfrac{180°}{n}$。同理，利用單位圓外切正 n 邊形（參見圖 4.4 (b)），我們可得 $s_n = 2\tan\dfrac{180°}{n}$。

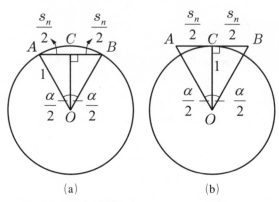

▲ 圖 4.4　導出 $s_n = 2\sin\dfrac{180°}{n}$ 公式（左）以及 $s_n = 2\tan\dfrac{180°}{n}$（右）

　　當然，這些公式都比方程式(2)和(3)來得簡單許多。然而，我們不能忘記，三角學在阿基米德的時代尚未誕生（它是西元前 150 年由海巴克斯 (Hipparchus of Nicaea) 所發現），因此，他無法從這個方法中獲得助益。

　　有關阿基米德原始作法（英文版），可參考希斯所編的《阿基米德的作品》第 91–98 頁。

第 *5* 章 ————————

翻譯者與注釋者，西元 500–1500 年

　　阿基米德的出現，使得希臘數學的黃金時代達到最高峰。事實上，有些著名的學者追隨了他的腳步，但一般而言，希臘數學進展的高峰已過。在其後繼者裡，有兩個人的研究顯得較為突出：阿波羅尼斯（Apollonius of Perga，約西元前 262–190 年）與丟番圖。阿波羅尼斯寫了一本有關於圓錐曲線且內容相當廣泛的專書，而這也是一個歐幾里得所未處理的主題。在他的書中，他使用了非常類似現代數學的坐標法。也正是因為他的系統研究，拋物線、橢圓與雙曲線這三類曲線得以命名。而這些曲線都是利用一個平面截一個圓錐而得，並考慮截平面與底面之夾角是否小於、等於或大於底面與圓錐之母線所夾角。然而，這本共有八卷的書僅有其中的七卷被保存下來。❶

　　亞歷山卓的丟番圖，確切的生卒年未知（最可能是西元第三世紀左右），在他所寫的許多著作裡，最具影響力的便是《數論》(*Arithmetica*)，這是一本相當廣泛並主要有關於整數理論與代數方程

的著作。如同阿波羅尼斯一般，他這套原本包含了十三卷的著作，僅
當中的六卷被保留下來。在現存的著作裡，我們發現裡面詳細地討論
了大約 130 個問題，包含了有許多未知變數的一次、二次或更高次的
方程式。這些問題當中，有許多問題以各種不同的形式涉及了完全平
方數的加、減與乘。舉例來說，卷 III 的命題 19 便證明了下述恆等式
成立：

$$(a^2 + b^2)(c^2 + d^2) = (ac \pm bd)^2 + (ad \mp bc)^2$$

而這相當於證明了兩個可表示成完全平方數之和的數，其乘積可寫成
兩個完全平方數之和，而事實上，它可以寫成兩種不同的方式。以實
際的數字為例：

$$65 = 5 \times 13 = (1^2 + 2^2) \times (2^2 + 3^2) = (1 \times 2 \pm 2 \times 3)^2 + (1 \times 3 \mp 2 \times 2)^2$$

這的確給了我們兩個平方數之和 $8^2 + 1^2$ 以及 $4^2 + 7^2$。而這個等式到了
西元 1202 年，又再次出現於斐波那契 (Fibonacci) 的《計算書》中。
在附錄 C 裡，我們將有機會用它來建構畢氏三數組。❷

　　在後阿基米德時期，希臘也出現了許多個值得一提的應用數學家，
例如伊拉托森尼斯 (Eratosthenes of Cyrene，約西元前 275–194 年)，
他是阿基米德的好友，他曾精確地計算出地球的周長（著名的「伊拉
托森尼斯篩法」，一種用來從其餘的正整數篩選出質數的方法，即是以
他為名）；而海巴克斯是三角學的創立者，同時，他也是第一個製作精
確星圖的作者；而托勒密 (Claudius Ptolemaeus)（即一般所熟知的
Ptolemy，約西元前 85–165 年）最偉大的成就《天文學大成》（包含
了十三卷，它是仿歐幾里得的《幾何原本》的形式寫成），概述了希臘
世界的天體圖像，其中，他認為地球作為宇宙中心，而太陽、月亮、

行星與各星球以圓形的軌道繞著地球旋轉。事實上, 這些科學家將數學與天文學視為同一門學問, 而這樣的看法也一直持續至十六世紀。的確, 許多文藝復興時期的科學家往往同時精通許多領域, 例如哥白尼、伽利略以及克卜勒等人。

希臘時代最後一個有名的數學家為帕布斯 (Pappus of Alexandria), 他活躍的年代最可能是西元第三世紀。他為許多歐幾里得的著作寫過注, 其中包含了《幾何原本》。但這些注釋大多都失傳了, 現今我們所知的內容, 大多數是透過後來的抄寫者而流傳下來。而唯一部分流傳下來的著作為《數學彙編》(*Mathematical Collections*), 包含八卷, 但僅有其中的後六卷完整無缺。這些書的內容主要包含了立體與球體的比例, 也包含了不同的平面曲線。卷 V 裡討論了等周問題, 目的是在給定周長的條件下, 求出包含最大面積的平面圖形 (這個主題現今是在變分學這個領域中學習, 它關心的是函數定積分的最大值與最小值, 而不是函數本身)。在《數學彙編》裡有兩個定理是帕布斯所發現的, 其一在卷 VII, 它與求出旋轉體之表面積與體積有關。這個定理現在被稱為高丁 (Guldin) 定理, 是以瑞士的高丁 (Paul Guldin) 為名, 而高丁也知道帕布斯的研究成果超越他足足一千年。❸而另一個定理則在卷 IV 裡, 它是與畢氏定理有關的延拓:

> 令 *ABC* 是任意的三角形, 並令 *ABDE* 與 *ACFG* 是分別建立在 *AB* 與 *AC* 兩邊上的兩個平行四邊形 (如圖 5.1 所示)。延長 *DE* 與 *FG* 直到它們交於 *H* 點。作 *BM = CN* 平行並等長於 *HA*, 而這形成了平行四邊形 *BMNC*。帕布斯定理說: 這個平行四邊形的面積恰等於原平行四邊形面積之和。

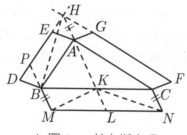

▲ 圖 5.1　帕布斯定理

　　此定理的證明過程與歐幾里得關於畢氏定理的證明類似。我們延長 *HA* 直到它與 *BC* 交於 *K* 點並與 *MN* 交於 *L* 點。這將 *BMNC* 分成兩個平行四邊形 *BKLM* 與 *CKLN*。我們宣稱 *BKLM* 的面積等於 *ABDE* 的面積，類似地，*CKLN* 的面積等於 *ACFG* 的面積。

　　為了證明這件事，延長 *MB* 直到它與 *DE* 交於 *P* 點。我們知道 $A_{ABDE} = A_{ABPH}$（其中 *A* 代表的是面積），這兩個平行四邊形有共同邊 *AB*，而 *DE* 與 *PH* 落在同一條直線上。現在，作對角線 *HB*，將 *ABPH* 分成兩個全等三角形 *ABH* 與 *PBH*。因此，我們得到 $A_{ABPH} = 2A_{ABH}$。但是三角形 *ABH* 與 *BKM* 有相同的面積，並有相同的底 *HA* 與 *BM*，而頂點 *B* 點與 *K* 點落在平行線上，因此，

$$A_{ABDE} = 2A_{BKM} = A_{BKLM}$$

同理，我們可以得到：

$$A_{ACFG} = 2A_{CKN} = A_{CKLN}$$

將兩式相加可得：

$$A_{ABDE} + A_{ACFG} = A_{BMNC}$$

而這就證明了帕布斯定理。當角 *A* 為直角而兩個平行四邊形為正方形時，畢氏定理便是帕布斯定理的特例。

《數學彙編》還包含了許多更美麗與創新的結果，然而，由一個極具創造性的心靈所創作出來的這份作品，也注定為希臘幾何學的黃金時代闔上書頁。始於約西元前 600 年的泰利斯，而後持續了一千年的希臘數學盛世，也伴隨著帕布斯劃下了句點。❹

希臘數學——以及整個希臘文化——的衰敗並非憑空發生。當時的社會與政治環境已經有了極大的改變。西元前 212 年，敘拉古被羅馬人所占領（如同前面提到過的，由於這個事件的發生，使我們得以知道阿基米德死於何年）。很快地，迦太基也跟著淪陷，在短短一百年之間，整個地中海一帶都變成羅馬帝國的一部分。埃及在托勒密王朝統治之下，一直到西元前 30 年才終於被羅馬帝國攻陷，因而相對能維持獨立發展。在法律規範下，羅馬帝國的統治一般並不會妨礙到文化與國家的商業發展。但是，這種相對安寧的共存景象很快地改變。西元 330 年，君士坦丁大帝一世獨尊基督教，並宣布拜占庭成為新首都，改名為君士坦丁堡。六十年後的西元 389 年，一件無法想像的文化悲劇發生，基督徒對抗異教徒的一場混亂中，燒毀了位於亞歷山卓的圖書館，大火侵襲了無數價值連城的書卷，幾乎整個圖書館以及古代世界的珍貴遺產付之一炬。

不久之後的西元 392 年，狄奧多西國王正式宣布基督教成為羅馬帝國的國教。他於西元 395 年去世之後，羅馬帝國分裂成東西兩個部分。雖然希臘化世界在東羅馬帝國維持，但它作為推動文化與智性發展的角色已快速衰落。西元 476 年，羅馬城被汪達爾人攻陷，這也標誌著偉大羅馬帝國的終結。西元 529 年，查士丁尼國王關閉了雅典學院，而這是大約九百年多前由柏拉圖所建立的學院。倖存的少數學者逃至埃及與波斯，也因此儘管有著種種不利條件，這些分散四處的學習中心仍能發揮作用。

後來，亞歷山卓圖書館部分重建，然而，再也無法重拾過去的榮耀。接著，當西元 641 年阿拉伯帝國征服了亞歷山卓城，在穆罕默德的繼承人的命令之下，殘餘的圖書館再次遭到焚燒，亞歷山卓城作為古代世界最重要學習中心的角色，就此終結。而黑暗時代正要展開。❺

此外，還有一些學者透過對前輩們的研究成果作注釋，來維持學習傳統。在這些人之中，以席翁 (Theon) 和普羅克勒斯 (Proclus) 最為著名。

住在亞歷山卓的席翁生存的時代大約是西元第四世紀。大約在西元 390 年時，他撰寫了《幾何原本》的修訂版，而它也成為了後來大部分歐幾里得修訂版的基礎。他同時也對托勒密的《天文學大成》寫了一套十一卷的評論。而席翁的名字總是令人聯想到他的女兒海芭夏 (Hypatia，約西元 370–415 年)，她起初跟隨父親學習，而後走出自己的一片天，成為一個數學家。據聞她曾經為丟番圖與阿波羅尼斯的研究作注。依當時傳統，由於她的名聲遠播，使得她被任命管理當時位於亞歷山卓的新柏拉圖學院。海芭夏不僅聰明、善於表達而且非常美麗，這也引起招致了一些宗教暴民的憤怒，她被指控為異教徒，最終被暴民們殘忍地殺害，也結束了數學史上第一個女數學家的生命。❻

普羅克勒斯（Proclus，約 412–485 年）出生於拜占庭，並在亞歷山卓城學習。而後，他成為了雅典學院的領導者。他主要仰賴其所著的《歐得姆斯摘要》(Eudemian Summary) 而成名，這本書中包含了他對《幾何原本》第 I 冊的評論，以及有關歐幾里得之前的希臘幾何學歷史概述，相關內容主要是基於早期著作《幾何學史》(History of Geometry) 的片段所完成。而該書的作者歐得姆斯 (Eudemus) 是亞里斯多德的學生。在《歐得姆斯摘要》一書中，我們發現了歐幾里得有

名的名言「學習幾何學無王者之路」。從普羅克勒斯的評注中，我們可
以推論出畢達哥拉斯對畢氏定理的可能證明，這個證明的方法被稱為
分割法：

考慮一個邊長為 $a+b$ 的正方形（如圖 5.2 所示），連接每邊上線
段 a 與 b 的分割點，形成一個正方形，令其邊長為 c。原本的正
方形被分割成五個部分——四個全等的直角三角形，以 a、b 為
兩股，以 c 為斜邊，以及內部一個以 c 為邊長的正方形。另一種
不同的分割方式可參見圖 5.3。比較兩個圖形的面積，我們可以
得到：

$$4\frac{ab}{2}+c^2=4\frac{ab}{2}+a^2+b^2$$

從而我們可以推得 $c^2=a^2+b^2$，而這本質上即是我們在第 30 頁提
過的「中國人的證明」。關於這點我們之後會作簡短的說明。這證
明中有許多細節之處，諸如論證四個直角三角形的確彼此全等。
這必須依賴三角形內角和等於兩個直角這個定理，而《歐得姆斯
摘要》也指出畢達哥拉斯早已熟知最後這個定理。❼

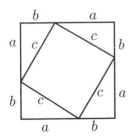 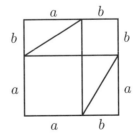

▲ 圖 5.2　分割正方形　　▲ 圖 5.3　不同的分割方式

　　生活在幾乎與西方隔絕的世界，中國人早已發展出高度的文明，他們的成就包含發明了造紙術、印刷術、火藥以及羅盤，而這些發明都早於歐洲人數百年。悠久的中國歷史與文明，至少可回溯到西元前第三世紀，當中包含了詩人、哲學家、天文學家以及數學家，同時，與實際生活有關的農耕、工程等領域也有相當的發展。在中國，他們也曾經焚書：西元前 213 年，秦始皇下令燒毀現存的所有書籍，這道命令徹底地消除了過去數代留下來的文化遺產，幸運的是，有些書逃過了這場災難，但其他的書則只能仰賴記憶來修復。

　　目前所知，最古老的中國數學書之中，有一部名為《周髀算經》（一部與日高和天體圓形路徑有關的算術經典）的著作，此書的成書年代無法確定，但最可能在漢代（西元 206－221 年），也可能更早。❾雖然，此書主要與曆法有關，但它也包含了一些早期中國數學的內容。此書的第一個部分是周公與一個名為商高的人之間的對話錄，主要討論的內容與直角三角形的性質有關。從中我們發現：「折矩，以為句廣三，股脩四，徑隅五」這段話，它清楚地指明邊長為 3-4-5 的直角三角形。❾他們的畢氏定理是以文字的方式敘述：「句股各自乘，併之為弦實，開方除之即弦。」亦即 $c = \sqrt{a^2 + b^2}$。同時，書中也以圖形來論證 (3, 4, 5) 的三角形（如圖 5.4 所示）滿足這樣的關係，但我們可以簡單地將這個論證過程廣義套入任意直角三角形。而圖形也伴隨了一段解釋性之注文：

> 故折矩，以為句廣三，股脩四，徑隅五。既方之外，半其一矩，環而共盤，得，成三、四、五。兩矩共長二十有五，是謂積矩。❿

這裡的「矩形」指的是四個角落裡邊長為 3 與 4 的矩形，而「半矩」則是圖中所示邊長為 3-4-5 的直角三角形。「半其一矩，環而共盤」指

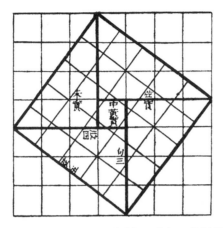

▲ 圖 5.4　中國數學家對畢氏定理的論證

的是以四個邊長為 3-4-5 的直角三角形環繞這個 5 乘 5 的正方形，它恰可拼成我們一開始的大矩形，而這恰好造出了外部邊長為 7 的正方形（此正方形的面積為 49）。從這個正方形減去共同部分四個三角形的面積，我們得到 49－24＝25，即為傾斜正方形之面積。

　　當然，這並不會被視為一個符合希臘風格的證明，它們的證明必須滿足嚴格的邏輯演繹順序，並以一些大家都同意，而且是不證自明的公理作為起始點。中國數學家對於證明的想法，主要是為了導出使人確信的視覺化論證 (visual demonstration)，從而可以推論至一般化的情況。引用傑出的學者李約瑟 (Joseph Needham) 所說的一段話：「在中國的證明方法裡，幾何圖形具有轉化的作用，將數值關係概括化為代數形式。」[11]在這個例子裡，代數形式為 $c^2 = (a+b)^2 - 4\dfrac{ab}{2} = a^2 + b^2$，其中 a 與 b 分別為角落直角三角形的長與寬。[12]

　　這種證明方式很符合古代中國的傳統，將平面圖形分割，再以不同方式重新組合，就如同大家熟知的七巧板一樣。的確，上述引文中所提到的「積矩」，是將圖 5.4 裡的正方形分割，接著再重組，直到它們面積相等的關係顯而易見。為了強化視覺效果，後代版本裡的圖形經常被上色，內部的正方形為黃色，而外圍矩形則為紅色。[13]一千年後，印度數學家婆什迦羅 (Bhaskara, 1114–1185) 提出了一個相同的證明，他僅是畫出圖 5.4 內部的傾斜正方形，並未給與任何的評注，並說「請看!」——這種「圖說一體、無字證明」在現代數學期刊中頗受歡迎。

　　因為中文裡說明矩形的寬與長所用的字分別為「股」與「勾」，所以，畢氏定理在中國又被稱為勾股定理。中文的數學文本裡也安排了許多相關的問題，但本質上都與現實生活中的問題有關。這裡我們舉「折竹問題」作為例子來說明。這個問題最早出現在《九章算術》裡，這本書的年代或許可追溯至漢代，而李約瑟也這樣描述:「或許它是中國最重要的一本數學著作。」[14]這個問題通常伴隨一些圖示說明（如圖 5.5），而這些圖示最早出現在楊輝的《詳解九章算法》，此書的成書年為西元 1261 年。問題如下:

　　有一根竹子，其高為 10 尺，竹身斷裂，頂端觸及地面且離根部 3 尺，請問竹高為何?[15]

假設竹子的斷裂點離地面 x 尺，並令竹子頂端離斷裂點 a 尺（如圖 5.6 所示），我們將竹子折斷部分的頂端，至竹子根部的水平距離記作 b，於是我們可得:

$$b^2 = a^2 - x^2 = (a+x)(a-x) \tag{1}$$

但是，$a + x = b$ 是竹子總長，所以，我們可將方程式(1)改寫成：

$$b^2 = h[(h - x) - x] = h(h - 2x)$$

解最後一個方程式中的 x，我們可以得到 $x = \dfrac{(h^2 - b^2)}{2h}$。這個解被楊輝稱為「這樣做然後再這樣做」(do such and such)。令 $h = 10$ 以及 $b = 3$，代入這個解後可得所求答案 $x = \dfrac{91}{20}$ 尺。

▲ 圖 5.5　折竹問題

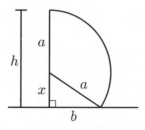

▲ 圖 5.6　折竹問題之概要圖

為了對中國在畢氏定理發展上的定位下一結論，我將引用喬瑟夫 (George Gheverghese Joseph) 的著作《孔雀之冠：數學的非歐洲起源》(*The Crest of the Peacock: Non-European Roots of Mathematics*) 當中的一段話：

> 在建立代數式幾何，以及對中國代數發展的貢獻上，勾股定理的重要性不應給予過高評價。它在幾何論證裡建立了一種傳統，並證明了過去認為所有未受希臘影響的數學傳統，都是代數式與經驗式的這種論點是錯的。⑩

與中國比較，印度次大陸位處許多文明之間的交叉路口，北邊是西藏與阿富汗，必須穿過喜馬拉雅山脈才能抵達。西北邊是波斯以及中亞大草原，而西邊是阿拉伯半島，而在這之外則是地中海區域。除此之外，從海上可以較容易地到達印度，其東邊是孟加拉灣，而西邊則是阿拉伯海。也因此，印度文化深受到許多不同文明的影響，而反過來它也影響了這些文明。在這之中，包含了數學。

印度最早與數學有關的著作，是印度宗教實務的產物。有一些著作被彙編成稱之為《蘇爾巴斯土拉》(*Sulbasturas*) 的集體著作，處理

祭壇 (vedi) 尺寸大小問題，它是印度宗教裡相當重要的主題。《蘇爾巴斯土拉》有一本著作的作者為包德哈雅納 (Baudhayana)，他生活的時代可追溯到西元前 600 年，大約與泰利斯同期或更早。❼在這本著作中，我們發現下列敘述：「長度等於正方形對角線的繩子，其造出正方形的面積會是原正方形面積的兩倍。」──換句話說，它是當直角三角形之三內角為 45-45-90 度時，畢氏定理的特例。另一份由卡塔雅雅納 (Katyayana) 所著、成書稍晚的《蘇爾巴斯土拉》，裡面提到了一般化的定理：「〔長度等於〕長方形對角線的繩子，其造出的面積等於垂直與水平邊上所造出的面積。」而在這個文本中，作者接著說明如何造出長度為 36（呎）的梯形祭壇。而這涉及了許多輔助線，這些輔助線來自於畢氏三角形 (5, 12, 13)、(8, 15, 17)、(12, 16, 20)、(12, 35, 37)、(15, 20, 25) 以及 (15, 36, 39)。❽

　　稍早我們所提到，包德哈雅納的《蘇爾巴斯土拉》也說明了如何「化矩為方」，即如何造出一個正方形，其面積等於一個給定的矩形。

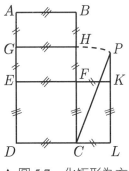

▲ 圖 5.7　化矩形為方

假設一給定的矩形 ABCD（如圖 5.7 所示），作 EF 等於 AB 且垂直於 BC，而這形成了正方形 EFCD。在 AB 與 EF 正中間，作 GH 並同時平行 AB 與 EF。現在，將矩形 ABHG 旋轉 90 度，並將它移動至

FKLC 的位置，所以，$KL = AB$ 而 $LC = BH$。以 *C* 為中心，*CH* 為半徑轉出一個弧，並與 *KL* 之延長線交於 *P* 點。我們得到 $LP^2 = CP^2 - CL^2$ $= CH^2 - CL^2 = (CH + CL) \times (CH - CL) = (CH + HB) \times (CH - HB)$ $= (CH + HB) \times (CH - HF) = CB \times CF = CB \times CD$（請注意，這裡所有的線段都沒有方向性，因此 $CL = LC$ 等等）。因此，以 *LP* 為邊的正方形即為所求。❿

在《蘇爾巴斯土拉》裡，作者也介紹了如何作一正方形，使其面積等於兩個給定的正方形。假設 *ABCD* 與 *EFGH* 是兩個給定的正方形，其中 $AB > EF$（如圖 5.8 所示）。在 *AB* 上取一線段 $AP = EF$，連接 *D* 點與 *P* 點。我們可以得到 $PD^2 = AP^2 + AD^2 = EF^2 + AD^2$，所以，以 *PD* 為邊作成的正方形即為所求。⓴

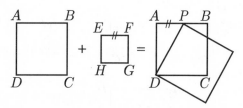

▲ 圖 5.8　作一正方形使其面積為兩正方形之和

這些例子清楚地說明，印度人精通畢氏定理的時代和畢達哥拉斯一樣早，而且，他們知道如何應用這個定理，來解決許多實際問題。但是，他們用來證明該定理的論證方式——如果他們真的證明過它——我們到目前仍一無所知。就如同中國數學家的例子，我們也許會猜測他們使用了某些與分割有關的方法，但這僅止於猜測。㉑

現在，故事回到地中海一帶以及中亞。西元 632 年先知穆罕默德死後，伊斯蘭世界快速地往北邊和西邊擴張，伊斯蘭帝國的版圖從東

邊的波斯遠至西邊的大西洋，同時，北抵中亞南至撒哈拉沙漠地帶。西元 711 年，穆斯林侵入西班牙，並建立了持續超過八百年的回教王國，他們的版圖與勢力在此時達到最高峰。

　　這個大帝國的新統治者是戰爭狂熱者，但是，他們卻也展現了學習的熱情。學術中心主要建立在巴格達、撒馬爾罕（即現今的烏茲別克），以及西班牙的科爾多瓦 (Cordoba)，而這些包含了不同種族與宗教——猶太人、穆斯林以及波斯人——的學者，他們被鼓勵在這些地方定居。他們學習、解釋古希臘遺留的著作，並對它們提出評價。而這些源自亞歷山卓圖書館，最終倖存下來的書卷，主要被存放在君士坦丁堡、大馬士革以及耶路撒冷等相對較為安全的地方。對歷史發展而言，更重要的是許多用亞述文、希臘文以及梵文寫成的著作，被學者們翻譯成阿拉伯文，從而又被翻譯成拉丁文而廣為西方學者所熟知。多虧了這些學者，當歐洲進入黑暗時代，學習的火苗仍得以不停息。

　　西元 762 年，穆罕默德的繼承人阿爾‧馬蘇 (al-Mansur, 712?-775) 將首都遷到巴格達，並進一步重建使其成為主要學術中心，「第二個亞歷山卓城」。他的後繼者阿爾‧拉西 (Harun al-Rashid)（其統治時期為西元 786-809 年）在位時期，歐幾里得《幾何原本》與托勒密《天文學大成》的翻譯計劃展開，而後，在他的兒子阿爾‧馬蒙 (al-Mamun)（其統治時期為西元 809-833 年）的統治時期完成了這項任務。❷阿爾‧馬蒙在巴格達建立了觀測所，他也督導了許多土地測量與考察。在他的宮廷裡，住了一位可能是整個阿拉伯最偉大的數學家，阿爾‧花剌子模 (Mohammed ibn Musa al-Khowarizmi)（約莫西元 780 年，它生於裏海東邊一帶的花剌子模 (Khwarezm)，死於 750 年左右），他的經典著作《還原與相消之法》(*ilm al-jabr wa'l-muqabalah*) 被視為第一本與代數有關的重要著作（的確，「代數」這個字源自於這本書標題裡的 "*al-jabr*"）。他的第二本著作《印度的計算技術》

(*Algoritmi de numero Indorum*) 僅留下拉丁文翻譯本,這本書提倡使用印度十進位制的數碼 (現代語「算術」即是訛用了花剌子模的名字)。這兩本著作後來也對西方數學的發展,產生了極深刻的影響。

我們最感興趣的是塔必特 (Tabit ibn Qorra ibn Mervan, Abu-Hasan, al-Harrani, 826–901),正如同他的名字裡所提到的,他的家鄉在美索不達米亞的哈蘭 (Harran),他既是物理學家、哲學家也是數學家。在數學上,他作為一個開拓者,率先將代數方法應用於幾何學的研究。塔必特也重新修訂了《幾何原本》早期的翻譯版本 (如圖 5.9 所示),並且翻譯了在歐幾里得與托勒密之間的許多希臘文著作。他研究球面三角學——這是一門與天文學有關的學問,也研究了拋物線與拋物面。他的兒子以及兩個孫子都追隨他的腳步,成為了數學家與翻譯者。

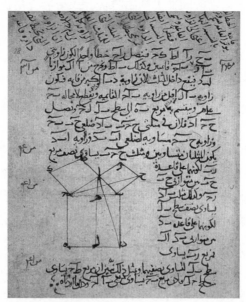

▲ 圖 5.9　歐幾里得證明畢氏定理的塔必特翻譯版

　　我們對塔必特最感興趣的，是他對畢氏定理所作的歸納。令 *ABC*
是任意三角形（如圖 5.10 所示），從頂點 *A* 作兩條直線 *AM* 與 *AN* 使
得 $\angle AMB = \angle ANC = \angle A$，則三角形 *ABC*、三角形 *MBA* 與三角形
NAC 彼此相似，每個三角形都與原三角形有一個共用角，以及兩個角
恰等於角 *A*。因此：

$$\frac{AB}{BC} = \frac{MB}{AB}, \text{ 從而 } AB^2 = BC \times MB$$

並且

$$\frac{AC}{BC} = \frac{NC}{AC}, \text{ 從而 } AC^2 = BC \times NC$$

將兩式相加我們可以得到：

$$AB^2 + AC^2 = BC \times (MB + NC)$$

而這就是塔必特的定理。當 *A* 為直角時，*M* 與 *N* 會重合，此時
$MB + NC = BC$，畢氏定理即為其特例（同樣地，所有的線段都不具方
向性）。[28]

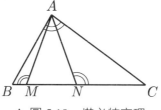

▲ 圖 5.10　塔必特定理

由於地理位置恰處於東方的印度與中國，以及西方地中海國家之間，穆斯林獨一無二的地理位置，也使得他們將古代文化與科學遺產傳播至歐洲。伊斯蘭科學的黃金時代，大致上與歐洲的黑暗時期一致。這是歷史上令人出乎意料的事件之一，也為舊世界與新世界之間的連結，提供了某種連續性。但是，政治與社會的動亂，也使得此一黃金時代很快地終結。西元 1258 年，巴格達被蒙古人攻陷，而文化建設被破壞。在烏拉貝格 (Ulugh Beg, 1393–1449) 開明的統治之下，學術中心曾經短暫在撒馬爾罕 (Samarkand) 建立。而這城市最引以為傲的是，在沒有望遠鏡的時代，建立了最大的天文臺。而它的遺跡至今仍存在。烏拉貝格的助理阿爾·卡西 （Jemshid ibn Mes'ud ibn Mahmud, Giyat ed-din al-Kashi，死於 1429 或 1436 年）寫了許多與代數和幾何有關的著作。他史無前例地計算出精確至小數點後十六位的圓周率，所使用的是阿基米德的方法（參見本書第 65 頁），利用圓外切與內接正 $3 \times 2^{28} = 805,306,368$ 邊形! 但是，大約在他死亡的年代，伊斯蘭帝國東半部的霸權大致已經結束。

隨著東方的學術中心沒落，新的學術中心建立在回教王國的最西邊，西班牙。基督徒、猶太人以及穆斯林的學者們從事翻譯的工作，將希臘的經典著作從阿拉伯文譯成拉丁文，偶爾也譯成以色列語，同時也加入他們的評注。這些翻譯者之中，最傑出的是吉哈德（Gerardo of Cremona，有時也被稱為 Gerard 或 Gerardus, 1114–1187），他很可能出生於義大利的倫巴第 (Lombardy)，雖然也有人聲稱他是安達魯西亞人。他翻譯了歐幾里得的《幾何原本》與托勒密的《天文學大成》，也使得歐洲學者有機會接觸到這些著作。他似乎也是第一個使用 *sinus* 這個字，來表示圓心角所張的弦之半，這也是現代正弦函數 sin 這個字的前身。

　　漸漸地，歐洲從漫長的沉睡中漸漸甦醒。第一所歐洲大學於 1088 年在波隆納建立，接著是巴黎大學 (1200)、牛津大學 (1214)、帕都亞 (Padua) 大學 (1222)，以及劍橋大學 (1231)。學術中心也慢慢地從天主教堂轉移到非宗教目的的機構，然而，這樣的轉移還得再經過四百年才終於完成。這當中也發生了許多挫折：英國與法國間所發生的百年戰爭 (1338–1453)，使得歐洲的學術能量乾枯了不少，接著是黑死病，這大規模的傳染病，造成歐洲三分之一以上的人口死亡。

　　西元 1453 年，土耳其占領了君士坦丁堡，並將其改名為伊斯坦堡。傳統上，以這個事件標誌著中世紀的終結。儘管黑暗時代結束，但 1492 年，猶太人從西班牙被驅逐，奪走了該國許多商業、藝術以及智識方面的精英，當中的損失至今仍無法完全恢復。同一年，摩爾人統治西班牙的日子也宣告結束，他們最後的堡壘，位於格拉那達壯麗的阿罕布拉宮，有朝一日也成為一個名為艾歇爾 (M. C. Escher) 的年輕藝術家創作的靈感來源。如果你覺得一年裡發生這麼多大事件還不夠的話，就在 1492 年，哥倫布在新世界登陸，開啟了歐洲與新大陸之間的貿易，並帶來難以想像的財富。一個嶄新的時代鳴槍出發。

　　但是，更具重要性的知識鳴槍聲，早在許多年前已經發生。1454 年，一位住在美因茲的德國人古騰堡，發明了活字印刷術。利用這種技術，他印出了三百本附有精緻裝飾的聖經。很快地，各類書籍大量地印刷，並銷售至全歐洲。到了 1500 年左右，可以掌握的書已多達三萬多種，共約九百萬本印刷本。繁複吃力古老的手抄或手抄複製稿，也隨之消失在時代的洪流裡。

　　過不了多久，數學經典著作也開始印行。1482 年，《幾何原本》最早的印刷版於威尼斯出版，它既可視為科學著作也可視為一件藝術

作品，文本中附有許多說明（如圖 5.11 所示）。九年後，在佛羅倫斯

▲ 圖 5.11　第一個歐幾里得印刷版（威尼斯，1482）

出現了一本由卡拉藍德利 (Filippo Calandri) 寫成，與算術有關的書，
該書中包含了以圖示說明的「文字問題」（如圖 5.12 所示，為兩個與
畢氏定理有關的問題）。但一直到了 1570 年，第一本英文版的《幾何
原本》才終於出版。其翻譯可歸功於畢林斯利 (Sir Henry
Billingsley)，[29]他於 1596 年成為行政司法長官 (sheriff) 及倫敦市長

(Load Mayor)，其中一篇序言是由約翰‧第 (John Dee, 1527−1608)
──三一學院的創始研究員之一──所寫，而一世紀後，牛頓成為這
間大學的教授。還有，除了少數有名的例外（例如，笛卡兒的《幾何
學》(*La Géométrie*)，他於 1637 年以法文完成這本與解析幾何有關的
書），拉丁文在接下來的一百年裡，持續地成為科學與通信的國際語
言。直到十七世紀末，科學家開始以各自國家的語言寫書，這才使得
數學成為各個國家裡的一般民眾有機會接觸的一門學問。這個領域不
再只專屬於學者們，只要是願意敞開心胸的人，都有機會學習數學。

▲ 圖 5.12　從卡拉藍德利討論算術的書上所擷取的一頁，
　　　　　　當中呈現了兩個與畢氏定理有關的問題

註解與參考資料

❶更多與阿波羅尼斯著作有關的概括性論述，可參考希斯的著作：《希臘數學家手冊》(*A Manual of Greek Mathematics*, Oxford, U.K.: Oxford University Press, 1931) 的第 352–376 頁。也可以參考伊夫斯 (Eves) 的著作，第 171–175 頁，第 191–192 頁。

❷更多與丟番圖著作有關的概括性論述，可參考希斯的《希臘數學》(*Greek Mathematics*) 的第 17 章，也可以參考伊夫斯的著作，第 180–182 頁及第 197 頁。

❸可參考史密斯的著作，第一卷，第 433–434 頁。史密斯更進一步稱高丁為抄襲者，包含在他的書中抄襲了帕布斯的定理，卻未說明定理真正的發現者。

❹更多與帕布斯著作有關的概括性論述，可參考希斯的著作《希臘數學》的第 16 章，也可以參考伊夫斯的著作，第 182–184 頁及第 197–199 頁。

❺這個簡單的歷史素描，主要是參考伊夫斯的著作，第 164 頁。

❻他的傳記可參見歐格利薇 (Marilyn Bailey Oglivie) 的著作《科學世界中的女人——從古代到十九世紀：附參考註釋的人名辭典》(*Woman in Science—Antiquity through the Nineteenth Century: A Biographical Dictionary with Annotated Bibliography*, Cambridge, Mass.: Massachusetts Institute of Technology Press, 1986) 的第 104–105 頁。譯注：電影《風暴佳人》(*Agora*) 是根據她的傳記改編而成。

❼參考伊夫斯的著作，第 80–81 頁。

❽這裡我習慣使用的翻譯，是引自李約瑟詳盡的研究成果《中國之科學與文明》(*Science and Civilisation in China*, Cambridge, U.K.: Cambridge University Press, 1959) 的第三卷，第 19 頁裡的翻譯名稱。其他的參考資料有不同版本的翻譯。根據李約瑟的解釋，「周」這個字指的是「周」朝，但它同時也意指圓「周」，它暗示太陽繞地球轉時所形成的軌跡。「髀」指的是日規，它是一種棒狀物，藉由它的影長我們可以測量太陽的位置，就如同日晷一樣。與《周髀算經》這本書有關的詳細背景，可參考上述著作中的第 19 至 24 頁。

❾參考史密斯的著作，vol. I，第 31 頁。

❿參考李約瑟的著作《中國之科學與文明》第三卷，第 22–23 頁。其中的括號是李約瑟書中所用的。譯按：此處中譯還原《周髀算經》原文。

⓫出處同上，第 24 頁。

⓬同樣地，我們可以比較圖 5.4 中傾斜的正方形與內部的小正方形，由此可導出

$$c^2 = (a-b)^2 + 4 \cdot \frac{ab}{2} = a^2 + b^2.$$

⓭參考李約瑟的《科學與文明》第 96 頁。

⓮出處同上，第 25 頁。

⓯我習慣使用喬瑟夫在《孔雀之冠：數學的非歐洲起源》(The Crest of the Peacock: Non-European Roots of Mathematics, 1991; rpt. Princeton, N.J.: Princeton University Press, 2000) 第 186 頁所給的翻譯。譯注：本問題《九章算術》原文為：「今有竹高一丈，末折抵地，去本三尺。問折者高幾何？」

⓰出處同上，第 187 頁。更多與中國數學史上的畢氏定理有關的資訊，包含許多與此定理有關的問題，可在史威茲 (Frank J. Swetz) 與高氏 (T. I. Kao) 的《畢達哥拉斯是中國人嗎?》(Was Pythagoras Chinese?) 找到。另外，《古代中國直角三角形定理的研究》(An Examination of Right Triangle Theory in Ancient China, University Park, Penn.: Pennsylvania State University Press, and Reston, Va: National Council of Teachers of Mathematics, 1997) 裡提到許多延伸參考書目。

⓱必須記住的，是早期印度的著作的成書日期都是不確定的。這些著作之所以能流傳下來，主要是因為它們不斷地被傳抄，而這些抄寫本提到原著的成書日期通常是有誤的。

⓲前一段裡的內容以及接下來兩段的內容，主要是基於喬瑟夫在《孔雀之冠：數學的非歐洲起源》這本書中第 224–230 頁。這兩個與畢氏定理有關的公式都是逐字引自該書。喬瑟夫對於西元前 800 年至現代的印度數學史作了很出色的概括性論述，而這個主題在一般數學史書中通常都僅是略述。

⓳不能忽視的是，這個作法比起歐幾里得《幾何原本》命題 II.14 而言，複雜得多，而後者完全只需依賴相似形的概念即可：令矩形為 ABCD，在同一條直線上作線段 AB 與 BC，使得 B 點與其共同的端點（參見圖 5.13），以 AC 為直徑作一半圓。過 B 點作一直線垂直 AC，並與半圓交於 P 點。於是我們得到 $\angle BAP = \angle BPC$ 而 $\angle APC = 90°$。因此，三角形 ABP 與 PBC 相似，可得

$\dfrac{AB}{BP} = \dfrac{PB}{BC}$，從而可得 $BP^2 = AB \times BC$。因此，BP 是所求正方形之一邊。

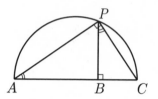

▲ 圖 5.13　化矩形為方：歐幾里得的作圖法

⑳史密斯著作中的第一卷，第 97 頁，作了更進一步的論述：「我們沒有理由相信印度數學家具有任何有關幾何證明的概念」。而這裡他所指的，是希臘式的證明——基於一些公理，並依循嚴格的邏輯演繹順序。但如我們所見，中國與印度數學家對於證明的概念大不相同。

㉑不同作者對阿拉伯名字所使用的英文拼法大不相同。本書中為維持一致性，我主要依據史密斯著作中的拼法。

㉒參見施洛明 (Robert Shloming) 的〈塔必特以及畢氏定理〉(*Thâbit ibn Qurra and the Pythagorean Theorem*)，這篇文章出於《五根手指到無限：數學史之旅》 (*From Five Fingers to Infinity: A Journey through the History of Mathematics*, ed. Frank J. Swetz. Chicago and La Salle, Ill.: Open Court, 1995) 第 43 章。

㉓譯按：數學史家徐義保 (1965−2013) 經過精細的考證，斷定晚清算學家李善蘭與英國傳教士偉烈亞力 (Alexander Wylie) 合譯的《幾何原本》後九卷，就是根據畢林斯利這個英譯版所中譯。

第 *6* 章

韋達創造歷史

文藝復興時期，是業餘數學家的黃金時代。
　　——彼得・貝克曼，《π 的歷史》，第 97 頁

　　約莫在阿基米德之後的 1800 年，一位身兼律師的法國業餘數學家韋達 (François Viète, 1540−1603) 創造了歷史。他的作法是在某個代數公式後面加上「等等」，使得這個公式的程序性算則可以持續地重複，直到無限。希臘人當然察覺到無限的存在，但是，缺乏處理無限的代數工具，於是乎他們在數學世界裡避談無限。而後的兩千年，「無限」持續地成為具爭議性而且是數學家們無論如何都盡可能迴避的話題。韋達看起來無害的「等等」，立刻打破了這個古老的禁忌，以閃電般的速度，占據了數學舞臺的中心。

　　韋達是第一個從事公職，並在政治以及軍事等方面皆為國家服務的法國數學家。雖然，他僅在閒暇時間裡研究數學，但是，他在數學上的名聲，卻使得國王享利四世任命他破解西班牙軍隊對抗法國時所使用的密碼。最終韋達成功了，西班牙人驚訝於密碼被破解之餘，他們也憤而指控法國人使用了違背「基督教條」的魔法。❶

　　然而，對於後世的數學家而言，韋達最重要的貢獻，在於他引入了代數符號。在他的時代以前，代數相關的數學敘述通常是利用言辭

的方式來表達，因此，連一般的代數操作也變得相當困難。韋達提出
一套符號系統，當中利用了子音字母來表示已知量，並使用母音字母
來表示未知量。這套系統後來被笛卡兒修改，成為現今我們所熟悉的
符號系統（以 a, b, c 表示常數，以 x, y, z 表示變數），但韋達是最早
將言辭代數轉變為符號代數 (symbolic algebra) 的數學家，而這樣的過
渡被視為數學史上最重要的發展之一。

　　另外，韋達也在三角學方面做出許多重要的貢獻，他展示了如何
利用代數方法來解三角方程，以及如何利用三角方法來解代數方程。
他也是第一個以 $\sin x$ 與 $\cos x$ 來表示 $\sin nx$ 以及 $\cos nx$ 的人。（他處
理了當 $n = 1$ 至 10 的所有情況。而一般化的情況在 1702 年被雅各
布 · 白努利所解決，而這大約是韋達之後的一百年了。）本質上，韋達
將三角學從原本主要侷限在解三角形的一門學科，轉變為之後所形成
的一種分析學科。

　　韋達晚年捲入了幾場紛爭，這也使得他的名譽受損。他與德國數
學家克拉維斯 (Christopher Clavius, 1537−1612) 在教宗格列高里十三
世 (Gregory XIII) 於 1582 年所推動的儒略曆 (Julian calendar) 改革中，
發生了激烈的爭論，韋達刻薄地攻擊了羅馬教皇的改曆顧問克拉維斯，
因而樹立了許多敵人。韋達當時也反對哥白尼的天體系統，拒絕以太
陽取代地球作為宇宙的中心。他既是重要的改革者，卻也受傳統規約
所羈絆，而他的思維是從舊世界過渡到新世界過程中的產物。❷

　　韋達於西元 1593 年發現了一個開創性的公式，將 $\dfrac{2}{\pi}$ 表示成無窮
積 (infinite product) 的形式：

$$\frac{2}{\pi} = \sqrt{\frac{1}{2}} \cdot \sqrt{\frac{1}{2} + \frac{1}{2}\sqrt{\frac{1}{2}}} \cdot \sqrt{\frac{1}{2} + \frac{1}{2}\sqrt{\frac{1}{2} + \frac{1}{2}\sqrt{\frac{1}{2}}}} \cdots$$

（如同前面曾提到過，它通常被寫成下列等價形式：

$$\frac{2}{\pi} = \frac{\sqrt{2}}{2} \cdot \frac{\sqrt{2+\sqrt{2}}}{2} \cdot \frac{\sqrt{2+\sqrt{2+\sqrt{2}}}}{2} \cdots$$

韋達使用「等等」(etc.) 代替三個點）。它顯示出 π 的值可以重複地利用數字 2，進行加、乘與開方計算出來（至少理論上可求得）。然而，我們應注意的是，它收斂的速度非常慢，若想實際利用韋達的乘積來計算 π 的近似值，將備受限制。

　　韋達導出此乘積的方法，本質上和阿基米德的方法一樣，都是利用單位圓的內接正多邊形，並讓其邊長越來越多。但是，他與前輩們在以下兩方面的作法不同：他並不考慮周長，他轉而求出內接多邊形的面積，同時，他是從正方形開始做起，而不是正六邊形。在我們說明韋達如何導出這個式子之前，我們先證明一個三角恆等式：餘弦函數的半角公式。為此，我們將會發現畢氏定理在三角學裡所扮演的核心角色。

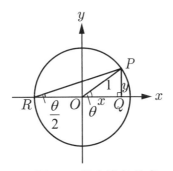

▲ 圖 6.1　導出半角公式

　　如圖 6.1 所示，有一個置於直角坐標系，並以原點為圓心的單位圓。令 P 是圓上任一點，而半徑 OP 與 x 軸的正向所形成的夾角為

θ。三角形 OPQ 裡，我們知道 $\cos\theta = x$, $\sin\theta = y$。利用大家熟知的定理（歐幾里得《幾何原本》命題 III.20），對等弧的圓周角 QRP 等於其圓心角的一半，意即 $\angle QRP = \frac{1}{2}\angle QOP = \frac{\theta}{2}$。在直角三角形 RPQ 裡，我們可得：

$$\cos\frac{\theta}{2} = \frac{\text{鄰邊}}{\text{斜邊}} = \frac{RQ}{RP} = \frac{RO + OQ}{RP} = \frac{1+x}{\sqrt{(1+x)^2 + y^2}}$$

根號裡的式子可進一步化簡：

$$(1+x)^2 + y^2 = (1 + 2x + x^2) + y^2 = 1 + 2x + (x^2 + y^2)$$
$$= 1 + 2x + 1 = 2 + 2x = 2(1+x)。$$

將此式代入上面的方程式，我們可以得到：

$$\cos\frac{\theta}{2} = \frac{1+x}{\sqrt{2(1+x)}}$$

有理化分母的根號去掉後，可得：

$$\cos\frac{\theta}{2} = \sqrt{\frac{1+x}{2}} = \sqrt{\frac{1+\cos\theta}{2}}$$

這便是大家所熟悉的餘弦半角公式（請注意，證明的過程中，我們使用了兩次畢氏定理）。藉由這個公式以及 $\sin\frac{\theta}{2} = \sqrt{\frac{1-\cos\theta}{2}}$，我們可以導出許多相關的恆等式，包含正弦的倍角公式，$\sin 2\theta = 2\sin\theta\cos\theta$。❸

現在，我們已經作好準備，可以證明韋達的乘積公式了。如圖 6.2 所示，AB 為以原點為圓心的單位圓之內接正 n 邊形的一邊。令 OC 是 AB 之垂直平分線，將其延長與圓交於 D 點，因此，AD 與 BD

都是正 $2n$ 邊形的其中一邊。令 $\angle AOB = \alpha$，因此 $\angle AOC = \dfrac{\alpha}{2}$，韋達表示出 $2n$ 邊形的面積 $A(2n)$ 與 n 邊形的面積 $A(n)$ 之關的關係，於是，我們得到：

$$A(n) = n \times \triangle AOB \text{ 的面積} = n \times 2 \text{ 倍 } \triangle AOC \text{ 的面積}$$
$$= 2n \times \frac{(AC \times OC)}{2} = n \times AC \times OC$$

但是，在直角三角形 AOC 裡，我們知道 $AC = OA \times \sin \dfrac{\alpha}{2} = 1 \times \sin \dfrac{\alpha}{2}$，而 $OC = OA \times \cos \dfrac{\alpha}{2} = 1 \times \cos \dfrac{\alpha}{2}$，所以

$$A(n) = n \sin \frac{\alpha}{2} \cos \frac{\alpha}{2} \tag{1}$$

為了求得 $A(2n)$，我們只要將方程式(1)裡的 n 以 $2n$ 代替，並將 α 以 $\dfrac{\alpha}{2}$ 代替：

$$A(2n) = 2n \sin \frac{\alpha}{4} \cos \frac{\alpha}{4}$$
$$= n \sin \frac{\alpha}{2} \tag{2}$$

這裡，我們使用了正弦的倍角公式。結合等式(1)與(2)，我們可得：

$$A(2n) = \frac{A(n)}{\cos \dfrac{\alpha}{2}} \tag{3}$$

而這也告訴我們，每當我們將邊數加倍時，內接多邊形的面積也會跟著增加了原本的 $\dfrac{1}{\cos \dfrac{\alpha}{2}}$ 倍。

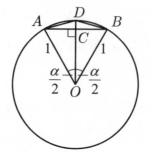

▲ 圖 6.2 導出韋達的乘積

我們可將(3)式改寫成：

$$A(n) = A(2n)\cos\frac{\alpha}{2}$$

利用這個式子並重複地將邊數加倍：

$$
\begin{aligned}
A(n) &= A(2n)\cos\frac{\alpha}{2} \\
&= A(4n)\cos\frac{\alpha}{4}\cdot\cos\frac{\alpha}{2} \\
&= A(8n)\cos\frac{\alpha}{8}\cdot\cos\frac{\alpha}{4}\cdot\cos\frac{\alpha}{2} \\
&\quad\vdots \\
&= A(2^k n)\cos\frac{\alpha}{2}\cdot\cos\frac{\alpha}{4}\cdots\cos\frac{\alpha}{2^k}
\end{aligned}
\tag{4}
$$

其中的最後一個步驟裡，我們將所得之一連串 cos 乘積的順序倒寫，先從 $\cos\frac{\alpha}{2}$ 開始寫起。

接著，韋達從內接正方形開始逐步使用這個程序算則。當 $n = 4$ 時，$A(4) = (\sqrt{2})^2 = 2$，其中，$\alpha = \frac{360°}{4} = 90°$。然後先計算出 $\cos\frac{\alpha}{2} = \cos 45° = \frac{\sqrt{2}}{2} = \sqrt{\frac{1}{2}}$，之後再重複地使用半角公式，我們可得

$$\cos\frac{\alpha}{4} = \sqrt{\frac{1+\dfrac{1}{\sqrt{2}}}{2}} = \sqrt{\frac{1}{2}+\frac{1}{2}\sqrt{\frac{1}{2}}}, \ \cos\frac{\alpha}{8} = \sqrt{\frac{1}{2}+\frac{1}{2}\sqrt{\frac{1}{2}+\frac{1}{2}\sqrt{\frac{1}{2}}}} \ 等$$

等。再將所得結果全部代回(4)式，我們可以得到：

$$2 = A(2^k \cdot 4) \cdot \sqrt{\frac{1}{2}} \cdot \sqrt{\frac{1}{2}+\frac{1}{2}\sqrt{\frac{1}{2}}} \cdots \cdot \sqrt{\frac{1}{2}+\frac{1}{2}\sqrt{\frac{1}{2}+\cdots+\frac{1}{2}\sqrt{\frac{1}{2}}}}, \quad (5)$$

其中的最後一項包含了 k 重根式。

至此，若我們再讓邊數 k 無限制地增加，即我們令 $k \to \infty$ 時，內接多邊形也將隨著邊數增加而與圓無法區分，因此，它的面積為 π。此時，等式(5)變成：

$$2 = \pi\sqrt{\frac{1}{2}} \cdot \sqrt{\frac{1}{2}+\frac{1}{2}\sqrt{\frac{1}{2}}} \cdots$$

將等式兩邊同除以 π，即是韋達的乘積。有趣的是，韋達將 $\dfrac{2}{\pi}$ 視作面積比，亦即正方形與其外切圓之面積比。當然，今日我們將 $\dfrac{2}{\pi}$ 想成是線性量之比（圓之直徑與圓周的比值之兩倍）。

韋達的乘積被視為第一個與 π 有關，而且是正確的解析表示。在他的時代之前，所有表示 π 的方式基本上都是言辭式的：「這樣不斷做下去」。阿基米德當然知道，為了求得 π 的值，圓內接多邊形與圓外切多邊形的邊數必須不斷地加倍下去，但是，他小心地避免明確地提到無限，取而代之的，是以言辭的方式，說明這整個過程可以如我們所需地不斷重複下去，直到達成我們所要求的精確程度為止。正是韋達，他無畏地在公式的最後寫上「等等」，直接面對無限的問題。❹

即使到了今天，這個發現已經超過了四百年，但韋達的乘積仍被視為數學上最美的公式之一。這也幾乎是他所有研究中，仍可在現代

教科書中找到的唯一痕跡。但是，當你欣賞公式中充滿節奏的根號 2
之餘，也請記得，它們都是畢氏定理的遙遠魂魄 (distant ghosts)。

註解與參考資料

❶相關資料可參考鮑爾 (W. W. Rouse Ball) 的《簡明數學史》(*A Short Account of the History of Mathematics*, 1908; rpt. New York: Dover, 1960)，第 230 頁。

❷關於韋達生平的詳細說明，請參見拙著《毛起來說三角》第 66–72 頁。

❸欲證明這個式子，只須將兩個半角公式相乘：

$$\sin\frac{\theta}{2}\cdot\cos\frac{\theta}{2} = \sqrt{\frac{1-\cos\theta}{2}}\cdot\sqrt{\frac{1+\cos\theta}{2}} = \sqrt{\frac{1-\cos^2\theta}{4}} = \sqrt{\frac{\sin^2\theta}{4}} = \frac{\sin\theta}{2}$$

將等式乘上 2，並將 $\frac{\theta}{2}$ 改成 θ，就可以得到我們所要的公式了。（請注意，在
$0° \le \theta \le 360°$ 這個區間裡，$\sin\frac{\theta}{2}$ 必定非負，其中 $\cos\frac{\theta}{2}$ 與 $\sin\theta$ 同號，因此，
最後一個等號右邊為正。）

❹這裡我們應該提一下，韋達的乘積公式可以透過更簡單的方式導出，這需要利
用一個歐拉所發現，罕為人知的三角恆等式：

$$\frac{\sin x}{x} = \cos\frac{x}{2}\cdot\cos\frac{x}{4}\cdot\cos\frac{x}{8}\cdots$$

上式對所有的 x 皆收斂。令 $x = \frac{\pi}{2}$，並重複地使用餘弦的半角公式，馬上就可
以得到韋達的乘積公式。可參見拙文〈一個值得注意的三角恆等式〉(A
Remarkable Trigonometric Identity)，刊《數學教師》(*Mathematics Teacher*)，
1977 年 5 月，第 452–455 頁。

第 7 章

從無窮大到無窮小

1666 年至 1676 年在數學史上是具有劃時代意義的十年。英國的牛頓 (Isaac Newton, 1642－1727) 以及短暫住在巴黎的萊布尼茲 (Gottfried Wilhelm Leibniz, 1646－1716)，兩個數學家分住英吉利海峽的兩邊，獨立地進行研究，並各自完成了他們所發明的微積分學。而這也是自兩千年前歐幾里得撰寫《幾何原本》以來，數學上最重要的單一事件。

牛頓，既是數學家也是物理學家，他透過動態變化的方式研究微積分，他將變量視為連續運動狀態的一種流體 (fluid)——他稱之為流量 (*fluent*)——並將函數視為兩個流量之間的關係，每個都有自己的流速。他定義函數的導數——流數 (*fluxion*)，如他所稱——為兩個流率 (rates of flow) 之間的比。而這個比為其中一個變量對另一個的變化率——即我們現代所謂的導數。

萊布尼茲是一位對許多領域都有涉獵的學者，但他起初主要是作為一個哲學家，並以更加抽象的方式來思考前述問題。他將函數視為

變數 x 與變數 y 之間的方程式關係；今日，我們把這種關係寫成 $y = f(x)$。萊布尼茲接著讓 x 與 y 分別增加一個微小量 dx 與 dy，這兩個增量間的比 $\dfrac{dy}{dx}$ 即是 y 對 x 的變化率之一種度量。如圖 7.1 所示，它是函數 $y = f(x)$ 的圖形，P 是圖形上的一點，過 P 點作一切線，並考慮切線上鄰近的點 T。這產生了一個三角形 PRT，萊布尼茲將其稱為特徵三角形 (characteristic triangle)，它的邊 PR 與 RT 即是當我們移動 P 至 T 時，在 x 軸與 y 軸方向上分別產生的增量，即 dx 與 dy。萊布尼茲進一步論述，如果這些增量足夠小，直線段 PT 將非常接近曲線段 PQ，亦即 PT 之間的切線會與 P 點附近的圖形非常接近。從而，切線的斜率可作為函數在 P 點變化率的量測。這個斜率便是 $\dfrac{dy}{dx}$。今日我們將這個比稱為——更精確地說，它是 dx 與 dy 趨近於 0 時的極限值——$f(x)$ 的導數 (derivative)，並記作 $f'(x)$。

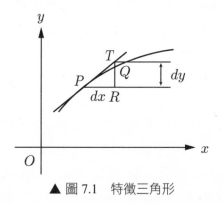

▲ 圖 7.1 特徵三角形

我們也注意到，當 P 點沿著圖形移動時，特徵三角形會連續地改變，從一個點變動到另一個的過程中，導數 $\dfrac{dy}{dx}$ 這個比也隨之改變，

因此，它本身也是 x 的函數（在此，我們有記號 $f'(x)$ 以及名稱導數，
就簡稱為導函數 (*derivative function*)）。求導數的過程，我們則稱之為
微分 (*differentiation*)。

　　萊布尼茲有時將 dx 與 dy 視為有限小的量，但有時他也會將它們
視為無窮小的量或無窮小量 (*infinitesimals*)。今日，我們則稱之為微分
量 (*differentials*)。值得一提的是，萊布尼茲的符號使他能夠將 $\dfrac{dy}{dx}$ 視
為兩個量之間的比（即使這兩個量都是無窮小量）。如此一來，微積分
學裡大部分的運算法則（第一學期的微分課程內容），都可看成是微分
量的代數運算。

　　萊布尼茲接著以類似的手法處理另一個問題，即求出函數圖形曲
線下的面積。他再次將 dx 視為 x 的無窮小增量，並將圖形曲線下的
面積分成許多狹長矩形，每個長矩形的高為 $y = f(x)$ 而寬為 dx（參見
圖 7.2）。因此，一個典型長矩形的面積即為 $y\,dx = f(x)\,dx$。藉由取
這些面積之總和，萊布尼茲得到圖形 $x = a$ 與 $x = b$ 之間圍成總面積 A
的表示法。上述這個過程被稱為積分 (*integration*)，我們將其寫成
$A = \int_a^b f(x)\,dx$，讀作 $f(x)$ 從 a 到 b 的定積分 (*definite integral*)。這
個程序可以進一步修改，用以求得其他與函數有關的量，諸如將 $f(x)$
的圖形對 x 軸旋轉來求得立體圖形的表面積與體積。

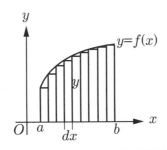

▲ 圖 7.2　逼近 $y = f(x)$ 曲線下的面積

這兩種問題——求函數上一點之斜率與變化率，以及求函數在給定區間的面積——是微積分學的基石。起初這兩者看似無關，但是，牛頓與萊布尼茲則證明了它們其實是互為反問題 (inverse problems)。特別地，為了求得 $f(x)$ 圖形的面積，我們必需先求得 $f(x)$ 的反導（函）數 (antiderivative)，它是一個滿足導函數為 $f(x)$ 的函數 $F(x)$。於是，其值 $\int_a^b f(x)\ dx$ 為函數 $F(x)$ 在 $x=b$ 取值與在 $x=a$ 取值之差，亦即：

$$\int_a^b f(x)\ dx = F(b) - F(a),\ \text{其中}\ F'(x) = f(x)$$

（上式中的 $F(b) - F(a)$ 通常會寫成 $F(x)\big|_a^b$）。這個關係即為大家熟知的微積分基本定理。

牛頓與萊布尼茲以各自的進路，發展出他們的微積分以及相關運算法則，將這門學問轉變成為一種有力的工具，深深地影響了數學與科學的每一個領域。但是，關於他們的成就也引發了一段醜聞：彼此仇視對方，認為對方剽竊了自己的發明。而這場爭論也一直持續到兩人離開人世之後，危害了當時歐洲科學界的和諧長達一個世紀之久，並且扼殺了英國在該領域上的進一步發展。今日，牛頓與萊布尼茲終於分享同等榮耀，被稱為微積分的共同發明者。❶

一旦微積分這門新學問的運算法則確立之後，過去幾個世紀裡人們努力挑戰的許多問題，終於有了解決門徑。首當其衝的，便是求曲線上兩點間的長度。這個過程被稱為求弧長 (rectification)。從古代，人們相信曲線長無法求得，換言之，它的長度不可能和某一直線段等

長。即便是費馬與巴斯卡也抱持了相同的觀點，後者曾向人們展示了令人驚奇的研究成果，本質上我們可以求得某個曲線下的面積，卻無法求得其長。然而，微積分的發明恰可證明他錯了。

當然，若要求得 (x_1, y_1)、(x_2, y_2) 這兩點間直線段的長度，我們只需利用距離公式 $s = \sqrt{(x_1 - x_2)^2 + (y_1 - y_2)^2}$ 即可。其中，我們把常用來表示距離的字母 d 改成 s，以避免與 $\dfrac{dy}{dx}$ 產生混淆。但是，對於其他的曲線而言，我們必需進行「局部」的逼近。我們先將 $f(x)$ 的圖形分割成許多小直線（如圖 7.3 所示），每個線段都是以 dx 和 dy 為邊的特徵三角形的斜邊，如果三角形夠小，我們可以將其斜邊視作非常逼近該圖形之弧長元素 ds，也就是說，對於足夠小的 dx 與 dy 而言，我們可以得到下列近似公式：

$$ds^2 = dx^2 + dy^2 \tag{1}$$

這是微分版的畢氏定理。

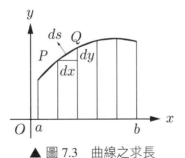

▲ 圖 7.3　曲線之求長

解上述方程裡的 ds，我們得到 $ds = \sqrt{dx^2 + dy^2} = \sqrt{1 + (\dfrac{dy}{dx})^2} dx$。而曲線的總弧長 s 即為所有 ds 的「無窮」和，亦即下列定積分：

$$s = \int_a^b \sqrt{1 + (\frac{dy}{dx})^2} \ dx = \int_a^b \sqrt{1 + y'^2} \ dx \qquad (2)$$

其中，$y = f(x)$ 是曲線之方程式，$y' = \dfrac{dy}{dx}$ 是它的導函數，而 a 與 b 為積分區間的端點。

借助於上述第(2)式，只要方程式(2)的定積分存在 (為有限值)，理論上我們可以求得任何滿足方程式為 $y = f(x)$ 這種形式的曲線弧長。然而，實際上即使是簡單的函數都可能使得上述積分過程，變成非常可怕的任務。舉例來說，假設我們想求得拋物線 $y = x^2$ 從 $x = 0$ 至 $x = a$ 之弧長。因為我們知道 $y' = 2x$，所以，所求弧長即 $s = \int_0^a \sqrt{1 + (2x)^2} \ dx$。然而，這個看起來很簡單的定積分，對 (大學) 第一學期課程裡的微積分學生而言，需要不少耐心與努力才能完成。其結果為 $\dfrac{1}{2} a \sqrt{1 + 4a^2} + \dfrac{1}{4} \ln(2a + \sqrt{1 + 4a^2})$，其中，ln 為自然對數。

當各種新的積分技巧不斷地被發明時，如何求曲線之長，可說是早期微積分先驅所面臨的一大挑戰。在這些最早被求出長度的曲線之中，有兩類曲線最引人注意：對數螺線 (*logarithmic spiral*) 與擺線 (*cycloid*)。它們的方程式通常被表示成非直角坐標的形式，而前者也因為常出現在藝術作品與大自然而聞名。例如，鸚鵡螺外殼的形狀恰好就是對數螺線，又如同向日葵的種子排列亦是。螺線的方程式通常以極坐標的方式來表示，其上任一點 P 的坐標是以該點和原點 O (極點) 的距離還有 OP 與 x 軸正向之夾角 θ 來表示 (取逆時針方向為正)。螺線的極坐標方程式為 $r = e^{a\theta}$，其中的 e 為自然對數的底數 (大約是 2.71828)，而 a 則是常數，它決定了螺線的成長率。如果 $a > 0$，

則當我們將角度 θ 逆時針旋轉時，r 會跟著變大，此時會形成左旋螺
線（如圖 7.4(a)）；如果 $a < 0$，則 r 會隨之遞減，並且得到一右旋螺線
（如圖 7.4(b)）。當螺線上一點循著螺線往內朝極點環繞時，它會不斷
地越來越靠近極點，卻永遠不會觸碰到它。因此可以想像，當義大利
的托里切利 (Evangelista Torricelli, 1608－1647) 在 1645 年證明了從螺
線上任一點至極點的距離都是有限長時，這是多麼令人感到驚奇的結
果呀！

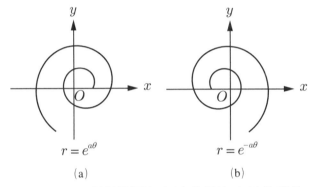

▲ 圖 7.4　兩種對數螺線：(a)左旋螺線；(b)右旋螺線

　　托里切利是伽利略的學生，並曾短暫擔任過他的助理，他主要因
為發現了水銀氣壓計而成名。就如同當時多數科學家一樣，他的研究
領域涵蓋了許多學科，當中也包含了數學。他對許多不同類曲線的性
質很感興趣，其中又以這些曲線當中的擺線（待會將會簡單討論）與
對數螺線為甚。而積分學得等到二十年後的未來才最終被發明出來，
因此，當托里切利想要求得這些曲線的長度時，只能使用較迂迴的方
法。他利用這些螺線本身的性質：曲線的任何一部分，無論長短，它
看起來都和其他部分一樣（今日，我們把這種自身相似的曲線稱作碎
形 (*fractal*)）。這也意味著當我們等量地旋轉半徑向量 *OP* 時，它的長

度 r 也會跟著縮小某個等比例——它是依幾何數列的速度縮小。因此，托里切利將螺線切分成許多窄小的扇形，其角度皆為 $d\theta$，而每個扇形皆形成一個以 dr 與 $r\,d\theta$ 為邊的特微三角形（如圖 7.5 所示）。如果這個三角形夠小，我們可以利用直線段 PQ 來取代弧長 ds（即圖形中的弧 PQ），再利用畢氏定理我們可以得到：

$$ds = \sqrt{(dr)^2 + (r\,d\theta)^2} = \sqrt{r^2 + (\frac{dr}{d\theta})^2}\ d\theta \tag{3}$$

將所有的弧長元素加起來，並使用上面提到的性質，托里切利發現從 P 點到極點 O 之間的總弧長，恰等於螺線在 P 點的切線長，這裡他取 P 點至 y 軸之間的這段長度（如圖 7.6 所示）。這是史上第一次求出超越（非代數）曲線之長，而相關證明我們置於附錄 F 裡。❷

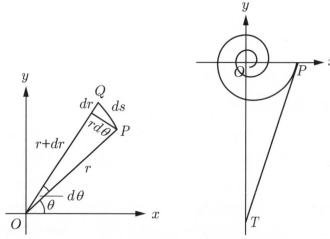

▲ 圖 7.5　極坐標中的弧長元素　　▲ 圖 7.6　對數螺線之求長

　當圓形輪子在不滑動的條件下，沿一直線轉動，此時輪子外緣上點 P 所走過的軌跡即為擺線。若以一對參數方程式來表示最為簡潔。

假設 a 是母圓之半徑，而 $P(x, y)$ 是圓周上一點，而 θ 是圓所轉動的角度，亦即它是從 P 碰觸到 x 軸開始，順時針方向所轉過的弧度（如圖 7.7）。當圓沿著 x 軸轉動時，P 點描繪出一條沿著圓周並以 $a\theta$ 為長的弧，同時，這個弧也變換成一種沿著 x 軸的線性運動。於是，P 點的 x 坐標為 $a\theta - a\sin\theta = a(\theta - \sin\theta)$，而其 y 坐標為 $a - a\cos\theta = a(1 - \cos\theta)$：

$$x = a(\theta - \sin\theta),\ y = a(1 - \cos\theta) \tag{4}$$

就像對數螺線一樣，擺線也有許多有趣的性質，例如當我們將擺線上下翻轉，那麼，它會是質點純受重力影響下的最速下降曲線（同時，若一質點從擺線上任意點出發，在重力作用下沿擺線向下滑，則此質點到達最低點所需的時間，與出發點的位置無關）。這也難怪，十七世紀與十八世紀許多數學家都研究過這種曲線，像是伽利略、笛卡兒、托里切利、惠更斯 (Huygens) 以及白努利兄弟等。托里切利最早發表了擺線其中一個弧形之下的面積為 $3\pi a^2$ 的相關證明，也就是，它是母圓的面積的三倍（法國人羅貝伯 (Gilles Persone Roberval) 的研究比他早了若干年，但他並未發表，這也引發了兩人之間有關優先權的爭論）。另一方面，著名的英國建築師維恩 (Sir Christopher Wren, 1632-1723) 最早求出它的弧長。

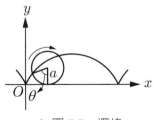

▲ 圖 7.7　擺線

今日，大家記得維恩的名字，主要是因為他在 1666 年的一場大火之後重建了倫敦，當中，最具紀念性的代表作，便是聖保羅教堂。但是，維恩也是一個數學家，他是牛津大學的天文學教授。在他的發現之中，最著名的成果——同時也是最能引發初學者好奇——是雙曲面上的鞍形面（當雙曲線 $x^2 - y^2 = 1$ 繞 y 軸旋轉所生成的面）可以從兩個直線族構造得到，而其中一直線族裡的每一條直線，都與另一直線族當中的每條直線相交，但是，同一直線族之中的任兩條直線彼此均不相交（如圖 7.8）。他求出擺線長的時間是 1658 年，而他發現擺線中每一弧形的長度皆為 $8a$（相關證明請參見附錄 F），更令人驚奇的是，這個結果與 π 無關。❸

▲ 圖 7.8　旋轉雙曲面

接下來，我們來看看兩類相對比較容易求長的曲線，星形線（*astroid*）與懸鏈線（*catenary*）。星形線以一個單位長線段，讓其兩端點沿 x 軸與 y 軸上滑動，當它們跑遍所有可能位置時，這個線段所形成的圖形即為星形線（如圖 7.9 所示）。它的方程式通常被表示成隱函數的形式，亦即 $x^{\frac{2}{3}} + y^{\frac{2}{3}} = 1$，解此方程式的 y 可得 $y = (1 - x^{\frac{2}{3}})^{\frac{3}{2}}$，由此

我們可求出 y'，便可將它代入公式 $s = \int_0^1 \sqrt{1 + y'^2}\ dx$ 並對它積分。我們可求出此星形線的弧長的四分之一為 $\dfrac{3}{2}$，亦即為原生成線段之 $1\dfrac{1}{2}$ 倍（相關細節請參見附錄 F），第 10 章裡我們也將再次遇到星形線。❹

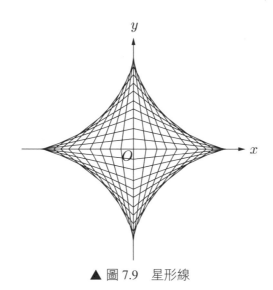

▲ 圖 7.9　星形線

　　懸鏈線是以一粗細均勻的鏈子，自由地懸掛在兩固定點，其受重力影響下所形成的曲線（懸鏈線 "catenary" 一字當中的 "*catena*" 源自於拉丁文，其本意為「鏈子」的意思）。懸鏈線的圖形（如圖 7.10 所示）引發了十七世紀數學家之間的一場爭辯。例如，伽利略相信懸鏈線為一條拋物線，而它們的確看起來極為相似。但是在 1691 年，為了回應雅各布·白努利的挑戰，三位數學家終於證出正確的答案，而這三個數學家分別是雅各布·白努利自己、他的弟弟約翰·白努利 (Johann Bernoulli) 以及萊布尼茲。而這個曲線的方程式為 $y = \dfrac{e^x + e^{-x}}{2}$，其中 e 是自然對數的底數。而 $\dfrac{e^x + e^{-x}}{2}$ 又被稱為 x 的雙

曲餘弦函數，並記作 $\cosh x$；類似地，我們定義 $\dfrac{e^x - e^{-x}}{2}$ 為 x 的雙曲正弦函數，並記作 $\sinh x$。現在，我們通常將懸鏈線的方程式寫成 $y = \cosh x$。

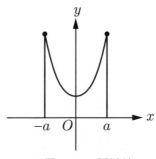

▲ 圖 7.10　懸鏈線

為了求出懸鏈線之曲線長，我們也進一步發現雙曲函數與圓（三角）函數 $\sin x$ 與 $\cos x$ 之間，具有某種形式上的相似性。舉例來說，對應於 $\cos^2 x + \sin^2 x = 1$ 這個恆等式——三角函數版的畢氏定理——我們知道雙曲等式為 $\cosh^2 x - \sinh^2 x = 1$（請注意！第二項之前為負號）。[5]同樣重要的是，這些函數的導函數之間的相似性；我們已經知道 $(\sin x)' = \cos x$ 且 $(\cos x)' = -\sin x$，而 $(\sinh x)' = \cosh x$ 且 $(\cosh x)' = \sinh x$（都是正號）。

這些特徵也使得懸鏈線的求長變得特別容易。首先，令 $y = \cosh x$，我們可以得到 $\sqrt{1 + y'^2} = \sqrt{1 + \sinh^2 x} = \sqrt{\cosh^2 x} = \cosh x$。將它代入方程式(2)。我們可以求出懸鏈線在 $x = -a$ 與 $x = a$ 之間的長度（對稱於曲線最低點）為：

$$s = \int_{-a}^{a} \cosh x \; dx = \sinh x \big|_{-a}^{a} = \sinh a - \sinh(-a) = 2\sinh a,$$

這裡我們用到了 $\sinh x$ 為奇函數的性質，亦即 $\sinh(-x) = -\sinh x$。有趣的是，積分 $\int_{-a}^{a} \cosh x \; dx$ 也可以用來表示懸鏈線在 $x = -a$ 到 $x = a$ 之間與 x 軸所圍出之面積，所以，懸鏈線之曲線長與其和 x 軸之間的面積值相等。❻

也許你會認為，求三角函數中的餘弦函數之曲線長也同樣簡單，但事情完全不是這麼一回事。當我們將函數改成 $y = \cos x$ 並依相同的步驟，最後會得到 $\sqrt{1 + \sin^2 x}$，然而其反導函數並無法以初等函數 (elementary functions) 來表示。❼這是因為三角恆等式 $\cos^2 x + \sin^2 x = 1$ 之中為加號，使得我們並無法化簡 $1 + \sin^2 x$。當然，我們可以利用數值積分的方式，求得 $\int \sqrt{1 + \sin^2 x} \; dx$ 在 $x = 0$ 到 $x = \pi$ 之間的近似值，利用 TI-83 圖形計算器計算的結果，其值約為 3.82。但我們無法將這個結果寫成閉合形式 (closed form) 的解析表示式。

從歐幾里得在《幾何原本》一書中，第 I 冊命題 47 形式化畢氏定理開始，截至目前已經取得了很大的進展。起初，它被視為一種純幾何的關係，描述了在直角三角形各邊長上所建立正方形面積之間的關係，接著，它漸漸地與此三邊長的代數關係連結，適用場合通常是給定其中兩邊長的條件下，可求得第三邊。畢達哥拉斯一定很難想像，他的定理有朝一日被用於求幾乎任意曲線之長度，如果我們知道該曲線方程式的話。❽而這一切，我們必須歸功於無限這個曾經如此困擾著希臘人的概念。❾

註解與參考資料

❶ 不用說，這裡所提供的貧乏資料，即使想用來粗糙地介紹微積分這個主題都還嫌不夠。更詳細的概述，可參見拙著《毛起來說 e》第 8 章與第 9 章。

❷ 有關對數螺線與其在藝術領域和大自然中所扮演的角色，可參考庫克 (Theodore Andrea Cook) 的《生命中的曲線：螺線對科學與藝術的描述以及它們與大自然成長有關的應用》(*The Curves of Life: Being an Account of Spiral Formations and Their Application to Growth in Nature, to Science and to Art*, 1914; rpt. New York: Dover, 1979)；恰卡 (Matila Chyka) 的《藝術與生命中的幾何》(*The Geometry of Art and Life*, 1946; rpt. New York: Dover, 1977)；漢必奇 (Jay Hambidge) 的《動態對稱中的元素》(*The Elements of Dynamic Symmetry*, 1926; rpt. New York: Dover, 1967)；湯普生 (D'Arcy W. Thompson) 的《成長與形式》(*On Growth and Form*, 1917; rpt. London and New York: Cambridge University Press, 1961)；以及拙著《毛起來說無限》第 11 章與第 21 章。

❸ 更多與擺線有關的資料，可參見雅茲 (Robert C. Yates) 的《曲線與它們的性質》(*Curves and Their Properties*, Reston Va.: National Council of Teachers of Mathematics, 1974) 這本書的第 65–70 頁。

❹ 更多與心形線有關的資料，可參見同上第 1–3 頁。

❺ 正是因為這個恆等式而衍生出「雙曲函數」這個名詞。如果我們令 $x = \cosh t$，$y = \sinh t$，其中 t 是參數，則我們可以很容易證明 $x^2 - y^2 = 1$。而這恰可與方程式 $x = \cos t$, $y = \sin t$ 作一類比，後者所對應的數對 (x, y) 落在單位圓 $x^2 + y^2 = 1$ 上（因而被稱為圓函數）。

❻ 更多與懸鏈線有關的資料，可參見雅茲的《曲線與它們的性質》(*Curves*) 第 12–14 頁，以及拙著《毛起來說 e》第 12 章。

❼ 初等函數包含了冪函數、多項函數以及有理多項函數、指數函數、三角函數、雙曲函數以及它們的反函數。同時也包含了這些函數透過加、減、乘、除、指數與開方的組合。

❽ 我之所以說「幾乎」，是因為存在一些「病態」(pathological) 的曲線，它們的弧長並非有限值（即使在某個函數可以定義的區間亦同）。舉例來說，考慮函數 $f(x) = x \sin \dfrac{1}{x}$，它的圖形在 $y = \pm x$ 之間震盪。這個函數在 $x = 0$ 時無定義，

但我們可以指定 $f(0)=0$，使它對所有的 x 皆連續。當 $x \to 0$ 時，震盪的頻率遞增，而且沒有上界。如此，圖形從 $x=0$ 到任意點之間的弧長為無限大。

❾ 更多與早期求長有關的數學史，可參見巴倫 (Margaret E. Baron) 的《微積分的起源》(*The Origins of the Infinitesimal Calculus*, 1969; rpt. New York: Dover, 1987) 第 223−228 頁。

補充欄 3：
歐拉的不平凡公式

歐拉計算時看似輕而易舉，
就像人類呼吸，老鷹翱翔天空。
——阿雷果 (1786–1853)

1734 年，瑞士數學家歐拉解決了一個當時最重要而未解的問題：求得無窮級數 $1 + \frac{1}{2^2} + \frac{1}{3^2} + \cdots$ 之和。雅各布·白努利於 1689 年已經證明了該級數收斂，但沒有人有辦法求得其真正的和。眾多嘗試但失敗的數學家裡，最有名的是白努利兄弟：約翰·白努利與雅各布·白努利。歐拉使用了即使是今日微積分初學者都不接受的方法，在數學界投下了震撼彈，他聲稱這個級數收斂至 $\frac{\pi^2}{6}$（大約是 1.64493）。他的方法雖然錯誤卻有用：他求得了正確的總和。❶

歐拉的發現值得大書特書，因為沒有人預期 π 出現在這樣一個僅與自然數有關的級數裡。❷再者，它的構成與許多平方數之和有關，這也讓人們好奇是否與畢氏定理有所關連。的確是的，如圖 S3.1 所示，令 $r_1 = OP_1$ 是從 0 到 1 沿著 x 軸的線段。接著，在 P_1 作 P_1P_2 垂直 x 軸，且滿足長度為 $\frac{1}{2}$。於是，從 O 到 P_2 的半徑向量長度為

$r_2 = \sqrt{1 + \dfrac{1}{2^2}}$。接著，在 P_2 作 $P_2 P_3$ 垂直 OP_2，且滿足長度為 $\dfrac{1}{3}$。則

OP_3 之長度為 $r_3 = \sqrt{1 + \dfrac{1}{2^2} + \dfrac{1}{3^2}}$。持續上述程序 n 次之後，我們可以

得到 P_n 點，而它到 O 的距離為 $r_n = \sqrt{1 + \dfrac{1}{2^2} + \dfrac{1}{3^2} + \cdots + \dfrac{1}{n^2}}$。隨著 n 增

加，根號裡的總和會慢慢增加，並且當 $n \to \infty$ 時，趨近於 $\dfrac{\pi^2}{6}$。P_n 持

續而緩慢地往外轉，越來越靠近以半徑為 $r_\infty = \dfrac{\pi}{\sqrt{6}} \approx 1.28255$ 的極限

圓。同時，線段 OP_1, $P_1 P_2$, $\cdots$, $P_{n-1} P_n$ 的總長度趨近於無限大，而這

是因為調和級數 $1 + \dfrac{1}{2} + \dfrac{1}{3} + \dfrac{1}{4} + \cdots$ 發散所致。

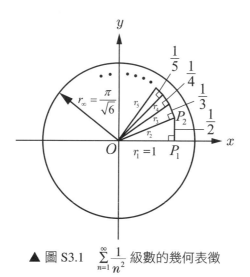

▲ 圖 S3.1　$\displaystyle\sum_{n=1}^{\infty} \dfrac{1}{n^2}$ 級數的幾何表徵

　　請注意，當 n 有限時，我們可以利用尺規作圖的方式執行這整個

過程，這當中的每一步驟，都可以利用這些工具畫出來。❸所以，原

則上我們可以利用這個過程來逼近 π 的值。然而，在你試著動手之前，也請記得，它將會是相當冗長而繁瑣的過程，特別是歐拉這個級數收斂的速度非常慢：需要取 628 項才能求得 π 至小數點後第二位的正確值，即 3.14!

歐拉並未停止對級數 $1 + \dfrac{1}{2^2} + \dfrac{1}{3^2} + \cdots$ 的研究，使用類似的方法，他可以求出級數 $1 + \dfrac{1}{2^k} + \dfrac{1}{3^k} + \cdots$ 之值，其中的 k 為從 2 到 26 之間的所有偶數。當 $k = 26$ 時，他求得了其和為：

$$\frac{2^{24} \times 76{,}977{,}927 \times \pi^{26}}{1 \times 2 \times 3 \times \cdots \times 27}$$

然而，當 k 為奇數時，這個級數遠比想像的難以處理，即使到了近年，對於 $k = 3$ 時如何求和仍未知。❹

註解與參考資料

❶ 基本上，歐拉應用了不精緻的數學規則，他將用於有限代數的方法用於無窮級數裡（特別地，他是用於 $\sin x$ 的冪級數展開式；參見本書第 146 頁），而這種方法並不總被允許，有時甚至可能導出不合理的結果。但是在這個例子裡，歐拉得到了正確的答案。至於他是如何求出此結果，可參見鄧漢 (William Dunham) 所著的《天才之旅：數學上的大定理》(*Journey through Genius: The Great Theorems of Mathematics*, New York: John Wiley, 1900) 一書的第九章。也可參見拙著《毛起來說三角》這本書的第 201–206 頁。

❷ 然而，這並不是這個級數首次被發現的時候。在 1671 年，格列高里 (James Gregory, 1638–1675) 使用了剛發明的微積分，證明了 $1 - \dfrac{1}{3} + \dfrac{1}{5} - \dfrac{1}{7} + \cdots$ 收斂至 $\dfrac{\pi}{4}$。其與萊布尼茲在 1674 年各自獨立地發現了這個相同的級數。因此，被稱為格列高里－萊布尼茲級數。

❸ 為了造出 $\dfrac{1}{n}$，在 x 軸上作出一條長度為 n 的線段 OP（如圖 S3.2 所示），接著以 OP 為直徑作一圓，並令此圓與單位圓交於 T 點。由 T 向 x 軸作垂線，交於 Q 點。由我們所熟知的定理（歐幾里得 III.20），$\angle OTP$ 是直角。因此，三角形 OQT 與 OTP 相似，於是 $\dfrac{OQ}{OT} = \dfrac{OT}{OP}$，但是 $OT = 1$，因此 $OQ = \dfrac{1}{OP} = \dfrac{1}{n}$。

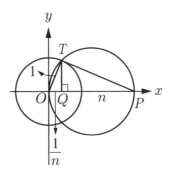

▲ 圖 S3.2　作出 $\dfrac{1}{n}$

❹ 然而，大家也知道，對所有 $k > 1$ 而言，$1 + \dfrac{1}{2^k} + \dfrac{1}{3^k} + \cdots$ 都收斂，當 $k \le 1$ 則發散（當 $k = 1$ 時即為調和級數）。而當 $k = 3$ 時，可參見波頓（Alfred Van der Pooten）的文章〈歐拉遺落的證明──Apéry 有關 zeta 函數 $k = 3$ 時的證明〉（A Proof That Euler Missed...─Apéry's Proof of Irrationality of $\xi(3)$, *Mathematical Intelligencer*, 1 (1979)），第 195–203 頁。阿配立（Apéry）在 1978 年證明了這個和的極限大約是 1.202。

當 $1 + \dfrac{1}{2^k} + \dfrac{1}{3^k} + \cdots$ 這個級數被視為 k 的函數時（其中，k 可以是複數），即為大家熟知的 zeta 函數，並記為 $\xi(k)$。由於黎曼假設的原故，它變成數學家們相當感興趣的主題。黎曼假設中認為，所有 zeta 函數的複數根，皆落在複數平面上 $x = \dfrac{1}{2}$ 這個鉛直線上。儘管許多數學家努力嘗試，但黎曼假設至今尚未被證明。請參見德比夏爾（John Derbyshire）所著的《質數魔力》（*Prime Obsessions: Bernhard Riemann and the Greatest Unsolved Problem in*

Mathematics, Washington, D.C.: Joseph Henry Press, 2003) 以及洛克莫 (Dan Rockmore) 所著的《追蹤黎曼假設：找出質數背後隱藏的規則》(*Stalking the Riemann Hypothesis: The Quest to Find the Hidden Law of Prime Numbers*, New York: Pantheon Books, 2005)。譯按：《質數魔力》有中譯本。

第 8 章

371 個證明和其他

> 畢氏定理被公認是歐幾里得所有定理中最迷人的定
> 理，來自各個階層和不同國家的人都對它有興趣。
> 1917 年，無論是坐在扶手椅上的年邁哲學家，或是身
> 處荒野戰壕中的年輕士兵，都耗費時間在找尋有關它
> 的真實性之新證明。
>
> ——羅密士，《畢氏命題》

以利沙・羅密士 (Elisha Scott Loomis, 1852–1940) 在數學圈中並
不是家喻戶曉的名字，就我所知，沒有方程式或是定理是以他的名字
命名，他所撰寫的數學著作中，除了 285 頁的《畢氏命題》外，❶大
多數已經被人遺忘。在《畢氏命題》中，他搜集且分類了畢氏定理的
371 種證明。

如同在他某一本著作序言所描述的，羅密士是一位「哲學家、數
學家、作家、系譜專家和土木工程師，但最值得讚譽的頭銜是『教
師』，在擔任教師的五十年間，在和他接觸的人們身上發揮了深刻的影
響力。」❷他出生於俄亥俄州的梅迪納鎮，是八個孩子中的老大，也是
約瑟夫・羅密士 (Joseph Loomis) 的第八代孫子。1639 年，這個家族
從英格蘭移民到美國，家族成員中有幾位軍官，和一位數學家伊利亞
士・羅密士 (Elias Loomis, 1811–1899)。十二歲的那年，以利沙失去了
父親，他只好去工作貼補家用。不過，他是一個勤奮的學生，也很早

顯露數學方面的才能。有一次，他步行七哩到鄰鎮購買代數課本以便能夠自學，因為學校老師已經無法指導他。1880 年，他得到鮑德溫大學 (Baldwin University) 理學士學位，1886 年得到碩士學位，兩年後再取得博士學位。有段時間他擔任鮑德溫大學數學系的系主任，但他真正喜歡的是教學工作，離開了學院職務後，他變成克里夫蘭西部一所高中數學科的召集人，並持續擔任這個工作二十八年。同時，他仍持續學習，1900 年，他取得克里夫蘭法律學校的法律學位，並且，得到認可成為俄亥俄州的律師。如果這些還不夠的話，他也學習土木工程，更擔任貝雷村的市政工程師。

羅密士是一位多產的作家，他寫了上百篇的文章、出版了好幾本書，主題從幾何教學到倫理學、哲學及宗教等範圍。同時，他也是一絲不苟的家譜紀錄者，追溯他的祖先約瑟夫·羅密士家族的行蹤，還修訂了厚達 859 頁的《約瑟夫·羅密士家族在美國的後代和他在舊世界的祖先》(1908)。這本書是他的堂兄數學家伊利亞士·羅密士在 1875 年首次出版，以利沙修改的版本，列出且分類超過 32000 個名字。甚至於，他還在 1934 年寫下自己的訃文，並且包括在葬禮上如何宣讀訃文的要求。後來，他的願望被實現，「除了他的死亡日期和一些遺族的住址之外。」相當應景的，羅密士以第三人稱來描述自己：「他作為教師的五十年間，在超過 4000 名的男孩、女孩及年輕男女的習慣養成上，烙刻了深深的印記。」❸

不過，羅密士認為 1907 年動筆，直到 1927 年才完成出版的《畢氏命題》是他最好的著作。1940 年，他還做了修改，同時，他也在這一年去世。在書的最後，他將「1939 年 6 月 23 日完成第二版的第 257 頁後」，「來自各方」的一些值得注意的證明當成附錄。並在書上寫下「E. S. Loomis 博士，年齡將近八十八歲，1940 年 5 月 1 日。」1968 年，美國數學教師協會 (NCTM) 重印這本著作，當成數學教育「傳世之作」（引自出版者）經典系列的第一本書籍。

《畢氏命題》明確地反映出作者的獨特性格，全書穿插了十二幅名人的肖像，像是歐幾里得、哥白尼、笛卡兒、伽利略和牛頓，當然也包括了畢達哥拉斯。但是，卷首的肖像則是羅密士本人，有著校長獨裁專制的臉孔，一副威風凜凜的神情（圖 8.1）。正文的首頁展示了一個神祕的三角形，三個頂點標記著字母 E, S, L，顯然是作者姓名的開頭字母，以及費人疑猜的數字 4，它的上方還有題字「32°」（圖 8.2）。接著，便是冗長的畢達哥拉斯傳記，就像所有的傳記一樣，必須抱持高度懷疑的態度去看待它。中世紀時期，學生想要獲得數學學位，需要對畢氏定理提出一個原創的新穎證明，羅密士認為，這是為何畢氏定理有著大量證明的原因。至於畢達哥拉斯本人的證明，羅密士說：「沒有人知道這個著名定理的證明是否為原創，但我們現在知道印度的幾何學家比畢達哥拉斯早幾個世紀就知道這個定理，而畢達哥拉斯是否知道他們已經知曉同樣不得而知。但是，古代所有的大師中，是他奠定了畢氏定理在歐氏幾何學中的地位和重要性。」

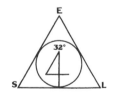

▲ 圖 8.1　羅密士像　　▲ 圖 8.2　《畢氏命題》首頁

羅密士將 371 個證明分成「代數的」(algebraic) 與「幾何的」(geometric) 兩大類，後者依機械式操作 (mechanical principles) 再細分

成「向量的」(quaternionic，這個字出自 quaternions，對羅密士來說，意謂「向量」(vectors)) 和「動態的」(dynamic) 兩小類。他區分「代數的」證明和「幾何的」證明的標準並不明確，似乎是根據證明是否顯示了 $c^2 = a^2 + b^2$ (看成是純粹的代數表示式)，或者是否如同畢達哥拉斯理解的，比較了斜邊上的正方形面積和另外兩股的正方形面積。本書 109 個代數的證明進一步分成七個小群，256 個幾何的證明則依多種標準再分成十個小群。書中還補充了一個「畢達哥拉斯好奇」(Pythagorean Curiosity，參見補充欄 7，本書第 167 頁) 和五個畢達哥拉斯魔方陣 (Pythagorean magic squares)，這裡我們展示其中的兩個 (圖 8.3)。

PYTHAGOREAN MAGIC SQUARES

One

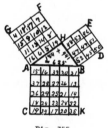

Fig. 355

The sum of any row, column or diagonal of the square AK is 125; hence the sum of all the numbers in the square is 625. The sum of any row, column or diagonal of square GH is 46, and of HD is 147; hence the sum of all the numbers in the square GH is 184, and in the square HD is 441. Therefore the magic square AK (625) = the magic square HD (441) + the magic square HG (184).

Formulated by the author, July, 1900.

Two

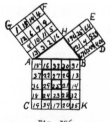

Fig. 356

The square AK is composed of 3 magic squares, 5^2, 15^2 and 25^2. The square HD is a magic square each number of which is a square. The square HG is a magic square formed from the first 16 numbers. Furthermore, observe that the sum of the nine square numbers in the square HD equals 48^2 or 2304, a square number.

Formulated by the author, July, 1900.

▲ 圖 8.3　《畢氏命題》中的兩個魔方陣

即使弄懂這些證明的一小部分，就能測試一個人耐心的極限，在羅密士簡潔的風格下，情況更是如此。必須指出的是，許多證明之間只是細節的不同。然而，如果能耐心挖掘這座寶庫，一定會發現其中的珍寶。這裡涵蓋所有的經典證明，以及一些只有少數天才像惠更斯和萊布尼茲才知道的證明。有一個證明是盲眼女孩庫力茲 (E. A. Coolidge) 大約在 1888 年提出的，另一個證明則是十六歲的高中女生安·康地 (Ann Condit) 提出的，還有一個證明是未來的美國總統所給出的，達文西也貢獻了一個證明。簡言之，這是數學史上名聲顯赫之士或是沒沒無聞之輩的人物畫廊。

以下內容取自羅密士書中的精彩片段，有時會略加修改，使得證明更容易理解。

最短的證明

羅密士利用現代符號給出歐幾里得的第二個證明 (《幾何原本》第 VI 冊命題 31，參見本書第 46 頁)，這個榮耀應該歸給法國數學家勒讓德 (Adrien-Marie Legendre, 1752–1833)。此外，儘管他聲稱「這可能是最短的證明」，我將在補充欄 4 中提出另一個更短的證明。

最長的證明

由於太長以致無法將它全文呈現出來，讀者請參閱圖 8.4，這個證明也是勒讓德所給出。

托勒密的證明

繼阿基米德之後，托勒密 (約西元 85–165 年) 被公認是古代最偉大，也是最具影響力的應用數學家。他生活在亞歷山卓，和歐幾里得一樣，人們對於他的生平所知甚少 (他和亞歷山大大帝死後統治埃及的托勒密王朝無關)。托勒密的著作主要是地理學和天文學，最有名

Ninety

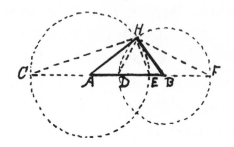

$AH^2 = AD(AB + BH).$ --- (1) $BH^2 = BE(BA + AH).$ --- (2)

$(1) + (2) = (3) BH^2 + AH^2 = BH(BA + AH) + AD(AB + BH)$

$= BH \times BA + BE \times AH + AD \times HB + AD \times BH$

$= HB(BE + AD) + AD \times BH + BE \times AH + BE \times AB - BE \times AB$

$= AB(BE + AD) + AD \times BH + BE(AH + AB) - BE \times AB$

$= AB(BE + AD) + AD \times BH + BE(AH + AE + BE) - BE \times AB$

$= AB(BE + AD) + AD \times BH + BE(BE + 2AH) - BE \times AB$

$= AB(BE + AD) + AD \times BH + BE^2 + 2BE \times AH - BE \times AB$

$= AB(BE + AD) + AD \times BH + BE^2 + 2BE \times AE - BE(AD + BD)$

$= AB(BE + AD) + AD \times BH + BE^2 + 2BE \times AE - BE \times AD$
$\quad - BE \times BD$

$= AB(BE + AD) + AD \times BH + BE(BE + 2AE) - BE(AD + BD)$

$= AB(BE + AD) + AD \times BH + BE(AB + AH) - BE(AD + BD)$

$= AB(BE + AD) + AD \times BH + (BE \times BC = BH^2 = BD^2)$
$\quad - BE(AD + BD)$

$= AB(BE + AD) + (AD + BD)(BD - BE)$

$= AB(BE + AD) + AB \times DE = AB(BE + AD + DE)$

$= AB \times AB = AB^2.$ $\therefore h^2 = a^2 + b^2.$ Q.E.D.

  a. See Math. Mo. (1859), Vol. II, No. 2, Dem. 28, fig. 13--derived from Prop. XXX, Book IV, p. 119, Davies Legendre, 1858; also Am. Math. Mo., Vol. IV, p. 12, proof XXV.

▲ 圖 8.4　《畢氏命題》中最長的證明

的作品是《天文學大成》，這是一部三角學和數學天文學的論著。書中可以發現被稱為「托勒密定理」的結果：

任意圓內接四邊形的兩條對角線所形成的矩形，會等於兩組對邊所形成的矩形的和。

想了解這個神祕的敘述，我們必須再次記起希臘人認為兩數的乘積 $a \times b$ 為長度分別為 a 和 b 的矩形面積。因此，「任意圓內接四邊形的兩條對角線所形成的矩形」意指由圓內接四邊形的兩條對角線為邊長所形成的矩形，同樣的詮釋也適用於「一組對邊所形成的矩形」。簡言之，「由……所形成的矩形」就是表示「……的乘積」。於是，托勒密定理可以公式化如下：在圓內接四邊形中，對角線的乘積等於對邊乘積的和。根據圖 8.5，這句話的意思是：

$$AC \times BD = AB \times CD + BC \times DA \qquad (1)$$

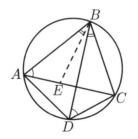

▲ 圖 8.5　托勒密定理

證明：

如圖 8-5，利用一邊當成基準邊，例如 AB，作 $\angle ABE = \angle DBC$。由於公共弦 BC，故 $\angle CAB = \angle CDB$。有兩組對角相等，因此，三角形 ABE 和 DBC 相似，可以知

道 $\dfrac{AE}{AB} = \dfrac{DC}{DB}$，由此得：

$$AE \times DB = AB \times DC \tag{2}$$

如果在等式 $\angle ABE = \angle DBC$ 的兩邊同時加上 $\angle EBD$，我們可得 $\angle ABD = \angle EBC$。由於公共弦 AB，故 $\angle BDA = \angle BCA$。因此，三角形 ABD 和 EBC 相似，可以知道 $\dfrac{AD}{DB} = \dfrac{EC}{CB}$，由此得：

$$EC \times DB = AD \times CB \tag{3}$$

最後，將(2)式和(3)式相加，我們可得 $(AE + EC) \times DB = AB \times DC + AD \times CB$，用 AC 代換 $AE + EC$，我們得到所求結果（注意：所有的邊都是無向線段，所以 $BD = DB$，其餘同理。）❹

　　如果我們考慮圓內接四邊形為矩形（圖 8.6），畢氏定理就是托勒密定理的特例。四個頂點都是直角，且 $AB = CD$, $BC = DA$, $AC = BD$，托勒密定理告訴我們：

$$AC^2 = AB^2 + BC^2$$

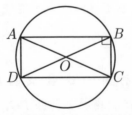

▲ 圖 8.6　當成托勒密定理特例的畢氏定理

達文西的證明

從直角三角形 *AKE* 開始（圖 8.7），分別在邊 *a*、邊 *b*，以及斜邊 *c* 上構造出正方形 *EFGK*、*AKHI* 和 *ABDE*，三角形 *BCD* 則是三角形 *AKE* 旋轉 180° 得到的。現在我們有六角形 *ABCDEK*，並且被虛線 *KC* 平分成兩部分，連接 *G* 和 *H*，形成六角形 *AEFGHI*，被虛線 *IF* 平分成兩部分。（注意：三角形 *AKE* 和 *HKG* 是直線 *IF* 的鏡像，因此 *I*、*K* 和 *F* 三點共線。）

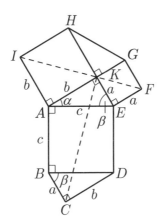

▲ 圖 8.7　達文西的證明

接著，我們要證明四邊形 *KABC* 和 *IAEF* 全等，所以面積相等。將 *KABC* 以 *A* 點為旋轉中心逆時針旋轉 90°，我們可以得到 $\angle IAE = 90° + \alpha = \angle KAB$，且 $\angle ABC = 90° + \beta = \angle AEF$。由於 *AK* 旋轉到 *AI*，*AB* 到 *AE*，且 *BC* 到 *EF*，這些線之間的夾角被保持下來。因此，*KABC* 與 *IAEF* 重疊，所以它們的面積相等。（注意：儘管圖中 *KC* 比 *IF* 長，但這兩條虛線的實際長度相等。）

六角形 *ABCDEK* 和 *AEFGHI* 的面積相同，那麼，從前者減去三角形 *AKE* 和 *DCB*，後者減去三角形 *AKE* 和 *HKG*，則 $ABDE = AKHI + KEFG$，也就是說，$c^2 = b^2 + a^2$。

　　基於布恩 (F. C. Boon, A. C.) 的權威著作（《各式各樣的數學》
(*Miscellaneous Mathematics*, 1924)），羅密士認為這個證明是達文西所
提出的。

嘉非的證明

　　在圖 8.8 中，延長 *CB* 到 *D*，使得 *BD* = *AC* = *b*，作 *DE* 垂直 *BD*，
且 *DE* = *CB* = *a*。由於兩組相等的邊，直角三角形 *ACB* 和 *BDE* 全等。
因此，∠*ABC* 和 ∠*EBD* 互補，所以 ∠*ABE* 是直角。現在，梯形
ACDE 的面積是 $\dfrac{(AC+ED) \times CD}{2} = \dfrac{(b+a) \times (a+b)}{2} = \dfrac{(a+b)^2}{2}$，也等
於三角形 *ABE* 的面積加上兩倍三角形 *ACB* 的面積，也就是說，
$\dfrac{c^2}{2} + 2(\dfrac{ab}{2}) = \dfrac{c^2}{2} + ab$。兩式相等，化簡可得 $a^2 + b^2 = c^2$（同前，所有
的線段都沒有方向性）。這個證明之所以有名，因為它是第 20 任美國
總統嘉非所提出的。引用羅密士的話，這個證明「大約 1876 年，他在
一次與其他國會議員的數學討論中偶然發現的。」

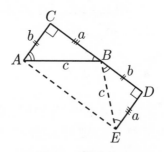

▲ 圖 8.8　嘉非的證明

安·康地 (Ann Condit) 的證明

　　令直角三角形為 *ABC*（圖 8.9），作正方形 *ACDE*、*BCFG* 和
ABHI。連接 *D* 和 *F*，作 *CP* 為斜邊 *AB* 的中線，並反向延長交 *DF* 於
R。接著，我們證明 *AP* = *PC* 且 *PR* ⊥ *DF*。

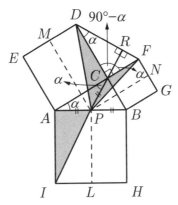

▲ 圖 8.9　安·康地的證明

　　為了證明 $AP = PC$，我們注意到 $\angle ACB$ 是直角，所以三角形 ABC 可以視為以 P 為圓心，AB 為直徑的圓內接三角形。因此，$AP = PC$ 都是圓的半徑。

　　接著，我們注意到三角形 ABC 與 DFC 全等，因為它們有兩組相同的邊，並且在 C 點都是直角，所以 $\angle CDF = \angle BAC$，稱這個角為 α，由於 $AP = PC$，三角形 ACP 為等腰三角形，則 $\angle ACP = \alpha$，因此，$\angle DCR = 90° - \alpha$，$\angle CRD = 90°$，故得證。

　　這麼一來，我們已經準備好證明畢氏定理。從 P 點分別作 PM、PN 和 PL 到 ED、FG 和 HI 的中點，這些線段分別平行正方形的 AE 邊、BG 邊和 AI 邊。再來，我們求三角形 PFC、PDC 和 PAI 的面積（圖 8.9 中陰影的部分）和對應正方形的面積的關係。為了簡化，PFC 表示三角形 PFC 的面積，$AEDC$ 表示正方形 $AEDC$ 的面積，以此類推。由於 $PFC = \dfrac{FC \times FN}{2}$，$FC$ 為底邊，FN 為高，但是 $FN = \dfrac{FG}{2} = \dfrac{FC}{2}$，所以，$PFC = \dfrac{FC^2}{4} = \dfrac{1}{4} BCFG$。同理，$PDC = \dfrac{1}{4} ACDE$，$PAI = \dfrac{1}{4} ABHI$。

我們利用這樣的事實: 有相同底之兩個三角形的面積比等於它們高的比, 如此一來,

$$\frac{PDC + PFC}{PAI} = \frac{DR + RF}{AI} = \frac{DF}{AI} = \frac{AB}{AB} = 1$$

代入我們先前求出的關係式, 並消去 $\frac{1}{4}$, 我們可得

$$\frac{ACDE + BCFG}{ABHI} = 1$$

也就是說, $ACDE + BCFG = ABHI$, 畢氏定理得證。

這是一個相當複雜的證明, 它引人注目的原因, 在於這是 1938 年由印地安納州南本德中央中學的一名學生所提出, 羅密士讚揚她說: 「這個十六歲的女生, 做了印度、希臘, 甚至是現代的偉大數學家都未曾做到的事, 第一個在證明中所使用的輔助線和三角形, 都是從給定三角形的斜邊中點出發作圖產生, 這正是安‧康地的證明。」

下面的兩個證明都是根據歐幾里得《幾何原本》第 III 冊命題 35 和 36 而來, 這裡我們用現代數學符號給出這兩個命題:

命題 35

過圓內一點 P 作一弦交圓於 A 點和 B 點, 則乘積 $PA \times PB$ 為定值, 也就是說, 任何通過點 P 所作的弦都有相同的值。

命題 36

從圓外一點 P 作一線交圓於 A 點和 B 點, 則乘積 $PA \times PB = PT^2$, 其中 PT 是點 P 到圓的切線長度。(因此, 過點 P 所作任一線 $PA \times PB$ 為定值。)

令 *P* 為圓心為 *O* 的圓內一點（圖 8.10），考慮過 *P* 作兩條弦，一條通過圓心 *O*，另一條垂直於它，令這兩條弦交圓於 *A, B* 和 *C, D*。現在，*AB* 是 *CD* 的垂直平分線，所以 $\angle OPC = 90°$，且 $PC = PD$。由命題 35，我們可得 $PA \times PB = PC \times PD = PC^2$。但 $PA = OA + OP$，$PB = OB - OP = OA - OP$（*OA* 是半徑），所以 $(OA + OP) \times (OA - OP)$ $= OA^2 - OP^2 = PC^2$。用 *OC* 取代 *OA*，最後，我們可得 $OC^2 - OP^2 = PC^2$ 或 $OC^2 = OP^2 + PC^2$，這是直角三角形 *OPC* 的畢氏定理。

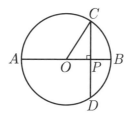

▲ 圖 8.10　一個利用圓但少為人知的證明

再一次，考慮直角三角形 *ACB*（圖 8.11）。以 *B* 為圓心，*BC* 為半徑作一圓，且與 *AC* 相切於 *C* 點。接著，延長直線 *AB* 交圓於 *P* 點和 *Q* 點。由命題 36，我們有 $AP \times AQ = AC^2$，也就是說，$(c-a) \times (c+a) = b^2$，將等號左邊展開，我們可得 $a^2 + b^2 = c^2$。

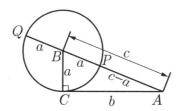

▲ 圖 8.11　另一個利用圓的證明

我們再給一個基於圓的證明，這是一個性質完全不同的證明。在直角三角形 *ABC*（圖 8.12）作一圓心為 *O*，半徑為 *r* 的內切圓，並作

垂直三邊的三條半徑。如圖所示，將每條邊都分成兩部分。特別地，

$c = (a-r) + (b-r) = a + b - 2r$，由此可得 $r = \dfrac{a+b-c}{2}$。現在，我

們有兩個方法可求 ABC 面積：首先，$A = \dfrac{ab}{2}$。接著，ABC 可分

成三個高都是 r 的三角形 AOB、BOC 和 COA，$A = \dfrac{ar}{2} + \dfrac{br}{2} + \dfrac{cr}{2}$

$= \dfrac{(a+b+c)r}{2} = \dfrac{a+b+c}{2} \times \dfrac{a+b-c}{2} = \dfrac{(a+b)^2 - c^2}{4}$。兩式相等且化簡，

我們可得 $a^2 + b^2 = c^2$。羅密士給出這個證明幾種變化的版本，為了鞏

固它在歷史上的地位，他附註說道：「這個解法是作者在 1901 年 12 月

13 日所提出，早於 1901 年《美國數學月刊》(*American Mathematical*

Monthly) 卷 8 第 258 頁提出一個類似的解法。」

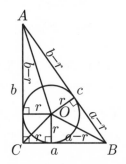

▲ 圖 8.12　利用圓的第三個證明

　　在寫作本書之際，又有畢氏定理的新證明被提出。我建議讀者

參考伯果摩爾尼 (Alexander Bogomolny) 所建立的內容精彩網站「畢

氏定理和它許多的證明」 (http://www.cut-the-knot.org/pythagoras/

index.shtml)，下面這個美妙的證明正是取自那個網站：

將直角三角形 (a, b, c) 補成一個邊長為 a 的正方形（圖 8.13 (a)），再依上方頂點逆時針旋轉 90°（圖 8.13 (b)），然後去掉原來的三角形，產生如圖 8.13 (c)的四邊形，四邊形的面積顯然等於正方形的面積。如此一來，我們可得 $a^2 = \dfrac{c^2}{2} + \dfrac{(a-b)(a+b)}{2}$，經過化簡，可得 $a^2 + b^2 = c^2$。❺

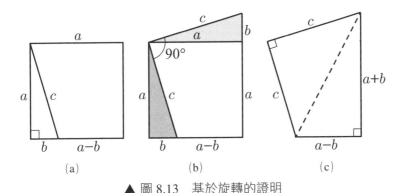

▲ 圖 8.13　基於旋轉的證明

　　這是一個相當不尋常的證明，儘管它合法性的根基似乎有些搖搖欲墜，但它的創新進路相當引人注目，我稱它是「利用微分的證明」。如圖 8.14 所示，給出圓心為 O，半徑為 a 的四分之一圓，若 $P(x, y)$ 和 $Q(x+dx, y+dy)$ 為圓上的相鄰兩點，其中 dx 和 dy 表示「無窮小量」。當 P 點沿著圓往 Q 點移動，形狀像三角形的小圖形 QRP（在 R 為直角）幾乎與三角形 OSP 相似，當 P 愈靠近 Q 時，相似性就更為精確。在極限的意義下，當 $P \to Q$ 時，我們有 $\triangle QRP \sim \triangle OSP$，由此可得：

$$\frac{QR}{RP} = \frac{OS}{SP}$$

但是，$OS = x$, $SP = y$, $QR = -dy$，和 $RP = dx$（注意：所有的線段都有方向性，因此 dy 前面要加負號），因此，$\dfrac{-dy}{dx} = \dfrac{x}{y}$，交叉相乘可得

$$xdx + ydy = 0 \tag{4}$$

這是一般解為：

$$x^2 + y^2 = c \tag{5}$$

的微分方程，其中 c 為任意的積分常數。為了確定 c 值，我們注意到當 $x = 0$（P 在圓的頂端），我們可得 $y = a$，代入方程式(5)，則 $c = a^2$，所以，我們可得：

$$x^2 + y^2 = a^2$$

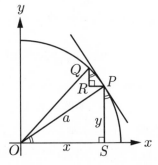

▲ 圖 8.14　利用微分的證明

為了總結這些多采多姿的證明，這裡介紹一個如棋盤般細密鑲嵌而出的證明（圖 8.15），用單一模式將整個平面鋪滿，不留任何空位，也沒有重疊。它是一個「圖說一體、無字證明」，所以，我們不再進一步說明。❻

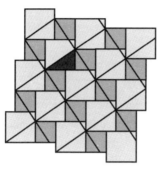

▲ 圖 8.15　棋盤鑲嵌式證明

　　在評判這些證明的價值時，首先，我們必須問的是: 應該使用什麼標準? 我們期待一個好的證明應該盡可能簡單，但什麼是「簡單」呢? 是一個證明所用的行數? 或是用來解釋的字詞數量? 也許，一個更好的判準是這個特定證明所依賴的已知定理之數量，圖 8.11 所展示的證明看來夠簡單，但它使用了圓的許多性質，每一個性質本身都是一個定理。由這個標準來看，被叔本華嘲弄為「陷阱」的《幾何原本》第 I 冊命題 47 的證明，可能是所有證明中最簡單的，因為，它所需要的先備定理最少。無論歐幾里得是否知道今日我們所知這四百個左右的證明，他仍會選擇這個第 I 冊命題 47 的證明嗎? 答案也許是肯定的。

▌註解與參考文獻▐

❶出版社與出版年如下：Reston, Va.: National Council of Teachers of Mathematics, 1968。此後，這部著作就與羅密士劃上等號。

❷出自《原創研究》(*Original Investigation, or How to Attack an Exercise in Geometry*, Columbus, Ohio: Bonded Scale and Machine Campany, 1952)，序言由葛魯克 (Arthur Gluck) 所作。其餘來源則是參考《美國傳記百科全書》(*The National Cyclopaedia of American Biography*, 1916; rpt. Ann Arbor, Mich., 1967 重印)，卷 15，第 186 頁；以及庫爾曼 (David E. Kullman)（邁阿密大學），"Elisha S. Loomis, 1852–1940," 2004，網址：www.bgsn.edu/departments/math/Ohio=section/bicen/esloomis.html。

❸庫爾曼，"Elisha S. Loomis," p. 2。

❹熟悉三角學的讀者應該能夠從托勒密定理看出和角公式 $\sin(\alpha + \beta) = \sin\alpha\cos\beta + \cos\alpha\sin\beta$。托勒密定理更詳細的討論以及托勒密生平，請參閱拙著《毛起來說三角》第 24–25，91–94 頁。譯注：本書有中譯本。

❺伯果摩爾尼認為這個證明出自 W. J. Dobbs, *Mathematical Gazette*, 7 (1913–1914), p. 168。

❻我在尼爾森 (Roger B. Nelsen) 的《圖說一體・無字證明 (II)》(*Proofs without Words II: More Exercises in Visual Thinking*, Washington, D.C.: Mathematical Association of America, 2000) 第 3 頁中發現這個證明，他認為這來自阿拉伯的安納里茲（Annairizi of Arabia，約西元 900 年）。

補充欄 4：
折疊的袋子

簡單、簡單、簡單。我是說，讓你的工作只要兩三件，
不要成百上千；省卻萬般事，只要半打計，讓你的帳目
可以用大拇指數算就好。
　　——索羅，《湖濱散記》(1854)

　　這是我相信最簡短，可能也是最精巧的畢氏定理證明，不過，先
作兩點說明：

　　1.正如第 3 章所提，這個定理不單單只適用於直角三角形的三邊
所建構成的正方形，而是任意的相似圖形。特別地，我們可以選擇任
意多邊形作為代表的形狀。因為相似多邊形的面積都與直角三角形的
邊所對應的正方形面積保持相同的比例，所以，只要證明畢氏定理在
這個特別的多邊形上能夠成立就可以了。

　　2.詞語「建構」(built on) 通常被解釋成這個正方形，或是我們選
擇取代的相似圖形，被建構在直角三角形的外部。但是，並沒有這樣
的規定！事實上，我們可以自由將這三個形狀中的任一個，或是三個
全部都建構在給定三角形的內部。

　　現在，開始證明。我們應該使用哪個多邊形呢？最簡單的選擇就
是三角形，事實上，為何不用原本的三角形呢？參見圖 S4.1，直角三

角形 *ADC*、*ADC* 和 *CDB* 相似，並且後面兩個三角形分割了第一個三角形，我們有 $S_{ACB} = S_{ADC} + S_{CDB}$，其中 *S* 表示面積，這正是畢氏定理的一般化形式，如同《幾何原本》第 VI 冊命題 31 所陳述（參見本書第 46 頁）。證明完畢。

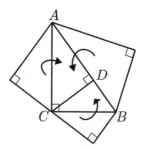

▲ 圖 S4.1　折疊的袋子證明

　　我必須承認自己曾在這個證明上做過嘗試，幾年前我在很短的時間就想到這個證明。但是，我要先克服傳統的思維：逼迫自己觀察正方形以外的圖形，並且將它們建構在三角形的內部而非外部。一旦克服了這些心理障礙，其餘就迎刃而解，名留青史的夢想，瞬間閃過我的心中。但我知道：經過兩千年並且有四百個左右的證明，想要給出一個全新，並且如此簡短的證明，機會幾乎是零。然後，我翻閱羅密士的書得到了證實，「我的」證明出現在幾何的證明第 230 號，註解提到，這個原創證明在 1934 年 6 月 4 日由十九歲的賈西姆斯基 (Stanley Jashemski) 提出，他是俄亥俄州楊斯敦一位「智力超異的年輕人」。好吧，一位比我年輕許多的人在 70 年前就打敗了我！❶當成一個小小的安慰，我提議將這個證明命名為折疊的袋子，當我看見這三個三角形折進原來的三角形內時，這個名字就浮現在我的心中。

▌註解與參考文獻▐

❶ 然而，羅密士給出本質上等價於這個證法的第二種證明，但它被列在代數的證明第 96 號，他加了下面的註解：「1901 年 7 月 1 日由作者發明，之後 1934 年 1 月 13 日在傅雷 (Fourrey) 的 *Curio Geom*, p. 91 發現，傅雷認為這個證法是拉米 (R. P. Lamy) 在 1685 年所給出的。」由此可知，任何人都該懷疑太陽底下是否有新鮮事。參見羅密士，《畢氏命題》第 85 頁以及第 230–231 頁。

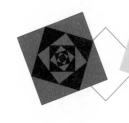

補充欄 5：
愛因斯坦和畢達哥拉斯的相遇

$$E = m(a^2 + b^2) = mc^2.$$
——一個匿名者的滑稽模仿

十二歲那年，愛因斯坦 (Albert Einstein, 1879–1955) 收到一本幾何學的小書，他立刻高興地研讀起來，並且親切地稱它為「神聖的幾何小冊」。如同他在《自傳隨筆》(*Autobiographical Notes*) 寫道：「在這裡一切都能斷言，例如三角形的三高會交於一點，儘管並不顯然，但能確定且毫無疑問地加以證明，這樣的清晰和確定讓我留下深刻的印象。」●他繼續說道：

> 在我拿到這本神聖的幾何小冊之前，伯父就告訴過我畢氏定理。經過一番努力後，我在相似三角形的基礎上成功地「證明」這個定理。對我來說，像直角三角形邊長的比例關係由其中一個銳角完全決定是「顯然」的，在類似的情形下，只有我認為不那麼「顯然」的才需要證明。

愛因斯坦的「證明」（他很小心地在這個字加上引號，顯然是不希望因此沾光）被他的傳記作者和合作伙伴霍夫曼 (Banesh Hoffmann) 重

新建構起來，❷結果證法和羅密士書中的第一個「代數的證明」相同
（書中認為這個證明是勒讓德給出的，但實際上它是歐幾里得的第二
個證明，參見本書第 46 頁）。愛因斯坦早年對畢氏定理的痴迷在十年
後獲得成果：首先，畢氏定理在他的狹義相對論中以四維的形式出現，
並且扮演關鍵的角色；後來，在廣義相對論中更以一般性的擴展形式
出現。

▍註解與參考文獻 ▍

❶由史力普翻譯與編輯 (Trans. and ed. Paul Arthur Schlipp, La Salle, III.: Open
　Court, 1979)，第 9–11 頁。

❷霍爾頓 (Gerald Holton) 與伊爾卡納 (Yehuda Elkana) 合編，《愛因斯坦：歷史與
　文化觀點》(*Albert Einstein: Historical and Cultural Perspectives*, ed. Gerald
　Holton and Yehuda Elkana, Princeton, N.J.: Princeton University Press, 1982)，第
　92–93 頁。

補充欄 6：
一個非比尋常的證明

> 請忘掉你在學校所學過的任何事物；因為你什麼都沒
> 有學到。
>
> ——藍道，《分析基礎》(1960)，第 v 頁

「畢氏定理沒有三角學的證明，因為所有三角學的基本公式都是奠基於畢氏定理為真的事實。三角學為真，是因為畢氏定理為真。」羅密士在他的著作《畢氏命題》的最後如此宣稱。的確，在直角三角形 ABC 中（圖 S6.1），我們定義角 α 的正弦函數和餘弦函數為 $\sin\alpha = \dfrac{a}{c}$, $\cos\alpha = \dfrac{b}{c}$，則

$$\sin^2\alpha + \cos^2\alpha = (\frac{a}{c})^2 + (\frac{b}{c})^2 = \frac{(a^2 + b^2)}{c^2} = \frac{c^2}{c^2} = 1。$$

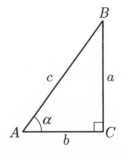

▲ 圖 S6.1　$\sin\alpha = \dfrac{a}{c}$, $\cos\alpha = \dfrac{b}{c}$

在這個恆等式的證明中，我們使用了畢氏定理。因此，不能使用相同的恆等式去證明畢氏定理，不然的話，我們將會觸犯最糟糕的數學禁忌——循環論證。所以，證明畢氏定理時，三角學是被禁止的範圍。

這是真的嗎? 在羅密士忙著修訂他的著作第二版的同時，藍道 (Edmund Landau, 1877–1938) 在德國出版了一本教科書《微積分》 (*Differential and Integral Calculus*)，❶這本書成為嚴密論說的典範。藍道是德國哥廷根大學的數學教授，在第二次世界大戰之前，這所大學是世界著名的數學研究中心。藍道以解析數論的研究聞名，所謂的解析數論就是將解析方法（也就是微積分）應用到數論的研究上。他出版超過 250 篇的論文，並寫了幾本在這個領域中有重大影響的著作，其中有《質數理論和分布手冊》2 卷 (*Handbook of the Theory and Distribution of the Prime Numbers*, 1909)，以及《數論講義》3 卷 (*Lectures on Number Theory*, 1927)。

藍道以毫不退讓地堅持嚴謹而聞名，在教書的生涯中，他避開對幾何學的所有引用，他稱幾何為「油污」。他的 372 頁微積分著作，完全沒有任何一幅插圖，和今日動輒千頁的教科書相去甚遠。在簡潔的定義－定理－證明，且隨處補充幾個例子的風格中，他將微積分從基本原理發展到最高層次。當然，我們特別對該書第 16 章三角函數感到興趣，這一章是這麼開始的: ❷

定理 248

$$\sum_{m=0}^{\infty} \frac{(-1)^m}{(2m+1)!} x^{2m+1} \text{ 處處收斂。}$$

（當然，這是冪級數 $x - \dfrac{x^3}{3!} + \dfrac{x^5}{5!} - \cdots$。）緊跟著下面的，是

定義 59

$$\sin x = \sum_{m=0}^{\infty} \frac{(-1)^m}{(2m+1)!} x^{2m+1}$$

sin 唸成 "sine"。

接下來，他將 $\cos x$ 定義成冪級數 $1 - \dfrac{x^2}{2!} + \dfrac{x^4}{4!} - \cdots$，並透過幾個定理建立起這些函數常見的性質，其中包括和角公式 $\cos(x+y) = \cos x \cos y - \sin x \sin y$，以及奇偶關係 $\sin(-x) = -\sin x$ 和 $\cos(-x) = \cos x$。然後，

定理 258

$$\sin^2 x + \cos^2 x = 1$$

證明：

$$1 = \cos 0 = \cos(x-x) = \cos x \cos(-x) - \sin x \sin(-x)$$
$$= \cos^2 x + \sin^2 x。$$

因此，非常突然且不動聲色，這個數學上最著名的定理：畢氏定理，被介紹出來。

無疑地，許多人都會認為這樣的進路是一種賣弄的詭辯。事實上，這個作法翻轉了整個局面：透過無窮級數定義三角函數，給予 "sine" 和 "cosine" 的名字，再用嚴格的形式方法處理，絲毫不考慮它們在幾何學上的角色，更不必說直角三角形了。當然，其中隱含的假設是相信讀者能看出這些函數是什麼，就像是看起來是隻鴨子，走起路來像隻鴨子的東西，就能推論出實際上就是一隻鴨子。不過，再次強調，藍道可能不要我們做這樣的假設。

　　對於為何兩個以 x 為函數的無窮級數，平方後相加會得到常數 1 的結果抱持懷疑的人，這裡做一個實際的驗證（這不是證明）。我們分別取每個級數的前兩項，將它平方並相加：

$$(1 - \frac{x^2}{2!})^2 + (x - \frac{x^3}{3!})^2 = 1 - \frac{2x^2}{2!} + \frac{x^4}{(2!)^2} + x^2 - \frac{2x^4}{3!} + \frac{x^6}{(3!)^2}$$

上式中的第二項和第四項相消，我們可得 $1 - \frac{x^4}{12} + \frac{x^6}{36}$。如果取出每個級數的前三項重複上述的計算過程，一個冗長乏味但簡單的工作，我們將發現 x^2 和 x^4 項會消掉。按照這個模式下去：我們取出愈多項，則有愈多 x 的冪次方項會消掉，留下 1 和分母愈來愈大的「剩餘」項。當每個級數的項數趨向無窮多時，它們的平方和就會趨近 1。

　　所以，這是畢氏定理一個可被接受的證明嗎？當然，還必須考慮這個證明是要講給誰聽。毫無疑問的，多數人比較喜歡使用直角三角形或是幾何圖形的傳統證明。但對藍道而言，這是無法接受的，他的所有論證都建立在基本原理之上，在這個例子就是無窮級數。至於這些級數在「真實」世界中有什麼意義和他一點關係也沒有，他是卓越的純數學家最好的代表。

▌註解與參考文獻▐

❶ 豪斯納 (Melvin Hausner) 與戴維斯 (Martin Davis) 所翻譯，出版社與出版年為 New York: Chelsea, 1965。

❷ 後面的材料取自拙著《毛起來說三角》第 192–197 頁。在該書中，讀者將發現藍道的傳略。譯按：可參閱本書中文版，第 243–248 頁。

第 *9* 章 ——————————

主題與變奏

> 畢達哥拉斯是發現有關直角三角形偉大真理的第一
> 人，他指出兩邊的平方和等於斜邊的平方。從德梅因
> 到烏蘭巴托，這個公式烙印在幾何教室中每一個十幾
> 歲孩子的腦中。
>
> ——李德曼與泰雷西，《上帝粒子：如果宇宙是答案，
> 那麼問題是什麼？》，第 66 頁

　　好吧，所以 $a^2 + b^2 = c^2$，並且我們大約有四百種證明它的方法，所以還有什麼可說的呢？

　　還有很多呢！由於某些無法解釋的原因，沒有定理像畢氏定理一樣，衍生出許許多多的注釋、變形、應用和珍品。有些看起來非常瑣碎，有些則是相當深刻。下面的例子是從各式各樣的來源挑選而得，無疑地，還能找到更多的例子。

　　同前所述，《幾何原本》第 VI 冊命題 31（參見本書第 46 頁）闡述了這個定理的一般化版本：允許我們用任意圖形——多邊形或者不是多邊形——來取代直角三角形邊上的正方形，只要它們相似即可。❶圖 9.1 給出正五邊形的情況，而圖 9.2 則是以各邊為直徑的半圓形的情況。

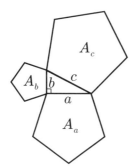

▲ 圖 9.1 　應用在正五邊形的畢氏定理：$A_c = A_a + A_b$

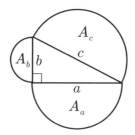

▲ 圖 9.2 　應用在半圓形的畢氏定理：$A_c = A_a + A_b$

　　當然，若是用圓形，這個定理依然為真，儘管三個圓會有部分重疊，使得圖形看起來有些凌亂（圖 9.3）。這引發一個有趣的結果，我

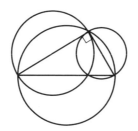

▲ 圖 9.3 　應用在圓形的畢氏定理

們知道不共線的相異三點，只能作出一個通過這三點的圓。換言之，任意一個三角形可以被唯一的圓外接，稱為此三角形的外接圓。現在

假設這些頂點形成一個直角三角形，一個人人皆知的定理（《幾何原本》第 III 冊命題 31）說直角會正對著外接圓的直徑，也就是，直徑和斜邊重合。因此，在任意的直角三角形中，兩個股邊上的圓面積和會等於外接圓的面積。

一個更有趣的例子則是希波克拉特斯新月形（the lune of Hippocrates，以希波克拉特斯為名，大約生活在西元前 460 年），考慮以 O 為圓心，半徑 $OA = OB$ 的四分之一圓（圖 9.4），以 AB 為直徑作一半圓，希波克拉特斯新月形正是由半圓形和原來圓的 AB 弧所圍成的新月形區域。讓人訝異的是，這個新月形和直角三角形 AOB 有相同的面積。證明相當簡單：

新月形的面積 = AB 上半圓的面積 – AB 弓形的面積

AB 上半圓的面積等於 $\dfrac{1}{2} \times \dfrac{\pi AB^2}{4}$；$AB$ 弓形的面積是半徑為 OA 的四分之一圓面積與直角三角形 AOB 的差，也就是，$\dfrac{1}{4} \times \pi OA^2 - \dfrac{OA^2}{2}$。因此，我們有：

$$新月形的面積 = \frac{1}{2} \times \frac{\pi AB^2}{4} - (\frac{1}{4} \times \pi \times OA^2 - \frac{OA^2}{2})$$

但是，$AB^2 = OA^2 + OB^2 = 2OA^2$，代入上式，我們可以得到 $\dfrac{\pi \times 2OA^2}{8} - \dfrac{\pi \times OA^2}{4} + \dfrac{OA^2}{2}$，前面兩項相消，所以：

$$新月形的面積 = \frac{OA^2}{2} = \triangle AOB \text{ 面積}。$$

令人驚訝的是，儘管這個新月形是由兩個圓的弧所生成，但結果與 π 沒有關係。此外，由於三角形總是可以被「正方形化」（squared，指的是我們可以使用尺規作圖構造出一個正方形的面積等於三角形的面

積),這個結果表明這個特殊的月形可以被正方形化。反過來,眾所周知,圓是不能被正方形化的。❷

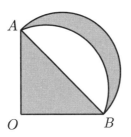

▲ 圖 9.4　希波克拉特斯新月形

一個奠基於畢氏定理的著名作圖法,讓我們能夠從 $n-1$ 的平方根作出整數 n 的平方根。在圖 9.5 中,令 OP_1 是數線上從 0 到 1 的線段,在 P_1 作 $P_1P_2 \perp OP_1$,且 $P_1P_2 = 1$。那麼,從 O 到 P_2 的徑向量 (radius vector) 長度 $r_2 = \sqrt{1^2 + 1^2} = \sqrt{2}$。在 P_2 作 $P_2P_3 \perp OP_2$,且 $P_2P_3 = 1$,則 O 到 P_3 的半徑向量長度 $r_3 = \sqrt{(\sqrt{2})^2 + 1^2} = \sqrt{2+1} = \sqrt{3}$。相同的動作進行 n 次,我們可得 $r_n = \sqrt{n}$,且如圖所示,點 P_1, P_2, ⋯,形成一個螺旋形的圖案。

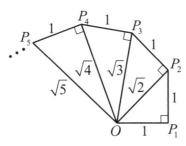

▲ 圖 9.5　平方根螺旋

設一個圓內切於一個三邊均為整數長度的直角三角形（因此，這三個數會形成畢氏三數組），那麼，內切圓的半徑 r 也是一個整數。為了證明這件事，我們回到圖 8.12（參見本書第 134 頁），由此推得公式 $r = \dfrac{a+b-c}{2}$。為了證明這個公式總是能得到一個整數，我們必須證明 $a+b-c$ 是偶數，這由等式 $a^2+b^2=c^2$ 可以得到，如果 a 和 b 都是偶數，那麼，它們的平方和也是偶數，就是 c^2。因此，c 必須也是偶數，因為，奇數的平方一定是奇數。另一方面，如果 a 是奇數，b 是偶數，那麼，它們的平方和是奇數，因此，c 是奇數。無論是哪一種情形，由上述討論可知，$a+b-c$ 都是偶數。❸

◆　◆　◆

　　在直角三角形 ABC 中（圖 9.6），設直角到斜邊的垂線 CD 長度為 d。那麼，我們有：

$$\frac{1}{a^2} + \frac{1}{b^2} = \frac{1}{d^2}$$

為了證明這點，化簡 $\dfrac{1}{a^2} + \dfrac{1}{b^2} = \dfrac{(a^2+b^2)}{a^2b^2} = \dfrac{c^2}{a^2b^2}$，由於 $\triangle ABC$ 的面積可寫成 $\dfrac{ab}{2}$ 或 $\dfrac{cd}{2}$，所以，我們有 $ab=cd$，進而推得 $c = \dfrac{ab}{d}$。將它代入 $\dfrac{c^2}{a^2b^2}$ 進行化簡，我們就能得到所要的結果。我喜歡將它稱作「小畢氏定理」(the Little Pythagorean theorem)，我們將在第 10 章以一種相當不尋常的方式使用它。

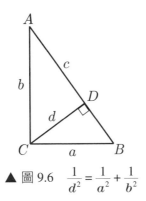

▲ 圖 9.6　$\dfrac{1}{d^2} = \dfrac{1}{a^2} + \dfrac{1}{b^2}$

畢氏定理很容易地就能推廣到任意的三角形，不用侷限在直角三角形，但是要付出代價：在等式 $c^2 = a^2 + b^2$ 的右邊，我們必須加上「修正項」$-2ab\cos C$，其中 C 為 c 邊所對應的角。當然，這是餘弦定律，在三角學中的邊一角一邊問題 (SAS) 中經常遇到。但是，歐幾里得早就知道這個定律的非三角形式，事實上，它出現在《幾何原本》第 II 冊命題 12 和命題 13。在這裡，我們用現代的語言將它們一併寫出：

> 在任意的三角形中，鈍角（銳角）所對應邊上的正方形會等於相鄰兩邊上的正方形加上（減去）相鄰兩邊中的任一邊與它到另一邊的垂直投影乘積的兩倍。❹

圖 9.7 (a)給出一個邊長分別為 a, b, c 的三角形，其中 c 是鈍角 C 所對應的邊。從 A 作一條垂直線到 BC 延長線上。令這個小直角三角形的邊為 x 和 y，我們有：

$$c^2 = (a+x)^2 + y^2 = (a^2 + 2ax + x^2) + y^2$$
$$= (x^2 + y^2) + a^2 + 2ax$$
$$= b^2 + a^2 + 2ax$$

當 C 為銳角時，也有類似的推導（圖 9.7 (b)），只是有 $c^2 = (a-x)^2 + y^2$。我們注意到在前一種情形時，$x = b\cos(180° - C) = -b\cos C$，而後一種情形則是 $x = b\cos C$。我們可以將兩種情形整合成一個等式 $c^2 = a^2 + b^2 - 2ab\cos C$，其中 $\cos C$ 的正或負是依據角 C 是銳角或是鈍角而定，餘弦定律消除了區分這兩種情形的必要性。

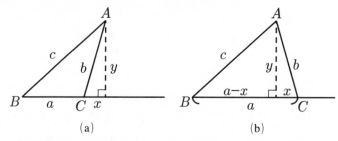

▲ 圖 9.7　餘弦定律：(a)鈍角的情形；(b)銳角的情形

再次考慮任意三角形 ABC，並在三個邊上作出正方形，且將外面的角連接起來（圖 9.8）。用 x, y, z 表示這些連接線段的長度，於是，我們有下面這個漂亮的結果：

$$x^2 + y^2 + z^2 = 3(a^2 + b^2 + c^2)。$$

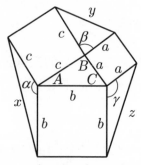

▲ 圖 9.8　$x^2 + y^2 + z^2 = 3(a^2 + b^2 + c^2)$

為了證明這個結果，用 α, β 和 γ 分別表示在 A, B 和 C 外部三角形的角，將餘弦定律應用在這三個三角形上，我們有：

$$x^2 = b^2 + c^2 - 2bc\cos\alpha$$
$$y^2 = c^2 + a^2 - 2ca\cos\beta$$
$$z^2 = a^2 + b^2 - 2ab\cos\gamma$$

把這三個等式相加，我們得：

$$x^2 + y^2 + z^2 = 2(a^2 + b^2 + c^2) - 2(bc\cos\alpha + ca\cos\beta + ab\cos\gamma) \quad (1)$$

在中心的三角形 ABC，我們有

$$a^2 = b^2 + c^2 - 2bc\cos A$$
$$b^2 = c^2 + a^2 - 2ca\cos B$$
$$c^2 = a^2 + b^2 - 2ab\cos C$$

其中，A, B 和 C 是對應頂點的內角。將上述三個等式相加，我們得：

$$a^2 + b^2 + c^2 = 2(a^2 + b^2 + c^2) - 2(bc\cos A + ac\cos B + ab\cos C) \quad (2)$$

因此：

$$2(bc\cos A + ca\cos B + ab\cos C) = a^2 + b^2 + c^2 \quad (3)$$

現在，因為建立在 a, b 和 c 邊上的正方形在 A, B 和 C 形成直角，我們有 $\alpha = 180° - A$, $\beta = 180° - B$, $\gamma = 180° - C$。將它們代回(1)式，並利用恆等式 $\cos(180° - \theta) = -\cos\theta$，我們可得

$$x^2 + y^2 + z^2 = 2(a^2 + b^2 + c^2) + 2(bc\cos A + ca\cos B + ab\cos C)$$

根據(3)式，最後一項等於 $a^2 + b^2 + c^2$，所以：

$$x^2 + y^2 + z^2 = 2(a^2 + b^2 + c^2) + (a^2 + b^2 + c^2)$$
$$= 3(a^2 + b^2 + c^2)。 \ \text{❺}$$

當成附帶的結果，我們注意到這三個外部三角形的每一個，都和內部三角形有相同的面積。比方說，左邊的外部三角形面積為 $\frac{1}{2}bc\sin(180° - A) = \frac{1}{2}bc\sin A$，正是內部三角形的面積。

　　圖 9.9 是一個邊為 a, b, c 和 d，對角線為 p 和 q 的矩形。對角線將矩形分成兩個全等直角三角形，所以，我們有 $p^2 = a^2 + b^2$ 與 $q^2 = c^2 + d^2$，將兩式相加，我們得：

$$p^2 + q^2 = a^2 + b^2 + c^2 + d^2$$

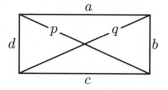

▲ 圖 9.9　$p^2 + q^2 = a^2 + b^2 + c^2 + d^2$

由於 $a = c$, $b = d$，以及 $p = q$，這個結果顯然成立。現在，我們將矩形延展成平行四邊形（圖 9.10），仍然保持 $a = c$ 和 $b = d$，但兩條對角線長度不同。並且，它們將平行四邊形分成兩個不等邊的三角形，而不是兩個直角三角形。所以，畢氏定理不再適用。然而，這個關係式 $p^2 + q^2 = a^2 + b^2 + c^2 + d^2$ 依舊成立。為了證明這點，用 θ 表示 a, b 邊之間的夾角，我們有 $p^2 = a^2 + b^2 - 2ab\cos\theta$，和

$q^2 = a^2 + d^2 - 2ad\cos(180° - \theta) = a^2 + d^2 + 2ad\cos\theta$，將後式的 a^2 用 c^2 取代，並且將兩式相加，我們得到所求結果。（然而，對任意的四邊形，這個結果並不為真。）

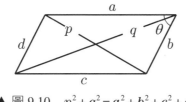

▲ 圖 9.10　$p^2 + q^2 = a^2 + b^2 + c^2 + d^2$

　　將畢氏定理使用兩次，可以推導出任意三角形面積的著名公式：給定三角形的邊為 a, b 和 c，令 A 為面積，$s = \dfrac{1}{2}(a + b + c)$ 為半周長，則：

$$A = \sqrt{s(s-a)(s-b)(s-c)}$$

這個公式通常被歸功於希臘數學家、測量學家和工程師海龍 (Heron)，他大約生活在西元前 100 年到西元 100 年之間（他的名字常被拼成 Hero）。然而，根據阿拉伯天文學家阿爾‧伯魯尼 (Al-Biruni, 973－1048) 的說法，這個公式實際上是阿基米德所發現的。[6]海龍公式最引人注目的是，允許我們只利用三個邊就能計算出三角形的面積。也就是說，a, b 和 c 唯一決定了 A。這是因為在所有多邊形中，只有三角形是剛體多邊形 (rigid polygon)：如果一個三角形可以由給定的三條線段所構成，那麼它是唯一的。（這在其他的多邊形都不成立，例如，由四條相等的邊，我們可以構造出無窮多個菱形，每一個面積都不相

同。）一般相信，每年洪水泛濫後，只須利用隱約可見土地的原本輪廓，海龍就能利用這個公式計算出尼羅河岸廣闊土地的面積，這些資訊作為失去土地的地主用來減稅的依據。

為了證明海龍公式，我們參考圖 9.11。從上方頂點作邊 a 的高 h，將 a 分成 m 和 n 兩部分。我們有：

$$m^2 + h^2 = b^2, \ n^2 + h^2 = c^2$$

兩式相減，可得：

$$m^2 - n^2 = b^2 - c^2$$

但是，$m^2 - n^2 = (m+n)(m-n) = a(m-n)$，所以 $m-n = \dfrac{b^2-c^2}{a}$。與等式 $m+n = a$ 相加，並解出 m 和 n，我們得到：

$$m = \frac{a^2 + b^2 - c^2}{2a}, \ n = \frac{a^2 - b^2 + c^2}{2a}$$

現在，

$$
\begin{aligned}
h^2 = b^2 - m^2 &= b^2 - \frac{(a^2+b^2-c^2)^2}{4a^2} \\
&= (b + \frac{a^2+b^2-c^2}{2a})(b - \frac{a^2+b^2-c^2}{2a}) \\
&= \frac{(2ab + a^2 + b^2 - c^2)(2ab - a^2 - b^2 + c^2)}{4a^2} \\
&= \frac{[(a+b)^2 - c^2][c^2 - (a-b)^2]}{4a^2} \\
&= \frac{(a+b+c)(a+b-c)(c+a-b)(c-a+b)}{4a^2}
\end{aligned}
$$

最後的等式中的每一項因式都能用半周長 $s = \dfrac{a+b+c}{2}$ 表示:

$$h^2 = \frac{2s \times 2(s-c) \times 2(s-b) \times 2(s-a)}{4a^2}$$

$$= \frac{4s(s-a)(s-b)(s-c)}{a^2}$$

因此,

$$h = \frac{2\sqrt{s(s-a)(s-b)(s-c)}}{a}$$

最後, 我們求出三角形面積: ❼

$$A = \frac{ah}{2} = \sqrt{s(s-a)(s-b)(s-c)}$$

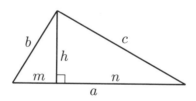

▲ 圖 9.11　證明海龍公式

　　當作海龍公式額外的補充, 我們給出三角形內切圓半徑 r 和外接圓半徑 R 的公式, 但不加以證明:

$$r = \frac{\sqrt{s(s-a)(s-b)(s-c)}}{s} = \frac{A}{s}, \ R = \frac{abc}{4\sqrt{s(s-a)(s-b)(s-c)}} = \frac{abc}{4A}$$

　　當然，畢氏定理在解析或是坐標幾何上扮演著關鍵角色，坐標幾何是笛卡兒在 1637 年所發明。大家所熟知的距離公式 $d = \sqrt{(x_2 - x_1)^2 + (y_2 - y_1)^2}$ 是每一個學過代數和微積分的學生，都耳熟能詳的（其中有些人會因為隨意將它化簡成 $(x_2 - x_1) + (y_2 - y_1)$，和判定錯誤的教授起爭執而感到懊悔）。奇怪的是，直到 1731 年，這個公式才出現在法國數學家克雷羅 (Alexis Claude Clairaut, 1713－1765) 出版的著作《雙曲線研究》(*Recherches sur les courbes à double courbure, Researches on curves of double curvature*) 中，它的形式為 $\sqrt{\overline{x \mp a}^2 + \overline{y \mp b}^2}$（注意: 古式的上橫線，是我們現代圓括號的前身）。❽

　　不過，沒有理由將我們自己侷限在二維平面，畢氏定理的三維空間版本說的是: 在一個長方形的盒子中，空間對角線的平方等於三邊的平方和。❾設這個盒子的大小是 $a \times b \times c$（圖 9.12），作底面的對角線 AC，令長度為 e，在水平的三角形 CDA 上，我們有 $e^2 = a^2 + b^2$，在垂直的三角形 CAE 上，我們有 $d^2 = e^2 + c^2$，合併兩個等式，我們得到

$$d^2 = a^2 + b^2 + c^2$$

這個等式同樣可以形成畢氏四數組 (*Pythagorean quadruples*)，滿足 $d^2 = a^2 + b^2 + c^2$ 的整數 (a, b, c, d)。例如，(3, 4, 12, 13) 和 (36, 77, 204, 221)。

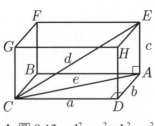

▲ 圖 9.12　$d^2 = a^2 + b^2 + c^2$

如果我們要求這個盒子三面上的對角線都必須是整數長度的話，將會產生更為有趣的情形。用 e, f 和 g 表示這些對角線，我們有 $a^2 + b^2 = e^2$, $b^2 + c^2 = f^2$ 以及 $c^2 + a^2 = g^2$。下面的一組解據說是歐拉找到的，$(a, b, e) = (240, 44, 244)$, $(b, c, f) = (44, 117, 125)$ 和 $(c, a, g) = (117, 240, 267)$，如圖 9.13 所示。能否同時使得三面的對角線以及空間中的對角線 d 都有整數長度（也就是同時滿足等式 $a^2 + b^2 + c^2 = d^2$ 和上述三個等式的整數解），這個問題至今仍然懸而未解，在我寫作本書時，這樣的「畢達哥拉斯立體」(Pythagorean cuboids) 還沒有被人們找到。❿

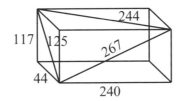

▲ 圖 9.13　一個「畢達哥拉斯盒子」

但是，還有更多的結果，圖 9.14 中陰影部分的矩形面積是 $A = af = a\sqrt{b^2 + c^2}$，所以，$A^2 = a^2(b^2 + c^2) = a^2b^2 + a^2c^2$。由於 ab 和 ac 是底面和背面的面積，所以我們有

$$A^2 = A^2_{底面} + A^2_{背面} \tag{4}$$

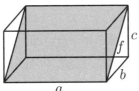

▲ 圖 9.14　$A^2 = A^2_{底面} + A^2_{背面}$

這個類似畢氏定理的等式，將直角三角柱的前面之面積與它的側面之面積關聯起來。如果我們將這個盒子的底面、側面和背面不相鄰的頂點連接起來，變成像圖 9.15 的帆型三角形，會產生一個更為有趣的結果，我們將會有下面的公式：

$$A^2_{ACF} = A^2_{ABC} + A^2_{ABF} + A^2_{CBF} \tag{5}$$

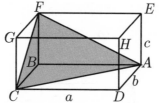

▲ 圖 9.15　$A^2_{ACF} = A^2_{ABC} + A^2_{ABF} + A^2_{CBF}$

這意味著直角四面體 (right tetrahedron) 前面的面積等於其他面的面積和。這些公式和畢氏關係式 $c^2 = a^2 + b^2$ 與 $d^2 = a^2 + b^2 + c^2$ 相似之處相當令人側目。**⓫**

　　為了證明(5)式，我們參考圖 9.16，圖中的頂點字母與圖 9.15 保持

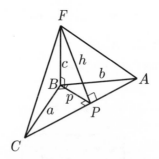

▲ 圖 9.16　直角四面體

相同。在直角三角形 *ABC* 中，從 *B* 往 *AC* 作高 p。我們在第 152 頁曾討論過，由於 $\dfrac{1}{p^2} = \dfrac{1}{a^2} + \dfrac{1}{b^2}$，我們可得 $p = \dfrac{ab}{\sqrt{a^2+b^2}}$。在三角形

ACF 中，從 *F* 往 *AC* 作高 *h*，這個高也是直角三角形 *PBF* 的斜邊，所以我們有

$$h = \sqrt{p^2 + c^2} = \sqrt{\frac{a^2b^2}{a^2+b^2} + c^2} = \sqrt{\frac{a^2b^2 + b^2c^2 + c^2a^2}{a^2+b^2}}$$

因此，三角形 *ACF* 的面積為

$$A_{ACF} = \frac{1}{2} \text{底} \times \text{高} = \frac{1}{2}\sqrt{a^2+b^2} \cdot \sqrt{\frac{a^2b^2 + b^2c^2 + c^2a^2}{a^2+b^2}}$$

$$= \sqrt{\frac{a^2b^2 + b^2c^2 + c^2a^2}{4}}$$

兩邊平方，我們可得

$$A_{ACF}^2 = \frac{a^2b^2 + b^2c^2 + c^2a^2}{4} = (\frac{ab}{2})^2 + (\frac{bc}{2})^2 + (\frac{ca}{2})^2$$

$$= A_{ABC}^2 + A_{ABF}^2 + A_{CBF}^2$$

　　但是，為何在三維就停下來? 數學家相當習慣在四維、五維或任意維度的空間上研究，即使就字面意義來說，我們看不見。比方說，球心在原點，半徑為 *r* 的四維球面「看起來」像是 $x^2 + y^2 + z^2 + t^2 = r^2$（不過，別要求我畫出它來）。一旦我們打破熟知的三維世界的限制，沒有理由我們不能延拓維度的數目到無限大。的確，要想像維度是 $x_1, x_2, \cdots$ 的「長方形盒子」是件奇怪的事。但是，和物理科學相比，問題的癥結在於數學提供數學工作者完全自由地創造他們自己的世界，唯一的要求就是不能有自相矛盾的邏輯規則。所以，沒有事物能阻止我們去想像一個無限維的空間，甚至在上面進行研究。

　　因此，如果我們的無限維盒子和普通盒子保持某種的相似性，我們應該能求出它空間對角線的長度，倘若畢氏定理在這個空間仍然成立的話，對角線的長度可由下面公式得出：

$$d = \sqrt{x_1^2 + x_2^2 + x_3^2 + \cdots}$$

當然，為了使這個公式有意義，根號內的平方和必須是有限值，也就是，它必須是收斂的。這麼一來，馬上將畢氏定理從原來的幾何環境推入分析領域，分析是數學的一個分支，主要處理連續性、變化和極限過程。

　　上面這些聽起來非常抽象，事實上，它有許多重要且實際的應用。這裡我將討論其中的一個應用，回溯它的源頭，與啟發畢達哥拉斯形塑其宇宙觀的主題相同：聲學，即聲音的科學。

　　每一種聲音都是許多不同振動的混合，能以一個簡單的正弦波表示，有其獨特的振幅和頻率。音樂的聲音是由頻率為最低頻（即基頻）的整數倍之正弦波所組成。基頻決定了聲音的音調，也就是它在五線譜上的位置，而更高的頻率，也就是所謂的和聲或泛音，則是決定了它的音色，這使得小提琴的聲音不同於豎琴的聲音，即使兩種樂器演奏著相同的音符。假設基頻為 f，也就是每秒的週期數（例如，在 C 之上的音符 A 的頻率為 440 赫茲），它的泛音頻率為 $2f, 3f, \cdots$。此外，每個泛音都有自己的振幅 a_n，所以，我們可以將它的振動表示成 $a_n \sin(2\pi n f)t, n = 1, 2, 3, \cdots$，其中 t 為時間。實際的聲音就是這些振動的和，也就是說，$\sum_{n=1}^{\infty} a_n \sin(2\pi n f)t$。❷

　　現在，聲學的理論已經證明，純粹正弦波的能量與振幅平方成正比。因此，聲音所攜帶的總能量可以表示成 $a_1^2 + a_2^2 + a_3^2 + \cdots$，這個表示式和無限維盒子的對角線長度的根式相同。這個總和確實會收斂的

原因是，這個聲音的總能量不可能超過這個聲音產生時，一開始所注入的能量（例如，拉動一根弦）。因此，這個能量必然是有限的。

所以，我們繞了一圈：從純粹抽象的數學思維回到音樂的道路上。畢達哥拉斯對於無限維空間的概念會有什麼反應？如果從歷史紀錄來預測，他應該會驚嚇不已，希臘人對於無限有著根深蒂固的猜疑，並且還成功的將它從數學中逐出。所以，畢達哥拉斯不太可能會欣賞我們從熟悉的三維世界到無限維度的跳躍。

但是，誰知道呢？也許他會因為音樂和數學之間出乎預料的連結而激動不已，進而不顧一切接受它，對此，我們只能猜測。

註解與參考文獻

❶這是根據如下的事實：相似多邊形的面積比等於對應邊的平方比。因此，如果一個多邊形的邊是另一個多邊形對應邊的 t 倍，第一個多邊形面積將是第二個的 t^2 倍。等式 $c^2 = a^2 + b^2$ 兩邊同乘 t^2 就能證明這個結果。

❷更多的月形可以在丹其格的《希臘的遺產》第 10 章中發現。

❸用初等數論就能證明 a 和 b 不可能同時為奇數，見附錄 B。

❹對這兩個命題更進一步的注釋可以參見希斯版的《歐幾里得：幾何原本》第 1 冊，第 403–409 頁。

❺我是在海布朗的《幾何的文明化》(*Geometry Civilized: History, Culture, and Technique*, Oxford, U.K.: Clarendon Press, 1988) 頁 164 發現這個美麗的結果。這是在我接受一個小的外科手術不久以前的事，我知道必須花上幾個小時在醫院等待手術，並且花更多的時間才能康復，所以，匆忙地在一張紙上抄下幾個自己想要證明的定理，其中就包括一個。唉！負責的護士卻不准我將任何東西帶入手術室，甚至是一張紙。所以，我快速的將這個定理記下，然後等待麻醉醫師的到來，在失去意識前，我設法在腦中證明它。沒有別的，至少它幫助我克服了手術前常有的緊張感，證明（如果必要的話）數學在這方面有時可以做得更好。

❻參見凡德瓦登 (Bartel L. van der Waerden)，《科學的覺醒：埃及、巴比倫以及希臘數學》(*Science Awakening: Egyptian, Babylonian and Greek Mathematics*, 1954; trans. Arnold Dresden, 1961; rpt. New York: John Wiley, 1963)，第 228, 277 頁。

❼一種完全基於比例的替代證明（像海龍自己的證明），參見海布朗的《幾何的文明化》第 269-271 頁。

❽波義耶 (Carl B. Boyer)，《解析幾何的歷史》(*History of Analytic Geometry: Its Development from the Pyramids to the Heroic Age*, 1956; rpt. Princeton Junction, N.J.: Scholar's Bookshelf, 1988) 頁 168-170。引用波義耶的話：「這可能是這些公式〔本書在第 160 頁所給出及其三維空間對等部分〕首度出現在出版品上，所以，應該將它們歸功於克雷羅。當然，有待進一步的證據證明。」然而，他又說克雷羅的貢獻不應該被誇大：「畢竟，距離公式是四千年前巴比倫人所知道以畢達哥拉斯為名的古老定理的解析表示。毫無疑問的，最早的解析幾何學家，像笛卡兒和費馬，一定知道它們的等價形式。」

❾我喜歡用「長方形的盒子」一詞，而不是有些過時且拗口的「平行六面體」(*parallelepiped*)。

❿來源：海伊斯 (Hayes) 與蘇賓 (Shubin) 合編《給學生及外行人的數學探險》(*Mathematical Adventures for Students and Amateurs*, ed. David F. Hayes and Tatiana Shubin, Washington, D.C.: Mathematical Association of America, 2004) 第 62 頁。

⓫法國數學家丁索 (D'Amondans Charles de Tinseau, 1748-1822) 在 1774 年將這個結果推廣到任意的三維圖形：任何平面 (plane surface) 的面積平方，等於這個平面在三個彼此垂直的坐標平面上的投影平面的面積平方之和。笛卡兒已經知道在四面體的特例上，這個結論會成立，參見波義耶《解析幾何的歷史》第 207 頁。

⓬為了簡化的緣故，我們在這裡忽略每個泛音相對基頻的相位，這些相位通常不會影響聲音的音色。

在《畢氏命題》的結尾，羅密士介紹了他稱為「畢達哥拉斯好奇」的一系列結果，❶從直角三角形 *ABC* 開始（圖 S7.1），在兩股 *a, b* 和斜邊 *c* 上作正方形 *BMNC*、*CDEA* 和 *AHIB*。連接 *EH*、*IM* 和 *ND*，接著，在這些邊上作正方形 *EFGH*、*IKLM* 和 *NPQD*。最後，連接 *LP*、*QF* 和 *GK*，並延長它們相交於 *A'*、*B'* 和 *C'*。我們有下列沒有加以證明的關係，為了簡化記號，等號表示兩線段，或兩三角形，或兩正方形有相同的測量（長度或是面積）；符號 ∥ 和 ⊥ 代表兩直線平行或垂直，而符號∼代表相似。

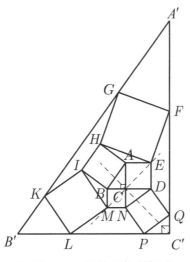

▲ 圖 S7.1　畢達哥拉斯好奇

1. 正方形 *AHIB* = 正方形 *BMNC* + 正方形 *CDEA*（《幾何原本》第 I 冊命題 47）。

2. △*AEH* = △*BIM* = △*CND* = △*CAB*。

3. *LP* ∥ *BC*、*QF* ∥ *CA* 和 *GK* ∥ *AB*。因此，△*A'B'C'*∼△*ABC*。

4. *LP* = 4*BC* = 4*a*, *QF* = 4*CA* = 4*b* 且 *GK* = 4*AB* = 4*c*。

5. 梯形 *LPNM* = 梯形 *QFED* = 梯形 *GKIH* = 5△*ABC*。

6. 正方形 *EFGH* + 正方形 *IKLM* = 5 正方形 *NPQD* = 5 正方形 *AHIB*。

7. 直線 *C'C* 平分直角 *C'* 和 *C*，因此，*C'C* ⊥ *ME*。（注意 *ME* 是整個結構的對稱軸。）

8. *GK* 上的正方形 = *LP* 上的正方形 + *QF* 上的正方形（這些正方形沒有在圖上顯示出來）。

羅密士稱這八個關係是「可論證的真理」，他還加了第九個，簡單說「等等」，暗示我們還能找到更多的關係。比方說，△*A'B'C'* 的邊和 △*ABC* 的邊之比值為 $\dfrac{2(a+b)^2}{ab}$。因為 △*ABC* 和 △*A'B'C'* 相似且兩者賦予方向相同，整個構造過程可用 △*A'B'C'* 取代 △*ABC* 反覆下去，創造出更大的三角形，以及對應的正方形和梯形，多麼讓人好奇呀！

註解與參考文獻

❶ 參考羅密士《畢氏命題》第 252–253 頁。他是在沃特豪斯 (John Waterhouse) 這位紐約市的工程師的筆記中，找到這個奇特圖形；它出現在 1899 年 7 月的紐約報紙上。

這完全是觀點的問題。
　　——俗語

　　我很少注意報紙的廣告，但 2003 年 10 月 8 日《紐約時報》上的一則廣告吸引了我的目光，廣告中的圖形如圖 S8.1，要求讀者找出圖中矩形面積，並且說明如何求出。

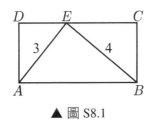

▲ 圖 S8.1

　　在你試著解出問題之前，我必須指出它缺了一個關鍵的條件：兩條斜線的夾角，看起來這兩條線形成一個直角，但問題沒有敘述，也沒有這樣的訊息，這個問題是不可解的。所以，我只好假設這兩條線確實形成一個 90° 角，然後，我走了一條顯然易見的路：矩形的面積等於它的底和高相乘。首先，我求出底邊的長，利用畢氏定理，這個長為 5。接下來，我需要求高，設它為 h，並且用 x 和 y 表示 DE 和

EC，我們有 $h^2 + x^2 = 3^2 = 9$ 和 $h^2 + y^2 = 4^2 = 16$。第二式減去第一式，得 $y^2 - x^2 = 7$，由於 $y^2 - x^2 = (y+x)(y-x)$，且 $y+x$ 是底邊的長，我們已經知道長度為 5，所以 $5(y-x) = 7$，得 $y - x = \dfrac{7}{5}$，解聯立方程式 $y + x = 5$ 和 $y - x = \dfrac{7}{5}$，我們得 $x = \dfrac{9}{5}$，$y = \dfrac{16}{5}$，從任何一個結果都能求出 $h = \dfrac{12}{5}$。因此，所求面積為 $5 \times (\dfrac{12}{5}) = 12$。

無論按哪一種標準來看，這都不是一個漂亮的解法；它是一個暴力 (brute-force) 解法。但是，當我不小心將這個圖形稍加傾斜時，一個非常簡單的解法瞬間從紙上跳了出來。從 E 作 AB 的垂線，與 AB 交於 F（圖 S8.2）。三角形 ADE 和 AFE 全等，因此面積相同；三角形 BCE 和 BFE 也是如此，這四個三角形合成矩形。但是，三角形 AFE 和 BFE 加起來等於三角形 AEB，且三角形 AEB 的面積是 $\dfrac{(3 \times 4)}{2} = 6$（將 AE 當成底，BE 當成高）。所以，矩形的面積是三角形 AEB 的兩倍，也就是 12。萬歲!

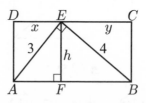

▲ 圖 S8.2　更簡單的解法

這使我想起一個從朋友那兒聽來的故事，多年以前，當他還是學生，曾經嘗試證明幾何上的一個定理。他凝視著眼前紙上的圖形好幾個小時，試著從點和線的複雜排列中發現某些規律，但是徒勞無功。這時，一陣輕風從窗外吹進來，將紙吹落到地板，並且紙張翻了過來。

突然間，這個證明在他眼前冒了出來! 僅僅是視角的改變，就使得難以求解的問題變得容易。❶

▌註解與參考文獻▌

❶可惜的是，我的朋友不記得多年前他努力嘗試證明的定理是什麼了。

第 10 章

奇特的坐標系

一根長 0;30 的梁柱〔靠牆直立著〕，頂端下滑的距離
是 0;6，那麼底端移動了多遠？

——BM 85 196（巴比倫文本，約西元前 1800 年）

    假如你看見方程式 $\alpha^2 + \beta^2 = 1$，也許馬上能認出它是單位圓的標
準式。它的確是單位圓，但不是在直角坐標系之下。

    十九世紀初期，主流數學專注於兩個大的課題：在歐洲大陸，微
積分的普及方興未艾，並且將它應用到新的領域。例如，常微分方程、
偏微分方程、複變數函數論、週期函數的解析，以及數學物理。在英
國，隨著 1830 年抽象代數的誕生，牛頓 1727 年逝世以來，近一個世
紀的數學發展停滯總算宣告結束。同時，抽象代數很快就改變了數學
的本質。對比於這些主要趨勢，幾何被歸類在邊緣學科，人們普遍認
為沒有什麼是能被納入兩千年前希臘人就已經建立好的體系。此外，
笛卡兒 1637 年發明的解析幾何（或是坐標幾何）徹底地改變了幾何的
本質，有效地將它與代數統一起來。再也不需要直尺和圓規來解決幾
何問題；這些傳統工具被代數方程式取而代之。如果證明需要借助解
析幾何的威力，它能得到微積分充分的支援。微積分的基礎正是直線、
曲線和曲面的代數描述，甚至現在都是將這兩門學科當成一門課程教
給學生（至少美國大學都是如此）。

　　當然，幾何也不是全然停滯不前，以法國和德國為主的少數幾何學家群體，重新對綜合幾何或是「純」幾何產生興趣，就是遵循著歐幾里得論證進路的幾何學。歐幾里得作圖的基本工具是沒有記號的直尺和圓規，這麼多年只利用這些工具就作出數以百計的圖形，許多圖形相當的複雜，將幾何作圖提升到一門藝術的層次。

　　面對到正多邊形時，直尺和圓規的力量似乎受到了限制：當時能夠由直尺和圓規構造的，只有正三、正四、正五和正十五邊形，以及從這些正多邊形邊數加倍而得的多邊形。因此，1796 年，十八歲的高斯證明可以用歐幾里得工具作出正十七邊形時，人們完全被震驚了。這個發現給年輕的高斯深刻印象，讓他放棄原先最愛的語言學，決定將自己奉獻給數學。很快地，他就成為十九世紀前半葉世界上重要的數學家，被認為與阿基米德和牛頓並駕齊驅，是有史以來最偉大的三位數學家。在他的故鄉，德國的布朗斯瑞克 (Brunswick)，高斯的雕像樹立在十七邊形的基座上，表達人們對他的紀念。❶

　　僅僅一年之後，第二個讓人震驚的發現來臨。1797 年義大利的幾何學家和詩人馬斯卻隆尼 (Lorenzo Mascheroni, 1750−1800) 證明了每一個用直尺和圓規所作出的圖形，都能只用圓規完成，根本不需要直尺。（當然，我們不能用圓規畫出直線，但我們可以用圓規決定兩圓相交的兩點；由於兩點可決定唯一的直線，它們被認為可以代表直線。）❷

　　高斯和馬斯卻隆尼的發現，說明了古老的經典幾何學尚未枯竭。實際上，一個世紀以來，完全不同於歐氏幾何學的幾何學分支——射影幾何早就廣為人知。這門美麗卻神祕的學科起源於十六世紀，當時，人們對於透視畫法這門新的藝術有著濃厚的興趣。當藝術家在畫布上描繪一個場景時，有些性質例如物體的形狀或是相對的大小會出現變形，然而，其他則保持不變，例如考慮一直線的三點：它們在畫布上的像 (images) 仍然會在一直線上。當然，我們假設藝術家遵循著透視

的法則。射影幾何正是用數學的語言研究圖形投影到畫布時，那些保持不變的性質——不變量。從強調圖形的度量 (metric) 性質（線段長度、兩線的夾角或是多邊形的面積）到關聯 (incidence) 性質（點、線和面之間彼此相對的位置）的轉變，標幟著從超過兩千年的歐氏幾何學第一次重大的脫離。❸

射影幾何學的核心是對偶 (duality) 的概念：就關聯性來說，平面上的點和線是完全等價的（空間中的點和線也是如此）。比方說，兩點決定一直線的敘述，如果我們交換敘述中「點」和「線」的位置，敘述就變成兩線決定一點。❹根據對偶原理，任何有關點和線之間位置的正確敘述，如果將「點」和「線」互換，敘述仍然正確。例如，三角形可以看成是不共線三點（三點不在同一直線上）的集合，或是不共點三線（三直線沒有相交於一點）的集合，如圖 10.1 所示。前者是相當常見的定義，但後者也是正確的（當然，我們會認為直線可以一直延伸，這使得三角形的樣子看起來有些奇怪）。

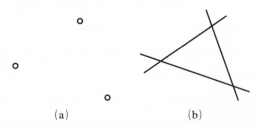

(a)   (b)

▲ 圖 10.1　三角形的對偶看法：(a)不共線的三點(b)不共點的三線

對偶原理是數學中最巧妙的概念之一，因為它能將兩個第一眼看起來不相干的敘述統一起來。事實上，在比較古老的幾何書中，都能發現這樣的幾頁：書頁被鉛直線分隔開來，在線的兩側，每個敘述和它的對偶敘述並排出現。但這樣的巧妙必須付出代價：像是兩點間的

距離、兩相交直線的夾角或是一個封閉圖形的面積，簡言之，這些可以賦予數值的性質，在射影幾何中都沒有立足之地，包括畢氏定理。

　　或者說，在 1828 年以前都是如此。這一年，德國的數學家普率克 (Julius Plücker, 1801－1868) 突破最後的障礙，將對偶原理發揮到極致。他認為，如果點和線是完全等價，為何不能將直線用點一樣的方式來構造曲線呢？就像我們認為曲線是具有共同性質的點所形成的軌跡，所以，我們也能將曲線看成是與它相切的直線所形成的軌跡（圖 10.2）。在這樣的詮釋下，曲線就是它的切線的包絡。舉例來說，我們

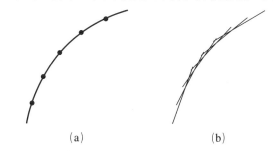

(a)　　　　　　　　　　　　(b)

▲ 圖 10.2　曲線的對偶看法：(a)曲線上所有點的集合
　　　　　　　　　　　　　　　(b)曲線所有切線的集合

通常認為圓是和圓心等距的所有點所成的集合，但我們也可以將它看成是與圓心等距的所有切線所成的集合（圖 10.3）。第一種看法很容易幾何作圖（你只需使用圓規），但第二種看法也是正確的。

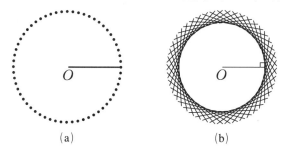

(a)　　　　　　　　　　　　(b)

▲ 圖 10.3　圓的對偶看法：(a)與 *O* 等距所有點的集合
　　　　　　　　　　　　　　　(b)與 *O* 等距所有切線的集合

　　但是，普率克又繼續向前走了一步：引進一種他稱之為線坐標 (line coordinates) 的新式坐標系，將他的想法解析公式化。從 xy 平面上直線方程式 $Ax + By = C$ 出發，其中 A 和 B 不能同時為 0，且 $C \neq 0$（換言之，這條直線不會通過原點），我們用 C 除以這個方程式，得到：

$$\alpha x + \beta y = 1 \tag{1}$$

其中，$\alpha = \dfrac{A}{C}$，$\beta = \dfrac{B}{C}$。普率克被這個方程式的完全對稱性所震懾：從 x, y 來看和從 α, β 來看是相同的。我們通常將 α 和 β 看成常數，而 x 和 y 看成變數，方程式(1)描述了由常數 (α, β) 所決定的直線上的所有點 $P(x, y)$。由於這些常數唯一決定了這條直線，我們可以將它們看成是這條直線的（固定）坐標，並記作 $\ell(\alpha, \beta)$。但是，若從方程式(1)中變數 (x, y) 和常數 (α, β) 完全對稱性的觀點，我們可以交換兩者的角色，將 (x, y) 視為固定，(α, β) 看成變數，方程式(1)是描述通過定點 $P(x, y)$ 的所有直線 $\ell(\alpha, \beta)$。總結如下：方程式(1)可以解釋成固定坐標 (α, β) 的一條直線 ℓ，或是解釋成固定坐標為 (x, y) 的 P 點。圖 10.4 說明了這方程式的對偶詮釋。

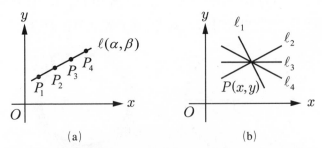

▲ 圖 10.4　$\alpha x + \beta y = 1$ 的對偶詮釋：(a)看成一直線的方程式
　　　　　　　　　　　　　　　(b)看成一點的方程式

無論如何，為了達到點和線的完全對偶，我們必須考慮是否賦予線坐標 (α, β) 一種幾何意義，就像點坐標 $P(x, y)$ 的意義代表著點 P 到 y 軸和 x 軸的距離一樣。這樣的解釋確實存在，在方程式(1)中，我們令 $y = 0$，可得 $x = \dfrac{1}{\alpha}$；同樣地，令 $x = 0$，我們可得 $y = \dfrac{1}{\beta}$。但是，這樣的 x 和 y 的值分別代表直線與 x 軸和 y 軸的截距 m 和 n。因此，

$$\alpha = \frac{1}{m}, \ \beta = \frac{1}{n} \tag{2}$$

所以，線坐標可以看成是與坐標軸對應截距的倒數（圖 10.5）。

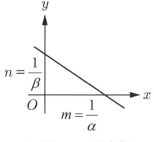

▲ 圖 10.5　線坐標

　　第一眼看見線坐標系，可能會認為它是個奇怪的結構。但是，我們應該理解到任何坐標系統的目標，都是為了用最簡單的方法唯一決定物件的位置，無論是點、線或是其他的幾何形狀。當我們第一次遇到極坐標系時，它們看起來也非常奇怪，但在很多情形下，它們比直角（笛卡兒）坐標系更為優越：想像飛機航管人員利用飛機到塔臺的距離和方向在雷達螢幕上定位飛機的方法。另外，用極坐標取代直角坐標來表示曲線的方程式，有時也會變得比較簡單。比方說，單位圓

在直角坐標系的方程式是 $x^2 + y^2 = 1$，而它的極坐標方程式是簡單許多的 $r = 1$。

為了強調這一點，我們舉一個確實使用線坐標系的例子。一個長度為 1 的梯子倚靠在牆上，它的底端可以在與牆垂直的地板上自由滑動，當我們考慮梯子所有可能的位置時，它所掃過的區域會是什麼形狀？參考圖 10.6，假設 m 是梯子底端和牆面的距離，n 是頂端與地板的距離，當底端滑離牆面時，梯子慢慢在 xy 平面上轉動，描繪與它保持相切的曲線，我們的目標是找到這個曲線的方程式。

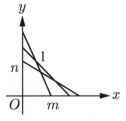

▲ 圖 10.6　滑動的梯子

根據畢氏定理，無論梯子在什麼位置，方程式 $m^2 + n^2 = 1$ 總是成立。但是 m 和 n 是與這個曲線相切的（變動）切線的截距，所以，我們有 $m = \dfrac{1}{\alpha}$, $n = \dfrac{1}{\beta}$，其中 α, β 是切線的線坐標，代回 $m^2 + n^2 = 1$，我們得到

$$\frac{1}{\alpha^2} + \frac{1}{\beta^2} = 1 \tag{3}$$

當我們考慮梯子所有可能的位置時，根據方程式(3)，每條切線都由它的線坐標 (α, β) 所決定。因此，方程式(3)就是所求曲線的方程式；它完全決定這個曲線，因此，它是我們所要解決問題的解。

　　然而，我們還是習慣用直角坐標或是「點」坐標，多數人對於這個解答感到不安。我們可以將方程式⑶轉換成直角坐標或點坐標方程式嗎？（為了避免可能的誤解，我們強調 $m^2 + n^2 = 1$ 不是所求方程式，因為 m 和 n 不是曲線上的點坐標。）這個問題的答案是肯定的，但過程有些冗長，並且需要一些微積分，所以我將它放在附錄 G。所求方程的結果是

$$x^{\frac{2}{3}} + y^{\frac{2}{3}} = 1 \tag{4}$$

這個圖形正是我們在第 7 章所遇到的星形線 (astroid)。

❖　❖　❖

　　作為這個例子的後續，是一個我喜歡稱之為「搬運工難題」(the mover's dilemma) 的問題：一家搬運公司需要運送一個長長的物體，比如長度為 a 的沙發，通過一個 L 形的走廊（圖 10.7），沙發能否通過

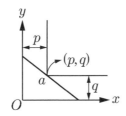

▲ 圖 10.7　搬運工難題：沙發能通過拐角嗎？

走廊呢？我們沿著外側的牆放上 x 軸和 y 軸，L 型走廊兩個分支的寬度分別為 p 和 q，則內側牆的拐角坐標為 (p, q)。如果沙發比較短的話，要將它繞過這個角應該沒有問題。但假如它足夠長的話，可能就會卡住。當沙發繞著這個角移動時，正是沿著方程式 $x^{\frac{2}{3}} + y^{\frac{2}{3}} = a^{\frac{2}{3}}$ 給

出的星形線。星形線所形成區域的內側任一點 (x, y) 都會使得沙發卡住，而在這個區域外側的點則是安全的。因此，為了讓沙發通過這個拐角，我們必須使得 $p^{\frac{2}{3}} + q^{\frac{2}{3}} \geq a^{\frac{2}{3}}$。在 $p = q$（走廊寬度相同）的特例中，這個情形可簡化成 $2p^{\frac{2}{3}} \geq a^{\frac{2}{3}}$，我們可得 $p \geq \dfrac{a}{\sqrt{8}} \sim 0.35a$，假如走廊更窄的話，沙發將會卡住。同時，這也表明兩個拐角至少需要分隔 $\sqrt{2}\,p = \dfrac{a}{2}$ 的距離。❼

❖　❖　❖

在本章的一開頭，我提到了方程式 $\alpha^2 + \beta^2 = 1$。已知 α 和 β 表示線坐標，我們自然希望能知道這個方程式代表什麼樣的曲線，這個答案是，由它的切線集合所生成的單位圓。為了說明這一點，回想我們在第 9 章曾提過任何的直角三角形，從直角到斜邊的垂線長度 d 會滿足等式 $\dfrac{1}{d^2} = \dfrac{1}{a^2} + \dfrac{1}{b^2}$。參考圖 10.8，並將原點到切線的垂線長度用 p

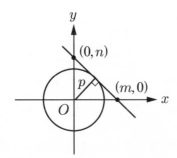

▲ 圖 10.8　方程式 $\alpha^2 + \beta^2 = 1$ 的推導

表示，我們有

$$\frac{1}{p^2} = \frac{1}{m^2} + \frac{1}{n^2} \tag{5}$$

其中 m 和 n 是直線的 x 截距和 y 截距。用 $\frac{1}{\alpha}$ 和 $\frac{1}{\beta}$ 分別取代 m 和 n，且設 $p = 1$ 為單位圓，我們得到 $\alpha^2 + \beta^2 = 1$，單位圓的切線方程式。

　　普率克的線坐標系是對偶性在數學上發揮作用的一個最好例子，可惜的是，它們幾乎被遺忘殆盡，只在線條設計 (art of line designs) 這門藝術上，得到些許的注意。所謂線條設計，是指由設定好規則的直線所生成的幾何圖案（圖 10.9）。❽至於普率克，他的職業生涯發生出乎意料的轉折，在出版了他的重要著作《解析幾何的發展》（兩冊）（*Developments in Analytic Geometry*, 1828 和 1831），闡釋他的想法之後，他突然放棄數學，轉向實驗物理。從 1846 到 1864 這十八年間，他致力於晶體的磁性研究，對於製造新的標準溫度計助益甚大。他也研究氣體的光譜線，這門學科很快就變成天文物理學的核心。然後，他又突然回到以前的最愛，用他生命的最後四年進一步發展線坐標。他去世於 1868 年，享年 67 歲。可惜的是，他的名字和著作已經從現在的幾何課程中消失。

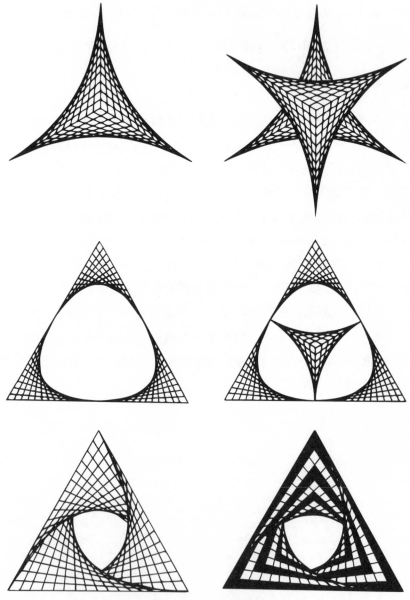

▲ 圖 10.9　線條設計

▌註解與參考文獻▐

注：本章開頭所引述的這段銘文引自凡德瓦登的《科學的覺醒》第 7 頁。這些數目都是六十進位制，這段紀錄也證明了巴比倫人至少比畢達哥拉斯早一千年，就已經知道畢氏定理。

❶高斯實際上又往前走了一步，他證明質數邊數的正多邊形都可以用尺規作圖，只要質數滿足 $N = 2^{2^n} + 1$，其中 n 為非負整數。當 $n = 0, 1, 2, 3$ 和 4，我們可得 $N = 3, 5, 17, 257$ 和 65537 全都是質數。

形如 $2^{2^n} + 1$ 的質數稱為費馬質數 (Fermat prime)，費馬在 1654 年猜測對於任何非負整數 n，$2^{2^n} + 1$ 都是質數。但在 1732 年，這個結果被推翻，歐拉給出 $n = 5$ 時，$2^{2^5} + 1 = 4294967297 = 641 \times 6700417$ 是一個合數。目前不清楚是否有其他的費馬質數，因此，可能存在著仍未發現可用歐幾里得工具作圖的正多邊形。然而，它們的邊數過於龐大，使得任何的實際作圖都變得不可能。1837 年，萬卓爾 (Pierre Laurent Wantzel, 1814–1848) 證明費馬質數是唯一可以作圖的質數。因此，高斯的條件是充分必要的。

❷1928 年，丹麥數學家葉爾姆斯列夫 (J. Hjelmslev, 1873–1950) 的一位學生在哥本哈根的一家書店發現一本名為 *Euclides Danicus* 的書，是默默無名的德國幾何學家莫爾 (Georg Mohr, 1640–1697) 在 1627 年出版。他驚訝地發現有馬斯卻隆尼結果的完整證明，卻比馬斯卻隆尼早了 125 年。關於馬斯卻隆尼作圖更多的內容可參閱庫朗特 (Richard Courant) 和羅賓斯 (Herbert Robbins)，《數學是什麼?》(*What Is Mathematics?*, 1941; revised by Ian Stewart, New York: Oxford University Press, 1996) 第 147–152 頁。譯按：本書有中譯本。

❸關於射影幾何相當好的介紹，見《數學是什麼?》第四章。

❹假如直線平行的話，它們「相交」於無窮遠的點。將無窮遠的點和線（稱為理想點和理想線）納入，當作合法的幾何物件是射影幾何的核心原則。參閱拙著《毛起來說無限》第 15 章。

❺星狀線有許多有趣的性質。參閱《毛起來說三角》第 98–99，100–101 以及 106 頁。也可參閱葉慈 (Robert C. Yates) 的《曲線及其性質》(*Curves and Their Properties*, Reston, Va.: National Council of Teachers of Mathematics, 1974) 第 1–3 頁。更多關於線方程式，參考拙文〈曲線的線方程式〉(Line Equations of

Curves: Duality in Analytic Geometry)，刊《數學教育的國際期刊》(*International Journal of Mathematics Education in Science and Technology*, vol. 2, no. 3, 1978)。本章的部分取自這篇文章。

❻這是方程式 $x^{\frac{2}{3}} + y^{\frac{2}{3}} = 1$ 的一般形式，在這個例子，它的生成線段 (generating rod) 長度是 a 而不是 1。對比於單位圓方程式 $x^2 + y^2 = 1$，它與圓心在 O，半徑為 a 的圓方程式 $x^2 + y^2 = a^2$ 相類似。

❼我們心照不宣地默認這是個二維的問題，所以，沙發不能垂直地翹起。這個問題適合將它編入埃德溫‧艾勃特於 1884 年出版的經典科幻故事《平面國》(*Flatland: A Romance of Many Dimensions*, rpt. Princeton, N.J.: Princeton University Press, 2005)。譯注：本書有中譯本。

❽例如，可以參閱席墨 (Dale Seymour)、席爾維 (Linda Silvey) 與史尼德 (Joyce Snider) 合著，《線條設計》(*Line Designs*, Palo Alto, Calif.: Creative Publications, 1974)。

第 *11* 章 ———————————
符號! 符號! 符號!

讓數學家用他們的語言譯述,
新義立即湧現。

——歌德 (1749-1832)

數學與音樂有諸多雷同, 依賴一個好的符號體系是其要件。我們的祖先完全藉由語詞表述的, 諸如給定的兩數相乘、演奏兩個指定的音符等等「如此如此做」的指令。無庸贅言, 這些語詞常是含混與低效的。特別是數學史上, 由於缺少一個好的符號體系, 古希臘的數學走不出數論 (arithmetic) 與幾何。

用字母和記號取代口語的代數稱為字母代數 (literal algebra)。數學史上, 從語詞 (verbal) 代數成長到字母代數, 耗費近千年之久。這種成長在西元 1400 年代開始受到關注。到 1600 年左右, 這種成長總算臻至成熟: 韋達建立一套符號體系, 並以母音字母代表已知量, 子音字母代表未知量 (詳本書第 6 章)。用字母代表代數量, 我們現在感覺自然又方便, 但在韋達的時代, 這可真是偉大的創舉。它在形成數學敘述時, 提供很大的助益。或許韋達被自己激進的身影嚇住了, 他並沒有把符號化得十分徹底。例如, 他雖然用現在的「+」、「−」分別代表加和減, 相等卻仍用文字 *aequatur* 表述, 而 a^2 和 a^3 則分別寫

為 *A quadratus* 和 *A cubus*（後來他改用縮寫 *Aq* 和 *Ac*）。他把等式 $a^2 + b^2 = c^2$ 寫成 *Aq + Bq aequatur Cq*，與我們所熟悉的現代符號仍不相同，但已越來越接近。

　　萊布尼茲繼續進行代數符號化的工程，而且接近完成（有趣的是半個世紀後的牛頓偶爾還會把 a^2 寫成 aa，更高次乘方就用我們現代的指數符號）。然而，緊接而來的數學發現潮，需要新的符號和新的規範來處理這些發現。1843 年，愛爾蘭數學家漢彌頓 (Rowan Hamilton, 1805－1865)，在嘗試把尋常的複數擴張到三維時，發現了四元數 (quaternion)。這種抽象結構可以運用一般熟知的加減進行算術運算，但乘法卻不具交換性，即 ab 不一定等於 ba。一個四元數 $q = a + bi + cj + dk$ 的四個單位元就是 1、i、j、k。它們的相乘結果是 $i \times j = -j \times i = k,$　$j \times k = -k \times j = i,$　$k \times i = -i \times k = j,$　$i^2 = j^2 = k^2 = i \times j \times k = -1$。$q$ 的量或絕對值 (magnitude or absolute value) $|q| = \sqrt{a^2 + b^2 + c^2 + d^2}$ 可以解釋為原點與 q 的距離，即畢氏定理在四度空間的情形。

　　據說漢彌頓是在家鄉都柏林，正要經過步羅罕橋 (Brougham Bridge) 時靈光乍現，發現四元數的乘法。現在，橋的基座上有一塊紀念碑紀念這個場合（圖 11.1）。此發現可視為抽象代數的起點，它讓人意識到數學無須受限於諸如數量、幾何等實存的物件。相反地，數學研究的對象可以延伸到受運算的形式法則約束的任意構造，只要這些法則內部不自相矛盾。

　　像四元數這樣誠然別出心裁？不過，它們用四個分量來代表三度空間，使其使用起來頗不順手。所以，四元數很快地被一種新的概念——向量所取代，它主要由美國物理學家吉布斯 (Josiah Willard Gibbs, 1839－1903) 所發展。向量的初胚是帶方向的物理量，如力、速度等都是熟悉的例子。這樣的初胚很快蛻變為有向線段，用其端點簡

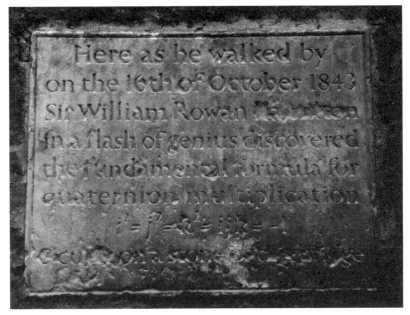

▲ 圖 11.1　都柏林步羅罕橋上的石碑

單表示為 PQ。這種簡明表示法符合 $PQ = -QP$ 及 $PQ + QR = PR$，後式代表: 從 P 走到 Q，再從 Q 走到 R 的結果，與從 P 直接走到 R 是一樣的。為了讓結構完備，定義零向量就是從 P 到 P 的向量，即 $\mathbf{0} = PP$。如此，則 $PQ + QP = PP = \mathbf{0}$。這些結果讓我們能操弄向量，有如它們是純粹的代數物件一樣，而不須考慮它們所背的物理包袱。

　　向量的記號這些年來歷經演化，有的迄今仍在使用，有時也產生讓人困惑的結果。我們常見的符號 $\overrightarrow{PQ}$ 表示從 P 到 Q 的線段，但上面的小箭號是多餘的。PQ 的順序已足以顯示這向量是從 P 指向 Q。有時，我們也會用一個小寫粗體字母表示向量，例如 $\mathbf{a} = PQ$。向量的量用絕對值符號表示，例如 PQ 的量寫成 $|PQ|$。顯然，零向量 $\mathbf{0}$ 的量 $|\mathbf{0}| = 0$。

等式 $PQ + QR = PR$ 稱為向量加法的三角形法則 (*triangle rule*，圖 11.2)，也稱為平行四邊形法則 (*parallelogram rule*)。請注意，這法則並不適用於向量的量。兩點之間最短的距離是連接此兩點的線段。若你從 P 點走到 R 點，途中要到 Q 點歇腳，這個轉折只會增長行程，除非 Q 點正好在 P 和 R 的連線上。轉成向量的說法就是 $|PQ| + |QR| \geq |PR|$。既然 PR 就是 PQ 和 QR 的向量和，我們就有下列的三角形不等式 (*triangle inequality*)：

$$|PQ| + |QR| \geq |PQ + QR|$$

若是用單一小寫粗體字母表示向量，則有：

$$|\mathbf{a} + \mathbf{b}| \leq |\mathbf{a}| + |\mathbf{b}| \tag{1}$$

此式等號成立的充要條件，是 $\mathbf{a}$ 與 $\mathbf{b}$ 共線而且方向相同。

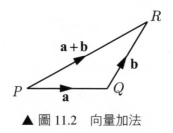

▲ 圖 11.2　向量加法

當兩個向量 $\mathbf{a}$ 與 $\mathbf{b}$ 互相垂直，則它們的和 $\mathbf{a} + \mathbf{b}$ 是一個直角三角形的斜邊，此直角三角形的兩股就是 $\mathbf{a}$ 與 $\mathbf{b}$ (圖 11.3)。由畢氏定理可得

$$|\mathbf{a} + \mathbf{b}|^2 = |\mathbf{a}|^2 + |\mathbf{b}|^2 \tag{2}$$

請注意！不要把此式與初等代數的公式 $(a+b)^2 = a^2 + 2ab + b^2$ 弄混了。

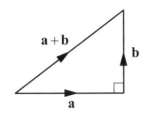

▲ 圖 11.3 　兩個垂直向量之和

若一個向量的起點是原點 O 而終點是 P，則此向量 $\mathbf{r} = OP$ 稱為 P 的徑向量 (*radius vector*)。在 2-維空間裡，若 P 的坐標是 (x, y)，則 $\mathbf{r}$ 可以寫成其分量的和，即 $\mathbf{r} = x\mathbf{i} + y\mathbf{j}$，其中 $\mathbf{i}$ 和 $\mathbf{j}$ 分別是沿著 x 軸正向 和 y 軸正向的單位向量（圖 11.4）。

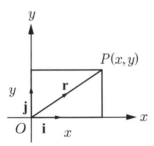

▲ 圖 11.4 　一個向量及其 i-分量與 j-分量

有時我們會直接寫成 $\mathbf{r} = (x, y)$，也就是用 P 自己來表述 P 的徑向量。 $\mathbf{r}$ 的量 $r = \sqrt{x^2 + y^2}$ 就是 P 與原點的距離。這個公式當然可以延伸到 3-維空間，此時 $r = \sqrt{x^2 + y^2 + z^2}$；往後有時把此值視為 $\mathbf{r}$ 的長。

向量的引進對物理定律的描述助益良多。例如牛頓運動第二定律 $F = ma$，事實上是作用力向量 $\mathbf{F}$ 作用於質量 m，以及所產生加速度向 量 $\mathbf{a}$ 之間的關係式 $\mathbf{F} = m\mathbf{a}$。若不使用向量，我們得對作用力的每個分 量立一個等式，如 $F_x = ma_x$ 等三個式子（對 y 分量與 z 分量仿此）。

使用這種符號的效益之大，讓向量代數以及爾後的向量分析成為物理學不可或缺的工具。但數學家們不以此為足，他們繼續千山獨行，把任意 n-數組視為 n-維空間裡的向量。這些數的本質無關緊要，它們可以是變數、坐標、或某些物理量，或只是純粹的數，我們關注的是有序數組 $(x_1, x_2, \cdots, x_n)$。即使可能與尺寸等長度概念無關，數學家們還是稱 $\sqrt{x_1^2 + x_2^2 + \cdots + x_n^2}$ 為「長」。這個概念可以引伸到無限多維空間的向量 $(x_1, x_2, \cdots)$，只要 $x_1^2 + x_2^2 + \cdots$ 是收斂的。

正如數學成長的習慣方式：當新的物件被納進來，一定要制訂一套規則——類似遊戲規則——來規範此物件。就向量而言，這些規則看來是很自然的。設 $\mathbf{a} = (a_1, a_2, \cdots, a_n)$, $\mathbf{b} = (b_1, b_2, \cdots, b_n)$，則 $\mathbf{a} = \mathbf{b}$ 意指對 $i = 1, 2, \cdots, n$, $a_i = b_i$；$\mathbf{a} + \mathbf{b} = (a_1 + b_1, a_2 + b_2, \cdots, a_n + b_n)$；常量 (scalar) c 與 $\mathbf{a}$ 的乘積 $c\mathbf{a} = (ca_1, ca_2, \cdots, ca_n)$。幾何觀點而言，這個運算就是拉長或壓縮 $\mathbf{a}$，至於原長的 c 倍（若 $c < 0$，則反轉 $\mathbf{a}$ 的方向）。例如 $\mathbf{a} = (2, -3)$, $\mathbf{b} = (3, 4)$，則 $\mathbf{a} + \mathbf{b} = (5, 1)$，而 $7\mathbf{a} = (14, -21)$。這些運算都具備我們所熟知的性質，如交換性、結合性與分配性等，如圖 11.5 所示。

然則兩個向量如何相乘？這也是可以定義，但結果並不是一個向量，而是一個常量或數。所以有時稱之為常量積 (*scalar product*)，數學界較常稱之為內積 (*inner product*) 或點積 (*dot product*)。前設 $\mathbf{a}$ 和 $\mathbf{b}$ 的點積為 $a_1 b_1 + a_2 b_2 + \cdots + a_n b_n$，用 $\mathbf{a} \cdot \mathbf{b}$ 來表示（這是點積稱呼的由來）。例如 $\mathbf{a} = (2, -3)$, $\mathbf{b} = (3, 4)$，則 $\mathbf{a} \cdot \mathbf{b} = 2 \times 3 + (-3) \times 4 = -6$。若引用希臘字母 Σ 代表連加，則我們可以把點積寫成：

$$\mathbf{a} \cdot \mathbf{b} = \sum_{i=1}^{n} a_i b_i \text{。} \tag{3}$$

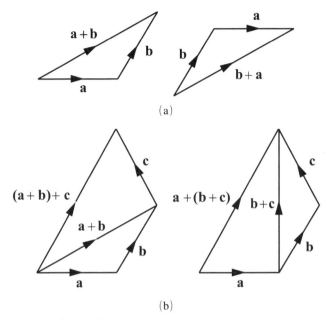

▲ 圖 11.5　向量運算: (a) $\mathbf{a}+\mathbf{b}=\mathbf{b}+\mathbf{a}$; (b) $(\mathbf{a}+\mathbf{b})+\mathbf{c}=\mathbf{a}+(\mathbf{b}+\mathbf{c})$

若是 $\mathbf{a}$ 與自己做內積，我們可得 $\mathbf{a}\cdot\mathbf{a}=a_1^2+a_2^2+\cdots+a_n^2=\sum_{i=1}^{n}a_i^2$。這個和剛好就是 $\mathbf{a}$ 的長度平方，因而我們獲得另一個關於向量長度的刻劃:

$$|\mathbf{a}|=\sqrt{\mathbf{a}\cdot\mathbf{a}} \qquad (4)$$

若用 $\mathbf{a}+\mathbf{b}$ 代替 $\mathbf{a}$，再以分配性和交換性展開內積運算，可得

$$|\mathbf{a}+\mathbf{b}|^2=(\mathbf{a}+\mathbf{b})\cdot(\mathbf{a}+\mathbf{b})=\mathbf{a}\cdot\mathbf{a}+\mathbf{a}\cdot\mathbf{b}+\mathbf{b}\cdot\mathbf{a}+\mathbf{b}\cdot\mathbf{b}$$
$$=\mathbf{a}\cdot\mathbf{a}+2(\mathbf{a}\cdot\mathbf{b})+\mathbf{b}\cdot\mathbf{b}=|\mathbf{a}|^2+2(\mathbf{a}\cdot\mathbf{b})+|\mathbf{b}|^2 \qquad (5)$$

若 $\mathbf{a}$ 與 $\mathbf{b}$ 互相垂直，把(2)與(5)放在一起比較，就可得到 $\mathbf{a}\cdot\mathbf{b}=0$。倒過來說也是對的: 若 $\mathbf{a}\cdot\mathbf{b}=0$，則 $\mathbf{a}$ 與 $\mathbf{b}$ 互相垂直。用向量的說法

$$\mathbf{a} \perp \mathbf{b} \Leftrightarrow \mathbf{a} \cdot \mathbf{b} = 0 \qquad (6)$$

（記號 $\Leftrightarrow$ 意指充分且必要）。既然 $\mathbf{a} \cdot \mathbf{b} = \sum_{i=1}^{n} a_i b_i$，我們可以把(6)改寫為

$$\mathbf{a} \perp \mathbf{b} \Leftrightarrow \sum_{i=1}^{n} a_i b_i = 0 。 \qquad (7)$$

請注意：這個等式不管所論的空間的維數為何，都能適用。例如 $\mathbf{a} = (1, 2, -3)$，$\mathbf{b} = (4, 7, 6)$，則 $\mathbf{a} \cdot \mathbf{b} = 1 \times 4 + 2 \times 7 + (-3) \times 6 = 0$，所以，$\mathbf{a}$ 與 $\mathbf{b}$ 互相垂直。若要依循傳統的途徑獲得這個結果，我們可能需要在距離公式上進行冗長的計算。這顯示向量代數優於傳統的方法。

　　值得一提的是愛因斯坦在發展廣義相對論初期時，曾經把 $\mathbf{a} \cdot \mathbf{b} = \sum_{i=1}^{n} a_i b_i$ 做更進一步的簡化。他認為 Σ 符號是多餘的，它使得連加的標數 (index) i 重複出現。根據他的慣用，當連加的標數重複出現，就隱含連加在顯然的範圍，而 Σ 因而可以省去。在這樣的符號法則下，畢氏定理就可以寫成 $|\mathbf{a}|^2 = a_i a_i = a_i^2$。愛因斯坦的慣用法常出現於高等的物理教科書，但在代數和微積分的書裡，Σ 符號通常不會被省略。

　　至此，一般人會覺得描述 $a^2 + b^2 = c^2$ 的各種方法已經窮盡了，但事實不然。數學家們對於把刻板的概念活化的胃口，顯然是無止境的。至此，我們的向量是 n-維物件，或形如 $(x_1, x_2, \cdots, x_n)$ 的 n-數組 (n-tuples)。即使我們讓 $n \to \infty$，維數還是可數的 (countable)，即我們還是可以循著自然數 1, 2, … 來逐數。現在考慮一根振動的琴弦。粗淺的近似比方，我們把弦當作 n 個很小的質點，沿著弦分布在 $x_1, x_2, \cdots, x_n$（圖 11.6），每個質點都有平行於 y 軸的振幅。設第 i 個

質點的振幅為 y_i，如此就產生一個 n-維向量 $(y_1, y_2, \cdots, y_n)$。整體而言，這個系統的運動，取決於每個瞬間的向量。

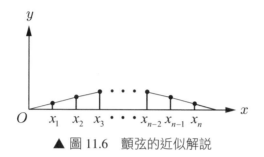

▲ 圖 11.6 顫弦的近似解說

但這只是粗淺的近似，真實的弦上，質點是連續地分布。所以，我們用函數 $y = f(x)$ 取代 n 個離散型的變數 $(y_1, y_2, \cdots, y_n)$，其中 x 是連續型變數。我們還是可以把函數 $f(x)$ 看成向量，只是它的維數不止是無限大，而且是不可數的 (uncountable)，即數目連續統 (number continuum) 的無限多。一般 n-維向量所有的重要諸元，我們也可以賦予這種向量，包括長度的概念; 但這需要把離散型的和轉為連續型的積分。n-維向量 $\mathbf{a} = (a_1, a_2, \cdots, a_n)$ 的長度如前面所定義的 $\sqrt{\sum_{i=1}^{n} a_i^2}$，函數向量 $f(x)$ 的長則定義為 $\sqrt{\int_a^b [f(x)]^2 \, dx}$，其中 a 和 b 是所考慮區間的端點，以本例而言，它們就是弦長。當然，需要這個積分存在為前提。通常把 $\sqrt{\int_a^b [f(x)]^2 \, dx}$ 稱為 $f(x)$ 的範數 (norm)，並用 $\|f(x)\|$ 來表示，以別於絕對值 $|f(x)|$。重述這些結果如下式:

$$f(x) \text{ 的範數} = \|f(x)\| = \sqrt{\int_a^b [f(x)]^2 \, dx}。 \tag{8}$$

　　我們不止可以賦予個別函數之範數，也可以賦予整個函數群。這種函數群形成函數空間 (function space)，函數 $f(x)$, $g(x)$, … 取代向量 a, b, c, … 為元素。這些函數都定義在區間 $[a, b]$ 上，而且範數存在。在德國數學家希爾伯特 (David Hilbert, 1862−1943) 介紹這種空間之後，●這種空間就被稱為希爾伯特空間 (Hilbert space)。它服從一般向量空間的所有規範。兩個函數 $f(x)$ 和 $g(x)$ 的內積 (f, g) 被定義為

$$\int_a^b f(x)g(x) \ dx,$$

它在形式上就是(3)式的「連加」改為「積分」。三角形不等式仍然有效，即

$$\left\|f(x) + g(x)\right\| \le \left\|f(x)\right\| + \left\|g(x)\right\|。 \tag{9}$$

當 $(f, g) = 0$ 時稱這兩個函數為垂直；這種空間的畢氏定理則為如下等式：

$$\left\|f(x) + g(x)\right\|^2 = \left\|f(x)\right\|^2 + \left\|g(x)\right\|^2, \tag{10}$$

這與 n-維向量空間的表達式完全類似。我們也可以把兩個函數的距離定義為 $\sqrt{\int_a^b [f(x) - g(x)]^2 \ dx}$，眼尖的讀者必能看出此式是 $\sqrt{(x_2 - x_1)^2 + (y_2 - y_1)^2}$ 的「幽靈」(ghost)。

　　初看起來，把向量概念做這樣席捲一切的一般化，好像很不現實。試問所謂兩個函數互相「垂直」(直交) 到底是什麼意思？我們如何洞察一個以函數為邊的直角三角形？當一個具體實在的概念抽象到另一個新境界，通常都有這類問題出現。回顧虛數 $\sqrt{-1}$ 初登數學舞臺時，有許多人都在乎它的意義之爭論。

誠然，這種一般化在許多場域都有需求。以琴弦為例，如我們在第 9 章所論述，每根弦不是只以一種音調振動，而是可以無限多種音調振動。這些音調的頻率都是基調——即最低頻率——的整數倍（圖11.7）。每個音調振波的形狀都是正弦曲線，所以，我們可以用函數 $f_n(x) = a_n \sin nx$ 來描述，其中 $n = 1, 2, \cdots$（為簡化討論，我們把弦限在 $x = 0$ 到 $x = \pi$ 之間）。每個函數都在呈現弦上 x 點在該音調的上下振幅。因為振動的能量與振幅的平方成正比，各音調振波所含的能量與 $\int_0^\pi [f_n(x)]^2 \, dx$ 成正比。這個能量來自撥弦動作，它當然是有限的，這個積分正好就是 $f_n(x)$ 範數的平方。對所有的函數對 $f_n(x)$，$f_m(x)$，三角形不等式(9)都成立，且當 $m \neq n$ 時 $(f_m, f_n) = 0$，即它們互相垂直。因此，函數集合 $\{f_n(x)\}$ 形成一個希爾伯特空間。❷

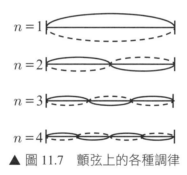

$n = 1$

$n = 2$

$n = 3$

$n = 4$

▲ 圖 11.7　顫弦上的各種調律

希爾伯特空間在許多現代數學物理領域扮演要角，包括泛函分析、微分方程、彈性理論與量子力學等——見證了數學提升曾經具體的概念，到遠遠超過這些概念原創者所預期的抽象高度之能力。

▌註解與參考文獻▐

❶希爾伯特在其數學物理著作中引進這種空間。但為這種無限多維向量空間建立
幾何架構的，是舒密特 (Erhard Schmidt, 1876–1959) 和弗雷歇 (Maurice Fréchet, 1878–1973)，詳閱克來因的 *Mathematical Thought from Ancient to Modern Times* (New York and Oxford: Oxford University Press, 1990), vol. 3, pp. 1082–1095。

譯按：克來因這本數學史鉅著有兩種中譯本:《數學史：數學思想的發展》三冊（臺灣繁體字版），及《古今數學思想》四冊（中國簡體字版）。

❷關於希爾伯特空間進一步探討，請詳閱克雷其克 (Erwin Kreyszig) 的《泛函分析及其應用導論》(*Introductory Functional Analysis with Applications*, New York: Wiley, 1978)。

第12章
從平直空間到彎曲時空

1854 年 6 月 10 日，一種新幾何誕生了。
——卡庫，《超空間》，第 30 頁

如前面所提及的，1800 年代早期，對綜合幾何和射影幾何重拾舊愛，對幾何的尋常物件如圓、多邊形等等之新性質，引領一股發現潮。然而，這些發現儘管重要，但它們卻沒有根本改變數學的本質；它們仍然只是歐幾里得在兩千多年前所建構的舊章之附掛。不過，這在 1830 年左右卻戲劇性地改變了，當時數學兩個新支系——微分幾何與非歐幾何——的創立，將會深深地影響數學往後的發展。

微分幾何是由歐拉建立，再經高斯和黎曼改建成現在的形式。它應用微積分的方法來研究曲面。曲面的度量性質 (metric properties)，即可以量度並可以數量表示其結果的性質，在射影幾何裡是沒有什麼地位的；但相反的，在微分幾何裡度量的概念卻是發展的核心概念。

讓我們先回顧坐標系。1637 年，笛卡兒發明坐標幾何時，他用兩條相交的直線（不一定互相垂直）為坐標軸。平面上的點，就用它與兩軸的距離形成的數對來定位（圖 12.1）。這種坐標系很快蛻變為我們所熟悉的正交坐標系。再加上極坐標，就足夠應付研究大部分平面曲線的性質之所需。但是，要給 3-維空間的點定位，其他的坐標系可能更好用。

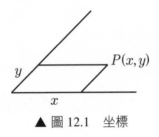

▲ 圖 12.1　坐標

　　球面是一個好例子，地球的經線圈和緯線圈形成一個坐標系。這種坐標系的坐標並不是距離而是角度。當我們說耶路撒冷位於東經 35° 北緯 32°，我們意指它位於經過格林威治的 0° 經線東邊，且與它夾 35° 角的經線，與赤道北邊 32° 緯線圈的交點。當然，我們若知道地球半徑，就可以把這種角度坐標轉化為空間的距離。但這樣做，只是把這種坐標系的特色模糊了，因為它設計來定位的點不是（被視為）落在 3-維空間之中，而是在點所位於的曲面上。❶

　　畢氏定理在這種坐標系是否成立？為了探究這個問題，我用一個地球儀和一個可以丈量球面距離的球面尺。應用這些儀器，我發現紐約與倫敦的「直線距離」約 3500 哩 (statute miles)。此處的直線距離事實上是地球上大圓的一段弧。球面上兩點的最短距離，就是過此二點的大圓弧長。

　　想像一架飛機從紐約飛到倫敦，先沿著過紐約的緯線圈 (40°N) 向東飛，到經度 0° 時再沿經線南下到倫敦。前一段航程為 3863 哩，而後者 726 哩。這兩段航程與前述直線距離弧段，形成球面上的直角三角形。對於這個球面上的直角三角形，$3863^2 + 726^2 = 15449845 \neq 3500^2$。所以：畢氏定理不適用於球面上的直角三角形。

　　球面上任意兩點的距離，是可以用它們的坐標列式的；但在一般曲面上，則尚無此公式。我們所能做的最好狀況，是探索非常接近兩點的距離 ds。以半徑為 r 的球面上的點為例（圖 12.2），以經度和緯

度（弧度量，數學界常以北極為基準量緯度，我們準此）為坐標。設
$P(\lambda, \phi)$, $Q(\lambda + d\lambda, \phi + d\phi)$，則 P 點在一個半徑為 $r\sin\phi$ 的緯線圈上，
其上 $d\lambda$ 弧度的弧長為 $(r\sin\phi)d\lambda$；而在經線圈上 $d\phi$ 弧度的弧長為
$rd\phi$。因為這兩弧是互相垂直的，所以

$$ds^2 = (r^2 \sin^2 \phi)d\lambda^2 + r^2 d\phi^2 \text{。} \tag{1}$$

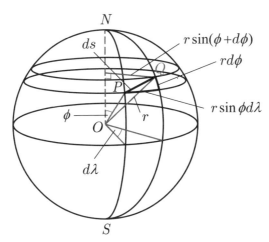

▲ 圖 12.2　球面坐標系

　　將此式與正交坐標裡的對等式 $ds^2 = dx^2 + dy^2$ 做比較，可以看到
一個重要的差別：$d\lambda^2$ 的係數不止不是 1，而且是 ϕ 的函數。也就是
距離不止與兩點的經度差及緯度差有關，而且與所處的緯度也有關係，
這是因為緯線圈往極點縮小。這顯示當球面被視為一個二維空間時，
它有著與平面內稟相異的 (intrinsically different) 幾何學。

　　讓我們考慮另一個例子：正圓柱面（可以往兩底面無限延伸）。同
樣設圓半徑為 r，將它視為一個坐標系。經線就是柱面上的直線，而
緯線就是與經線垂直的圓（圖 12.3）。柱面上的點也可以用經度 λ 和

緯度 z（該點沿經線到「赤道」的距離）來定位。鄰近兩點 $P(\lambda, z)$ 和 $Q(\lambda + d\lambda, z + dz)$ 的弧長 ds 可從下式獲致：

$$ds^2 = r^2 d\lambda^2 + dz^2。 \tag{2}$$

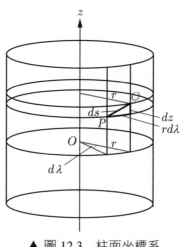

▲ 圖 12.3　柱面坐標系

　　因此，除了第一項多了 r 這個因子，畢氏定理大致上維持其「原本的」形式。這提供一個強烈的訊息，顯示柱面與平面有相同的內稟幾何 (intrinsic geometry)。例如柱面可以拓攤成平面而不致撕扯變形，球面就辦不到。所以，柱面服從歐氏幾何的定律，它構成一個 2-維歐氏空間。❷

　　每種坐標系都有其 ds^2 的表達式，因而有其畢氏定理的表達式。由於它在幾何研究極具重要性，所以，特別給它一個稱呼：度量（此處充當名詞使用）。從度量出發，我們可以談論許多關於曲面的本質，例如坐標線的交角就是可以談論的話題。在前面所舉的兩個事例（球面和柱面），它們的度量都只含「純」項，即每一項都只含一個坐標的

微分，此時坐標線互相垂直，我們稱之為正交坐標系。在非正交坐標系，度量的項含有不同坐標的微分之乘積。例如 x 軸和 y 軸以 α 角斜交（圖 12.4），坐標線互相斜交，「正方形」呈現的是菱形。根據餘弦定律，$P(x_1, y_1)$ 與 $Q(x_2, y_2)$ 兩點的距離為

$$s = \sqrt{\Delta x^2 - 2\Delta x \Delta y \cos(180° - \alpha) + \Delta y^2} = \sqrt{\Delta x^2 + 2\Delta x \Delta y \cos \alpha + \Delta y^2}$$

其中 $\Delta x = x_2 - x_1$ 而 $\Delta y = y_2 - y_1$。所以，這個坐標系的度量為：

$$ds^2 = dx^2 + 2\cos\alpha\, dxdy + dy^2, \tag{3}$$

混合項 $2\cos\alpha dxdy$ 顯示這不是一個正交坐標系。

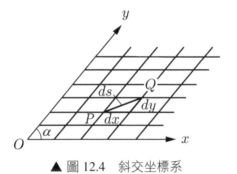

▲ 圖 12.4　斜交坐標系

　　這些概念到 1850 年時，已經發展完成，然後一位年輕的數學家出場，演出全新的一幕。1826 年，黎曼出生於一個路德教會牧師家中。他早期的興趣是神學，曾想用數學方法證明創世紀的內容。不久之後，他的專注轉向數學研究的沃原，其中最核心的就是幾何。1851 年，在由高斯所指導的論文裡，他提出兩個石破天驚的想法：幾何不必受限

於 3-維空間的性質，特別是度量，是可以改變的。換言之，度量是一種局部 (local)，而非全域的性質，即不同的位置有不同的度量。

現在，第四維已經是我們日常生活用語，即使談論 10-維也不會被認為離經叛道。但在十九世紀，高維度是全然的新奇；即使不被斥為無稽，也是被貶為科幻。畢竟，點是 0-維、線是 1-維、面是 2-維、空間是 3-維難道不是那麼顯然，而且僅止於此嗎? 當時 25 歲的黎曼在論文裡，引進 4-維空間——其實是任意維度的空間——作為一種數學實在 (mathematical reality)。這樣的空間是否具有物理實體意義 (physical reality) 並不是重點。黎曼堅持: 只要屏除內部矛盾，數學是可以自由地創造空間。

不只如此，黎曼更主張每個這種空間，可以有自己的度量。這些度量的微分通式形如:

$$ds^2 = \sum_{ij} a_{ij} dx_i dx_j \circ \qquad (4)$$

其中的連加符號事實上是雙重連加 (對 i 和對 j)，所有可能的乘積 $dx_i dx_j$ 分別各乘以係數 a_{ij} 後加起來。對所有的 i 和 j 逐項連加看來太費事，$dx_i dx_j$ 算一次，$dx_j dx_i$ 又要算一次，我們可以利用 $a_{ij} = a_{ji}$ 的性質簡化連加過程。例如，在斜交坐標系裡 (見(3)式)，$a_{11} = 1$, $a_{12} = a_{21} = \cos \alpha$, $a_{22} = 1$。

(3)式中的 α 是定值，所以它的係數都是常數，即在斜交坐標系的每一個點，度量都是一樣的。然而在一般情形下，a_{ij} 可能是坐標 $(x_1, x_2, \cdots, x_n)$ 的函數，如我們在球面坐標系所見 (見(1)式)，它的 $d\lambda^2$ 的係數 $r^2 \sin^2 \phi$ 是緯度 ϕ 的函數。因此，度量是我們用來描述空間的坐標系之局部性質，而不是全域性質。

在本書裡，我常把數學與音樂做對比，現在的討論也提供一個特別的範例。度量之於數學猶如音律之於音樂，各自展現編織的紋理。

簡而言之，至 1800 年代的古典音樂，每個樂章的音律是固定的：如

$\frac{4}{4}$、$\frac{3}{4}$、$\frac{6}{8}$ 或 $\frac{5}{4}$，音律有如主調決定作品的特色，有時甚至扮演更

重要的角色。貝多芬的小提琴協奏曲開始的五個鼓拍，最初不易察覺。
但不斷重複奏出，將其韻律樣式布滿第一樂章。但到了十九世紀中期，
大約與黎曼先期作品同時，作曲家們常在一個樂章裡做音律的變化。
在史特拉汶斯基的芭蕾舞曲《春之祭》裡，韻律是一小節一小節經常

性地改變。從主旋律 $\frac{6}{8}$ 變為 $\frac{7}{8}$，再變為 $\frac{3}{4}$、$\frac{6}{8}$、$\frac{2}{4}$、$\frac{6}{8}$、$\frac{3}{4}$，最

後變為 $\frac{9}{8}$，以便與後面的音律銜接。當它在 1913 年首場巴黎演出時，

得到意料中負面的評價，一方面聽起來怪調，其次是調律不協調，再
則主旋律破碎，聽眾噓吵頓足喝倒采。平直空間與固定旋律的舒適舊
世界，至此可能一去不復返。

　　黎曼所提出的兩個概念，任意維度的空間和變動不居的幾何，迫
使數學家們再省思他們觀察曲面的方式。曲面 (curved surface) 的概念
也許不是黎曼創始的，但在他之前，曲面都是被當作 3-維物件的界面
(envelope) 看待，以該物件的幾何附屬讓人研究探索。對航海很重要
的球面三角學，是一個典型的事例。球面三角的公式與平面三角的公
式差異很大，但卻沒有人對此感到驚訝，它只是把球體的幾何套到其
表面所產生的結果。

　　黎曼改變這種觀點，他將曲面從可能包含它的立體抽離出來，把
曲面自身當作一個空間。這樣的空間有它自己的幾何，且可能與平直
空間的歐氏幾何不同。想像一種只能前後與左右運動的 2-維螞蟻，在
其生活中從無第三維存在；終其一生，所有的目的與期待，都是在 2-維
的平直空間。但是，若這隻螞蟻要在所居住的世界——我們的球面行

星的表面上——探索，牠就會發現這個世界，並不具有美好的古歐幾里得的律法。例如，若有兩隻螞蟻同時從赤道上不同點向北前進，無疑的，牠們心目中認為是在平行線上前進。想像一下，經過多年之後，牠們在北極碰面時的驚奇情形，看起來平行的直線竟會交在一起! 從3-維空間的地利觀點來看，這兩條動線完全不平行的; 但我們的螞蟻並不了解，它們的2-維觀點是: 平行線會交在一起。❸

　　還有一些我們熟知的歐氏幾何定律不適用於球面，例如直線（球面上大圓的弧）並不能無限延伸，其長度受限於大圓周長; 三角形內角大於 $180°$; 畢氏定理不成立，至少不是形如 $a^2 + b^2 = c^2$。所有這些，在黎曼之前早為人知，但他的新視野使我們用不同的觀點去詮釋。用他的呈現模式，球面是一個2-維非歐空間。

　　我們常以彎曲空間 (curved space) 一詞，與歐氏的平直空間 (flat space) 相對比，但是，我們得稍加解釋「平直」與「彎曲」。例如柱面坐標看來是彎曲空間，但從其符合歐氏幾何的畢氏度量（見(2)式）而言，它是平直的。反之，球面作為2-維空間是彎曲的，與其所界限的球體無關。這顯示在非畢氏型的等式(1)。❹

　　假設螞蟻居住於一個真正（從我們3-維的意識而言）平直空間，即平面，但平面上有皺褶。我們這些局外人看來，這些皺褶只是局部性的擾變，把2-維平面添置第三維。但是對螞蟻而言，這些皺褶局部地毀壞平面的局部性，時時改變其世界的幾何性。在黎曼的看法，我們必須放棄空間必然具有先設固定的幾何性質的觀點; 相反地，他認為所有的幾何性質，包括度量，都認為是局部性的，會隨位置而改變。這是為何 $\sum_{ij} a_{ij} dx_i x_j$ 裡的 a_{ij} 容許為坐標的函數之原因。每個位置有其幾何性質、有其度量、有其畢氏定理的表達式。根據黎曼的學說，幾何是局部的，這對任何維度的空間都適用。

1854 年 6 月 10 日，黎曼在哥廷根大學數學系發表歷史性的演說。這是他的特許任教資格演說 (habilitation speech)，是每個候選學者要進入神聖的學術殿堂，必經的一道歷史悠久的儀式。聆聽的傑出教授包括他的恩師高斯，這年高斯已高齡 77 歲，並來到了人生最後一年。黎曼的講題是：論幾何基礎上的設定 (On the Hypotheses Which Lie at the Foundation of Geometry)。他的想法是革命性的，他的演說引起極大的迴響，很有可能，他將在數學尚待探索的未知領域中，創造出長久且豐富多產的學術生涯。但是，老天並未如此安排。從孩提時代就積弱多病，他在 1866 年 7 月 20 日因肺癆過世，距四十歲生日還有兩個月。他的演說於逝後的 1868 年出版；五十年後，他的理念成為一般相對論的里程碑。

▎註解與參考文獻▎

❶在此，我忍不住要提到我從一個軟體專家聽來的故事，他被指定對裝置在飛機上的系統進行精密度檢測。當飛機從英格蘭往北飛越北極朝向阿拉斯加時，回報的緯度是 88°、89°、90°、91°、…。

❷若我們改用地理緯度 ϕ，而不是線型緯度 z，則弧長的表達式會變成 $ds^2 = r^2[(d\lambda)^2 + \sec^4\phi(d\phi)^2]$。它看來明顯的有非歐相貌。這顯示度量並不是決定曲面性質的唯一要素，曲面的曲率函數 (curvature function) 扮演同樣重要的角色。

❸廣義來說，這是一個語意方面的話題。《幾何原本》開頭二十三個定義的最後一個，給平行直線定義為：共平面的直線往兩端延伸下去 (produced indefinitely)，它們永遠不會相交。既然兩隻螞蟻的路徑在北極碰頭，它們當然不平行。

我們也許會把緯線圈視為平行線，它們確實不相交（所以地理上視為「平行」）。但除了赤道，這些緯線圈都不是大圓，並不是球面上的「直線」。

❹印度出生的藝術家卡卜兒 (Anish Kapoor, 1954-)，在芝加哥的千禧公園 (Millennium Park) 豎立的反光大雕塑，提供彎曲空間一個漂亮的例子。這個雕塑俗稱豆莢 (Bean)，它把人行道上的矩形網格在「豆莢」的反射面上變成曲面網格（圖 12.5）。

▲ 圖 12.5 「雲門」(The Cloud Gate)，更為人知的名字是「豆莢」(The Bean)，由卡卜兒 (Anish Kapoor) 設計，放置於芝加哥的千禧公園 (Millennium Park)。注意人行道上的矩形網格在「豆莢」的反射面上變成曲面網格。

補充欄 9：
一個誤用個案

> 無人敢於把誤用投影的恥辱掛到麥卡特名下；釐清真
> 相，惡名該由那些誤用者、出版者與誦記者來承擔。
> ——一位隱名的作家，約西元 1600 年

　　在 1990 年，我最後一次搭乘 TWA 公司的飛機。這家公司曾經是
美國的驕傲，可惜它現在已經破產倒閉。在機上無事可做，所以我從
前座背後的袋子裡把商品目錄拿來瀏覽。不久翻到一張照片，它引起
我的注意。照片中一位微笑的女士，正在估測大地圖上某兩地的距離。
一切看來順當適切，除了那張地圖是用麥卡特的方法繪製 (Mercator's
map)，這種地圖以扭曲大陸的大小出名（惡名昭彰）。只要在地球儀
上做粗略比較，就可看出這地圖上格陵蘭被畫得太大了，好像比南美
洲大。真實的格陵蘭，只有南美洲的九分之一。把我們的地球這樣變
形亂真，為何還能成為繪圖史上最有名的地圖？

　　要解答這個問題，我們得回到十六世紀探險和發現的場景。受傳
說中的樂土與神話中的財富誘使，水手們競相遠航到未知的海域。但
是，有兩件事阻礙他們的行事：沒有可信賴的方法測知船隻所在的經
度，也沒有一張可以把斜航線 (rhumb lines)，即羅盤方位所指給航海
家，從啟程港口到目的地的路徑，畫成直線的地圖。第一個問題還需

要 150 年才能搞定；●第二個問題則由法蘭德斯的製圖家麥卡特 (Gerhard Mercator, 1512−1594) 在 1569 年解決。●

　　每一個曾試圖把橘子皮攤平在桌面上的人都知道：不做明顯的撕扯，要把球面拓平在一張紙上是不可能的。為克服這個問題，製圖家們發明各種地圖射影 (*map projection*)，那是把地球儀上的每一個點，唯一地投射到地圖上的「映像」(image) 之數學函數。有許多種射影被開發出來，而每一種各有不同的撕扯；但也有其不變量 (*invariant*)——在射影之下保持不變的風貌。麥卡特的目的是尋找保持方向不變的射影。這樣繪製的地圖能夠把斜航線——即在地球儀上方位角固定的線——畫成直線，讓航海家容易在地圖上標定航線並在海上航行。

　　為了達到這樣的需求，麥卡特選用方格來標定經緯線。經線是垂直等距分布，緯線是水平非等距分布，距離隨緯度增加（圖 S9.1）。因為緯線圈隨緯度縮小，所以，有必要做這樣的調整。圖 S9.2 顯示一個半徑為 R 的地球儀及緯度為 ϕ 的緯線圈，其周長為 $2\pi R \cos \phi$。但是，在地圖上，每條緯線都畫得一樣長 $2\pi R$。所以，地圖上每條緯線都是被拉長的，是原長的 $\dfrac{2\pi R}{2\pi R \cos \phi} = \sec \phi$ 倍。麥卡特了解到為了保住方向，相鄰之間的平行線必須按同樣的倍數拉長。如此引出了下列微分方程：

$$dy = R \sec \phi d\phi, \tag{1}$$

式中的 ϕ 一定要用弳度量，不可以用度度量；經線（或子午線）則是等距的，所以

$$dx = R d\lambda, \tag{2}$$

其中 λ 就是經度（同樣用弳度量）。麥卡特不是數學家，他從未列出

這些式子，他是靠累積數據解決的（迄今，繪圖界還在爭議他是如何精確地進行這些計算）。僅有的回應是他過世後五年（1599 年），英國數學家兼儀器製造商萊特（Edward Wright，約 1560－1615）提出一個解釋，規範麥卡特的地圖之規則。❸

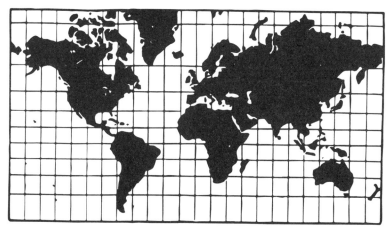

▲ 圖 S9.1　麥卡特格線

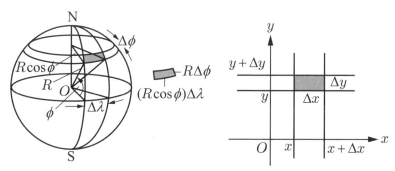

▲ 圖 S9.2　一個球面方格在麥卡特地圖上的影像

　　繪圖學通常的情形是：要保有某個性質──在此例是方向，就得犧牲另一項。麥卡特投影把高緯度國家的形狀變很大，因此，無法保

有距離的準確性。不能用比例計算圖上兩點的距離，畢氏定理也不是用於這種地圖。事實上，在麥卡特地圖上兩個鄰近點間的弧長微分 ds，可以由(1)和(2)式導出下式：

$$ds^2 = R^2(d\lambda^2 + \sec^2\phi d\phi^2),$$

全然是一個非畢氏型公式。

這讓我們回想這個補充欄開頭所引的隱名作家的話。麥卡特地圖的發明是為了單一的目的: 保持方向。若為其他目的來使用，可能引起很大的困惑與誤解，則是不幸之至。但這咎在使用者，而不在發明人。

│註解與參考文獻│

❶參閱戴瓦‧梭貝爾 (Dava Sobel) 的《尋找地球刻度的人》(*Longitude: The True Story of a Lone Genius Who Solved the Greatest Scientific Problem of His Time*, New York: Walker, 1995) （本書有中譯本），以及《圖解經度》(*The Illustrated Longitude*, New York: Walker, 1998) （梭貝爾與安德魯 (William J. H. Andrewes) 合著）。

❷有關麥卡特的生平，請參閱克蘭 (Nicholas Crane) 的《麥卡特傳》(*Mercator: The Man Who Mapped the Planet*, London: Weidenfield and Nicholson, 2002) 與泰勒 (Andrew Taylor) 的《麥卡特的世界》(*The World of Gerard Mercator: The Mapmaker Who Revolutionized Geography*, New York: Walker, 2004)。

❸麥卡特地圖的更進一步細節，請參閱拙著《毛起來說三角》第 13 章；也可參閱蒙莫尼亞 (Mark Monmonier) 的《斜航線與地圖戰爭》*(Rhumb Lines and Map Wars: A Social History of the Mercator Projection*, Chicago and London: University of Chicago Press, 2004)。

第 *13* 章 —————————

相對論的序奏

> 著名的麥克遜─莫里實驗於 1887 年在克利夫蘭進行，
> 結果是絕對負面的。……。預期地球速度對光速產生
> 增減的影響並沒有發生。
> ——蘭克佐，《愛因斯坦和宇宙秩序》，第 38 頁

　　萊茵河畔漂亮的山丘上，矗立著一座恬靜的小城巴塞爾 (Basel)，是瑞典、德國、法國三國國境的交會處。幾世紀以來，一直是藝術、手工藝、印刷和出版中心，也是一流學者聚會的地方。這些傑出的人物包括人文主義者伊拉斯莫斯 (Erasmus)、畫家漢斯 (Hans Holbein the Younger)、政治家赫哲 (Theodor Herzl)。它的大學是歐洲最古老大學之一，設於 1460 年，且是白努利數學家王朝與歐拉的家鄉。這裡令人印象深刻的大教堂，從它的迴廊可以俯瞰整個城郭。這是白努利王朝，第一位有成就的數學家雅各布·白努利的長眠之處。在墓碑上刻有他最喜愛的對數螺線，和銘文 *Eadem mutata resurgo*（拉丁文，意即「不論怎麼改變，我都如是伸展」），意指這種螺線在旋轉、拉扯、倒置，都保有不變性。不幸的是，不知道是有意還是無意的，刻工卻刻上錯誤的曲線——阿基米德螺線（參見圖 13.1），而非等角螺線。無疑地，雅各布若地下有知，想必會十分惱火。

▲ 圖 13.1　雅各布・白努利的墓碑，巴塞爾

　　巴塞爾也是地理的景點，萊茵河在此從一個蜿蜒的阿爾卑斯細流，急轉向北，變為一道滾滾洪流。奔騰 500 哩，穿越西歐的心臟地帶，在鹿特丹附近注入北海。在這萊茵河左岸的出海點上，我第一次捕捉到相對論的意涵。

　　與過去百年來的中學生一樣，我必須熟悉自然科學課程裡所涵蓋的，向量加法和平行四邊形法則（詳第 11 章）。課堂上老師在黑板上的講解，是清楚易懂的，但它們的物理實際意義，一直到數年後，我有機會訪遊巴塞爾，看到一艘小渡船在萊茵河兩岸穿梭，才有所領悟。付出 5 瑞士法郎，你可以享受 10 分鐘愜意的渡河旅程。小船是用水流為動力推進的，它沒有引擎、沒有帆也沒有槳；這是如何辦到的？一條鋼纜在上面橫過兩岸，船身則鬆弛地繫在纜繩上。當水流快速滑過船身，纜繩就迫使小船沿著與河垂直的一個方向移動，看起來船身並沒有做一點前進方向的移動（圖 13.2）。

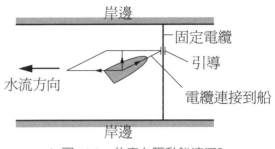

▲ 圖 13.2　什麼在驅動船渡河？

看到這一幕，我被吸引住了。我注意到船身的朝向，與相對水流有一個很尖的夾角；看起來，船身幾乎是朝著水流方向。稍後，我才了解船是相對於水流而前進的，但是，水流的力量也把船身往後拉。船身的定向避免這兩個運動完全抵消，因而產生橫向的力，給渡船過河之所需。

讓我們用向量的觀點來解釋。設 $\mathbf{u}$ 和 $\mathbf{v}$ 分別表示水流速度和船身對水流的相對速度（圖 13.3），$\mathbf{w}$ 是合成速度，即和向量，它與水流速度是互相垂直的。我們可得 $\mathbf{w} = \mathbf{u} + \mathbf{v}$，而 $w^2 = u^2 - v^2$（u、v、w 分別表示 $\mathbf{u}$、$\mathbf{v}$、$\mathbf{w}$ 的長或速率）。❶

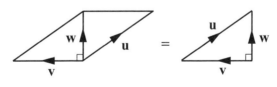

▲ 圖 13.3　向量加法

這讓我做了一個小小的頭腦體操，有如當年年輕的愛因斯坦所享有的心靈沉思。若有兩艘一樣的船，裝了相同的引擎。它們同時從河岸上 A 點起程（圖 13.4），一艘直開到正對岸 1 哩遠的 B 點再回 A 點；另一艘沿岸開到同岸 1 哩遠的 C 點再回 A 點。哪一艘會先回到 A 點？

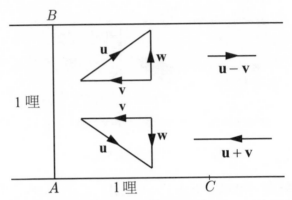

▲ 圖 13.4　哪艘先到家？上方向量圖是去程，下方是回程

　　如前面的設定，水流速率為 v，兩艘船速率都是 u（$u>v$，否則無法從 C 回到 A）。因為 $\mathbf{w}=\mathbf{u}+\mathbf{v}$，而 $w^2=u^2-v^2$，往返 B 點所需時間為

$$t_1 = \frac{2}{\sqrt{u^2-v^2}}; \tag{1}$$

而往返 C 點所需時間為

$$t_2 = \frac{1}{u+v} + \frac{1}{u-v} = \frac{2u}{u^2-v^2} \tag{2}$$

要比較這兩者哪個較小，我們把 t_2 改寫為：

$$t_2 = \frac{2}{\sqrt{u^2-v^2}} \cdot \frac{u}{\sqrt{u^2-v^2}}。$$

前面因式就是 t_1，而後面因式必然大於 1。所以 $t_2>t_1$，即往返 B 點的船會先回到 A 點。

現在想像這兩艘船換為光線。十九世紀的科學家相信: 包含光波在內的電磁波，像聲波一樣，必須有傳導的介質，才能傳播出去。然而，歸納在四個微分方程而成為馬克斯威的方程式 (Maxwell's equations) 的電磁學定律，並不要求傳導的介質; 所謂「介質」就是電磁場本身。但十九世紀的物理學家們，還是籠罩在牛頓力學的宇宙觀之下。所以，他們發明了「以太」這個概念，他們認為這是一種看不見的，「能傳遞光」(luminiferous) 的物質，它充斥於宇宙間，因為它，光才得以傳播。這難以捉摸的以太還有另一個作用; 它代表一套絕對、完全的衡量標準，它自身保持靜止，而相對於它的一切動作速度都可被度量。

以太的設定成為十九世紀物理學的配件，但沒有人找到它存在的證據。為了給這個議題探個究竟，兩位美國科學家麥克遜 (Albert Abraham Michelson, 1852－1931) 和莫里 (Edward Williams Morley, 1838－1923) 在 1887 年進行一個實驗。這個實驗是把光線以 45° 角射向一面半透明的鏡子 (M_1)。部分光線透過鏡子直走，部分光線則往垂直方向反射，這兩道光線在一樣遠的地方用鏡子 (M_2) 反射回來（圖 13.5），而在半透明的鏡子處重聚。這實驗經特別的裝置，使其中一道光與地球繞日的運動方向一致，另一道則垂直。

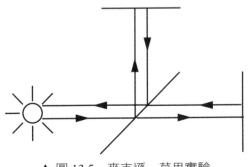

▲ 圖 13.5　麥克遜－莫里實驗

設若沒有以太，則(1)和(2)式裡 $v = 0$, $t_1 = t_2$，所以，兩道光同時回到半透明的鏡子；反之，若如一般人所設定的有以太流存在，則與地球運轉方向平行的光會有晚到的秒差。因為光是一種波動，這種秒差會導致會聚時相位不一致。藉由調整 M_2 的位置，我們可以控制這兩道光波在會聚時相位相反，即一個的波峰會與另一個的波谷重合。一系列的干涉產生的明暗譜，可以在一個幕上觀察到。❷

令麥克遜和莫里驚奇的是，即使經過多次試驗，干涉現象並未發生。這個結果立即在科學社群引起騷動。各種嘗試解釋紛紛出籠，但沒有一個具有說服力。最後，是一位二十六歲的物理學家給出正確的解釋: 這個實驗失敗，是因為從來就沒有以太這回事。以太的說法是杜撰的，穹蒼是完全淨空的。這位物理學家就是愛因斯坦，當時他是位在伯恩的瑞士專利局一位默默無聞的職員。他的驚世之作〈運動物體的電子動力學〉(*On the Electrodynamics of Moving Bodies*) 於 1905 年發表在《物理學報》(*Annalen der Physik*) 上。它立即撼動物理學的基礎，將永遠地改變時空觀念，而相對論於此呱呱落地。

在論文的收尾，愛因斯坦沒忘記感謝他的朋友貝叟 (Michele Besso)，謝謝他在發展理論過程中，提供一些有價值的建議；但愛因斯坦卻沒有提到向 2500 年前一位科學家畢達哥拉斯借用他的成果。在相對論裡，從狹義相對論裡的常客 $\sqrt{1 - \dfrac{v^2}{c^2}}$，到廣義相對論裡的難題 $ds^2 = \sum_{ij} g_{ij} dx_i dx_j$，到處是畢氏定理的足跡；這些是我們在下一章要談論的主題。

▌註解與參考文獻▐

❶後面等式看起來與前面向量等式不一致，但它們事實上是一致的；仔細觀察圖 13.3 就能說服你自己。

❷當然，我們這樣描述麥克遜—莫里實驗是過度簡化。比較完整的討論，請參閱 列哲 (David Layzer) 的《建構宇宙》(*Constructing the Universe*, New York: Scientific American Library, 1984), pp. 157−160。

第 14 章 ————————

從伯恩到柏林，1905–1915

> 只靠時間自己或只靠空間自己，一定會埋沒在暗影中；
>
> 只有它們聯合起來，才能出頭天。
>
> ——閔可斯基，《空間與時間》，1908

為了與已知的電磁波傳播現象吻合，愛因斯坦先提出三個設定：

1. 所有的運動都是相對的，絕對靜止狀態是虛構的。
2. 儘管觀察者之間有相對的運動，物理定律對所有的觀察者是相同的。
3. 即使有觀察者的相對運動，光的傳導速度對所有的觀察者是相同的；即在真空中，對所有的觀察者而言，光速是相同的。

在十九世紀尾聲，愛因斯坦還是默默無聞時，與這些問題有關的爭議已經在物理學社群中出現；而麥克遜－莫里實驗（參見本書第 13 章）得到負面回應，更是給局面火上加油。最後由愛因斯坦從這些設定導出正確的解釋。他了解上述設定 3 蘊涵時間也是相對的，這與牛頓的看法大不相同。牛頓認定存在一個基準時間，主宰整個宇宙，讓時間隨萬物造化，穩定地流洩過去；然而，愛因斯坦的認知是：每個觀察者有他／她自己的時間。❶

　　想像在 3-維坐標系 (x, y, z) 的原點有一個光源，在時間 $t = 0$ 時這光源射出球形光波。經過 t 秒，光波以速率 c 傳到點 $P(x, y, z)$。經過 t 秒，光波傳播的距離為 ct，所以我們得到等式：

$$x^2 + y^2 + z^2 = c^2 t^2 \text{。} \tag{1}$$

這是在原點的觀察者所見到的情形。現在假定有第二位觀察者，在另一個坐標系 (x', y', z') 的原點上，而 (x', y', z') 系統相對 (x, y, z) 系統做等速率 v 的運動。根據設定 3，第二位觀察者所見到一樣的波浪以速率 c 傳動，所以

$$x^2 + y^2 + z^2 - c^2 t^2 = x'^2 + y'^2 + z'^2 - c^2 t'^2 \text{。} \tag{2}$$

注意(2)式右邊的變項都加了「'」；但是 c 除外，因為它在兩個系統是一樣的。

　　從(2)式可以把 (x, y, z, t) 系統轉換為 (x', y', z', t') 系統(我們現在把時間納為第四維，預示將要發生的事)。為了簡化狀況，我們假設坐標系統的運動是沿 (x, y, z, t) 系統 x 軸的正向進行 (圖 14.1)，因而 $y' = y$, $z' = z$。其他的導出過程我們予以省略，它們可在每本現代物理學教科書裡找到。❷轉換的結果是：

$$x' = \frac{x - vt}{\sqrt{1 - \dfrac{v^2}{c^2}}}, \ y' = y, \ z' = z, \ t' = \frac{t - (\dfrac{v}{c^2})x}{\sqrt{1 - \dfrac{v^2}{c^2}}} \text{。} \tag{3}$$

這些等式就是有名的洛倫茲變換 (Lorentz transformation)，是掛在愛因斯坦的學長兼摯友，荷蘭物理學家洛倫茲 (Hendric Antoon Lorentz, 1853–1928) 的名下。其中 $\sqrt{1 - \dfrac{v^2}{c^2}}$ 是狹義相對論的核心，幾乎出現在

每個相對性公式 (relativistic formula) 裡，包括最出名的 $E = \dfrac{m_0}{\sqrt{1 - \dfrac{v^2}{c^2}}} c^2$,

一般把它寫成 $E = mc^2$。[3]

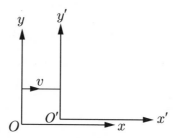

▲ 圖 14.1　相對運動裡兩個參考坐標系

　　愛因斯坦在 1905 年，將其理論發表於《物理學報》(*Annalen der Physik*) 第 17 卷（同一期還有他的另兩篇論文，每篇都是石破天驚之作）；一開始，回應是姍姍來遲。愛因斯坦在當時還沒有什麼學術地位，在專業物理學家之間是默默無聞的圈外人。但是，還是有少數科學家注意到，其中包括他以前在蘇黎世的瑞士理工學院的教授閔可斯基 (Hermann Minkowski, 1864–1909)。閔可斯基生於俄國，後來移居康尼斯堡（Königsberg，當時是德國的領地，現在已改名 Kaliningrad，屬俄國），並於此獲得數學哲學博士學位。後來，他遷居蘇黎世，繼而加入哥廷根這個世界著名的數學研究中心。閔可斯基對他的學生，年輕、就讀於該理工學院的愛因斯坦，一開始並沒有給予很高的評價；不久之後，他就為給這樣的評等感到後悔。當愛因斯坦發表相對論的論文時，閔可斯基立即改變看法。

看到(2)式兩邊與畢氏定理的相似程度，讓閔可斯基感到驚詫不已。在 3-維坐標系，從原點到點 (x, y, z) 的半徑向量長 d 由 $d^2 = x^2 + y^2 + z^2$ 決定。若這個坐標系繞著原點轉動，而原點本身保持不動；點 (x, y, z) 有一個新坐標 (x', y', z')。若旋轉的角度及新坐標軸的方向已知，則 (x', y', z') 是可以從 (x, y, z) 推算出來的。但這個過程有一個不變量：半徑向量長。因而 $x^2 + y^2 + z^2 = x'^2 + y'^2 + z'^2$，亦即 $x^2 + y^2 + z^2$ 是旋轉變換的不變量 (invariant)。

閔可斯基立即看到這種旋轉與(2)式之間的相似性，但是，還是有兩個待補強之處。首先，我們在此面對的是四個變數，如果這個比較有值得費心探討之處，我們就得用上 4-維坐標系 (x, y, z, t)。黎曼在五十年前就已經把第四維合法化了，所以，這就不成為議題。其次一點較為嚴重，等式兩邊第四項分別是 c^2t^2 和 $c^2t'^2$，且各帶一個負號，這確實與畢氏定理的形式不符。

在這個關鍵時刻，閔可斯基靈光乍現。他推論：4-維空間曾被當作虛擬的架構，現在則以數學物件完全加以接受；我們何不模仿 $i = \sqrt{-1}$，定義一個新的虛坐標 (*imaginary coordinate*)？因而他引進一個新變數 $m = ict$，則 $m^2 = (ict)^2 = -c^2t^2$，而(2)式變為

$$x^2 + y^2 + z^2 + m^2 = x'^2 + y'^2 + z'^2 + m'^2, \tag{4}$$

所以，$x^2 + y^2 + z^2 + m^2$ 在洛倫茲變換下是一個不變量。因此，在閔可斯基的解釋下，將 (x, y, z, t) 變換到 (x', y', z', t') 系統，是 4-維空間 (x, y, z, m) 的旋轉變換。

但這不只是一種數學設計；1908 年，閔可斯基在一場名為「空間與時間」的演講裡，宣告這兩者不再是無關的，它們必須被視為一體之兩面、不可分離的實在，稱之為「時空」(spacetime)。藉由賦予第四維物理實在意義，閔可斯基將它布達給普羅文化。4-維時空改變我

們對這個世界的了解、改變我們的思維方式、滲入我們的語言，甚至以超現實主義、立體主義的形式，進入藝術的領域中。閔可斯基著手將其想法發展為有力的數學工具，將 3-維向量代數和向量分析延伸到 4-維時空。依閔可斯基的解釋，時空裡的每個事件定義了一個向量 (x, y, z, m)，稱為世界向量 (*world vector*)。例如，兩人約定某天下午 7 點，在紐約曼哈頓第 5 大道和第 42 街交叉口碰面，這個事件定義了一個坐標 $(5, 42, 0, 7ic)$，其中 c 是光速，坐標是依紐約市街道圖擬出來的，$z = 0$ 意指曼哈頓在海平面高度，7 是碰面那一天的時點。

一個世界向量的長或量是

$$\sqrt{x^2 + y^2 + z^2 + m^2} = \sqrt{x^2 + y^2 + z^2 - c^2 t^2} \text{。} \tag{5}$$

兩個點決定時空裡一個區間 (interval in spacetime)，它的長度由距離公式產生：

$$d = \sqrt{(x_2 - x_1)^2 + (y_2 - y_1)^2 + (z_2 - z_1)^2 + (m_2 - m_1)^2}$$
$$= \sqrt{(x_2 - x_1)^2 + (y_2 - y_1)^2 + (z_2 - z_1)^2 - c^2 (t_2 - t_1)^2} \text{。} \tag{6}$$

有如用解析幾何的距離公式計算空間裡兩點的距離，我們也可以用(6)式計算時空裡兩個事件的距離，空間和時間都要計入。續引前例，若這兩人約定下一次碰面的時間是下午 10 點，地點在第 3 大道和第 34 街交叉路口，則這兩事件的距離是

$$\sqrt{(3 - 5)^2 + (34 - 42)^2 + (0 - 0)^2 - c^2 (10 - 7)^2} = \sqrt{68 - 9c^2} \text{。}$$

閔可斯基的結果使狹義相對論，從一個簡單的、基於物理直覺的理論，變為高度抽象的數學課題。愛因斯坦本人則傾向把結果簡單化，據報導他曾抱怨「因為數學家攻擊相對論，使我自己不再了解它」。❹

但他很快地從閔可斯基的構造，得到所需的數學工具，以拓展廣義相對論。

　　不幸，閔可斯基未能見證他的想法即將帶來的革命。1909 年 1 月 12 日，他因腹膜炎過世，享年不到四十四歲。在病榻上，他曾悲嘆「相對論的發展方興未艾，我卻得在這時死去，真悲哀。」❺

　　不論是學術圈或普羅大眾，廣義相對論的故事早已汗牛充棟；再重複其細節，顯得多此一舉。簡而言之，愛因斯坦對狹義相對論並不滿意；因為它限於兩位等速率相對運動的觀察者的特殊狀況。他的不滿來自對牛頓的「超距作用」(action at a distance) 之質疑；所謂隔空運作假定有看不見的手，讓太陽的重力，在一億五千萬公里外，時時拉著地球。❻這種觀念無法用實驗支持，而且與狹義相對論的基本教義之一扞格不入。這個基本教義就是：宇宙中，包括重力在內，沒有比光跑得更快的東西。在將以太的假定排除之後──這個假定隱含一個絕對靜止的普遍性參考框架，愛因斯坦在 1907 年著手貶低超距作用的想法。為此，他借助於幾何。

　　在愛因斯坦的看法裡，傳送訊號穿透空間，最快的方法是使用光線；光線一定會循最短的路線行進。在無物質的狀態下，時空裡最短的路線是直線；但是，若在時空裡有物質存在其路徑上，則光線會偏向。這並非物質產生力而使光線偏向，而是因為物質出現就會引起時空扭曲；有如把一個光滑的球放在撐緊的彈性膜上，把球移走，彈性膜就恢復平直。若把球放在彈性膜上，膜就會彎曲；再施力使球移動，則它會沿著自己的重量所決定的路徑移動。就如物理學家惠勒 (John Archibald Wheeler, 1911–　) 所說的：「物質告訴空間如何扭曲，空間告訴物質如何運動。」

為了要使他的理論羽翼豐滿，愛因斯坦還需要一個他當時還不熟悉的數學工具：黎曼的彎曲 n-維空間的微分幾何。我們都聽過一些誇大不實，關於愛因斯坦幼年學習能力不佳的故事；我們在補充欄 5 曾提及，他小時候用自己的方法證明畢氏定理──數學真的不好的人，通常不會這樣做的。然而，愛因斯坦開始從事科學研究時，確實相信只需要簡單的數學，就足夠他用來挑戰古典的牛頓物理學。他將很快了解：這樣的信念是何等天真。

黎曼的幾何產生數學的一個新領域：張量 (tensor)。它依循某些規則，把熟知的 n-維向量，一般化為 $m \times n$ 維。發展張量分析（也被稱為絕對微分學 (absolute differential calculus)）的兩位主要人物是里奇－克巴斯特羅 (Gregorio Ricci-Curbastro, 1853－1925) 和他的學生李百一奇維塔 (Tullio Levi-Civita, 1873－1941)。它是一個高度抽象的領域，要解釋其內涵必須用到專業術語。當愛因斯坦開始著手於廣義相對論，他缺乏對這領域的熟悉。失望之餘，他轉而求助於葛拉斯曼 (Marcel Grossmann)，一位他在蘇黎世當學生時就開始交往的老朋友；葛拉斯曼就是愛因斯坦在張量分析方面的啟蒙人物。

在配備所需的數學工具後，愛因斯坦終於能在 1915 年年底完成他的理論。當時他正擔任柏林的威廉 (Kaiser Wilhelm) 物理研究所──一個受到讚賞與尊崇的機構──的所長。次年，相對論正式發表，被讚譽為有史以來最傑出的物理論文；1919 年 5 月 29 日日全蝕的觀測，證實了這個理論。觀測之中，測得星光凌越太陽時彎曲的現象，與愛因斯坦的預測吻合。❼當年 11 月 6 日，倫敦的皇家科學院在一個特別會議上宣布這個結果，愛因斯坦在一夜之間，成為家喻戶曉的人物。

　　廣義相對論的核心是對等律 (*principle of equivalence*)，據說這是愛因斯坦在試著想像一個人從屋頂上掉下來（他也必須能活下來訴說他的感覺）的狀況時，靈光乍現的結果。愛因斯坦認為那個人完全感覺不到重力，他處在無重力狀態。假想一個人在太空的升降機裡，遠離地球和所有的重力干擾；然後，升降機以自由落體的加速度（約 9.81 米/秒^2）拉扯，裡頭的人感覺全然與受重力引向地面一樣；他的重量與回到地球時，站在地面一樣。這種透過思維想像的實驗，是愛因斯坦喜愛的論理模式，讓他確信：加速度與重力之間是對等的，是一體的兩面。

　　現在，觀賞太空人在太空艙裡無重漂浮的影像，已是無足為奇的家常便飯，對等律也不再是高不可攀；但是在 1907 年，愛因斯坦開始思索重力的本質時，這種想法離實際十萬八千里。當時空域旅遊才剛萌芽，太空飛行還是科幻想像；人們所能經驗的最快速率是特快火車（事實上，早期的普及版相對論解釋，都是引火車為例）。所以，對等律不是含金湯匙出世的，是經歷一番洗練考驗，才獲得認可的。其中最大的難處，是他用以形構理論的數學——張量運算與分析。據傳相對論發表時，全世界只有三位科學家能了解它；愛因斯坦當然是其中之一。籌劃 1919 年日蝕觀測的英國著名天文物理學家愛丁頓爵士 (Sir Arthur Eddington, 1882–1944)，是早期對相對論轉變態度人士之一；當他聽到這樣的傳聞時，語帶諷刺地問：「第三位是誰?」

　　接著，愛因斯坦進行第二個思維想像的實驗。若升降機對某參考系統做相對等速向上運動，遠處光源，例如星光，射過來的光穿過小孔投射在對面壁上（圖 14.2 (a)）。穿過小孔到投射在對面壁上的時間，升降機有些微的向上移動，所以，投射點較小孔略低。光線的路徑還是直線，但會些微偏離原來的方向。升降機裡的人不知道自己在運動，會把這些微的變動解釋為光源方向改變引起的。這就是光行差

(aberration) 的現象，從十八世紀以來就為人所知；在地球繞太陽時，這種現象使恆定的星辰看起來每年都有些微移動。若僅止於此，就與相對論無關。

　　但是，若升降機是加速向上，則透進內室的光線不再是直線；它將是彎曲的（圖 14.2 (b)）。不知身處加速狀況的內室乘客，看到這種彎曲的光線確實會感到納悶。愛因斯坦對這個困局的回應，是一記絕妙的邏輯演繹。乘客自然相信：他是在地球的重力場裡靜止不動。無可逃避的結論是：光線在重力場裡，會改變直線路徑，呈現彎折現象；光線是彎曲的。簡而言之，這就是廣義相對論的內涵。

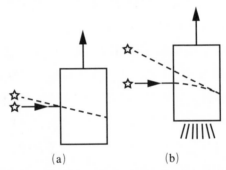

(a)　　　　　　(b)

▲ 圖 14.2　(a)定速上升的升降機(b)加速上升的升降機

　　給彎曲現象解釋是一回事；給現象精確的數學描述，以進行彎折程度的計算，又是另一回事。此時，愛因斯坦就需要張量分析。就他所認知，物質出現於某個位置，會彎曲周遭的時空幾何。這種彎曲可用度量──黎曼在五十年前所構思的概念──來表示；只是現在套用於 4-維時空。這個度量形如：

$$ds^2 = \sum_{ij} g_{ij} dx_i dx_j,$$

其中的 $4 \times 4 = 16$ 個係數 g_{ij} 表達物質在時空裡的分布；它們就是所謂的對稱重力張量 (symmetric gravitational tensor) 的分量。[8]這個度量成為廣義相對論的數學核心。數學史家柯立基 (Julian Lowell Coolidge, 1873–1954) 說：「在二十世紀，對歐幾里得的崇拜，已被對微分方程 $ds^2 = \sum_{ij} g_{ij} dx_i dx_j$ 的崇拜所取代。」[9]

度量 $ds^2 = \sum_{ij} g_{ij} dx_i dx_j$ 讓我們得到圓滿的結局。西元前 570 年左右，薩莫斯的畢達哥拉斯，證明了一個關於直角三角形的定理，使他的名字永垂不朽。他也深涉宇宙星辰，並將它與音律和聲做連結。二十五個世紀後，另一個偉大的智者，愛因斯坦，利用畢氏的定理來形塑他自己的宇宙星辰；而這個定理至此已改頭換面，擴張版圖深入 4-維時空。無疑的，設若他們能碰在一起，這兩位智者在歌詠宇宙的美麗與和諧時，一定會有共同的鍵結。

▎註解與參考文獻▎

注意：本章題詞裡的 "Space and Time" 是閔可斯基一個演講的講題，在 1908 年 9 月 2 日發表於科隆的德國科學家與醫師的聯合會議。題詞摘自克拉克 (Ronald W. Clark) 的《愛因斯坦傳》(*Einstein: The Life and Times*, New York: Avon Books, 1972) 頁 160。

❶此處「時」的含意有點混沌，真正的意思是「時間的成分」。例如地球上住在不同時區的兩人，他們手錶上顯示的時間不同，但是走速是一樣的；這是因為它們在空間的移動速率是一樣的，都是地球繞日的運動，所以是在同一個環境架構。

❷或許沒有人比愛因斯坦本人，對這個導衍解釋得更好。請參閱他的著作《相對論：狹義與廣義理論》(*Relativity: The Special and General Theory*) (譯者 Robert W. Lawson，出版社及出版年：New York: Henry Holt and Company, 1920，再版多次) 附錄 1。

❸此處的 m 是運動質點的質量，它本身就是速度 v 的函數 $m = \dfrac{m_0}{\sqrt{1 - \dfrac{v^2}{c^2}}}$，其中的 m_0 是質點的靜止質量 (rest mass)。

❹請參閱克拉克的《愛因斯坦傳》第 159 頁。

❺同前，第 160 頁。

❻牛頓自己並不喜歡這個概念，但在沒有更好的有效假定下，還是勉強引用。

❼這個歷史事件的餘波已被炒作很多回；例如克拉克的《愛因斯坦傳》，第 263–264 頁還有第 284–291 頁。但是，最近對日蝕觀測的可信度，有些質疑聲。請參閱沃勒 (John Waller) 的《愛因斯坦的運氣》(*Einstein's Luck: The Truth Behind Some of the Greatest Scientific Discoveries*, Oxford: Oxford University Press, 2002) 第三章。

❽事實上，因為 $g_{ij} = g_{ji}$，所以只有 9 個獨立係數。

❾引自《幾何方法史》(*A History of Geometrical Methods*, 1940, New York: Dover, 1963 年再版) 第 78 頁。我把柯立基的 a_{ij} 改為 g_{ij}，使其與本章使用的符號一致。

補充欄 10：
四個畢氏頭腦體操

> 若無謎題可解，則無問題可問；若無問題可問，豈不無
> 趣之至！
>
> ——都德尼，《數學的娛樂》，第 v 頁

都德尼 (Henry Ernest Dudeney, 1857–1930) 被視為英國最偉大的數學謎題作家。他並未受過正規數學訓練，卻能發展解難題的妙方，挑戰傳統思維。他寫過六本休閒數學書籍，其中第一本是《坎特伯雷謎題》(*The Canterbury Puzzles*)，❶是根據喬叟 (Chaucer) 的《坎特伯雷故事集》(*The Canterbury Tales*) 的角色寫成的。我們依照原來文字，從中摘錄以下幾則頭腦體操題。

75.——蜘蛛與蒼蠅

長、寬、高分別為 30 呎、12 呎、12 呎的方型房子，在一面邊牆中間，離天花板 1 呎處 A 點有一隻蜘蛛；在對面牆中間，離地板 1 呎處 B 點有一隻蒼蠅 (圖 S10.1)。蜘蛛要不動聲色去捉蒼蠅，即不能跳撲或網捕，必得累步爬行，最短路徑長多少？❷

大多數人可能會建議「顯然的」直覺路徑：從 A 垂直向下 11 呎到地板，橫過地板 30 呎到對牆中間，再垂直向上 1 呎到 B 點；這樣總計 42 呎長。但是有更短的路徑，你能找到它嗎？為了不剝奪讀者找尋的樂趣，我把解答放在附錄 H。

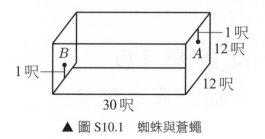

▲ 圖 S10.1　蜘蛛與蒼蠅

有一個名為畢氏方塊 (Pythagorean Square) 的謎題，是把一個較大的方塊，切成不一樣的四塊，再加一個小方塊，重新拼成更大的正方形（圖 S10.2）。❸這個謎題關係到畢氏定理，兩正方形面積加起來等於第三個正方形面積。這個謎題看似簡單，其實不易；解答放在附錄 H。有趣的是，1917 年都德尼用類似的論理，提供一種畢氏定理的證明方法（圖 S10.3）。❹

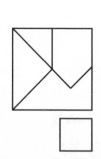

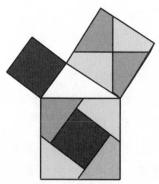

▲ 圖 S10.2　畢氏方塊謎題　　▲ 圖 S10.3　都德尼證明畢氏定理的方法

下一個謎題相對比較簡單，是摘自中國漢朝（西元前 206－西元220 年）的算書《九章算術》。❺

今有木長二丈，圍之三尺。葛生其下，纏木七周，上與木齊。問葛長幾何？

答曰：二丈九尺。

解答過程請參閱附錄 H。

作為一個參照，下一個謎題引自 1150 年代，印度數學家婆什迦羅 (Bhaskara) 的著作《莉羅娃蒂》(*Lilavati*)。據說這本書是他為安慰女兒而寫的；當時星象家鐵口直斷她必須終生守身不婚。

一根柱高 15 腕尺，柱底有一個蛇洞，一隻孔雀棲停在柱頂。孔雀看到巨柱底有 3 倍柱長遠的地方，蛇正躍奔回洞，就斜撲過去抓蛇。若蛇躍奔的距離與孔雀斜撲的距離相等，快說出牠們會著點距蛇洞多遠？❻

此處「快說出」應是不能用紙筆計算，靠心算給出答案。你能辦到嗎？解答請參閱附錄 H。

▍註解與參考文獻▍

❶ 出版資料：1907; New York: Dover, 1958 年再版。

❷ 參考同前，第 121–122 頁。都德尼的生平簡歷請參閱塔林的《數學的普遍用書》(The Universal Book of Mathematics, Hoboken, N.J.: John Wiley, 2004)，第 98 頁。也可參閱如下網頁：http://www-groups.dcs.st-and.ac.uk/~history/Mathematicians/Dudeney.html。

❸ 參考塔林的《數學的普遍用書》，第 261–262 及 371 頁。其中並未提及這個謎題的發明人。

❹ 請參閱伊夫斯，第 95–96 頁。

❺ 參考史威茲與高氏的《畢達哥拉斯是中國人嗎?》(Was Pythagoras Chinese? An Examination of Right Triangle Theory in Ancient China, University Park, Penn.: Pennsylvania State University Press 與 Reston, Va.: National Council of Teachers of Mathematics, 1977)，頁 29。譯按：此處中譯還原《九章算術》第九章〈勾股〉原文。本書所引的史威茲等之英文版的中譯如下：「已知一棵樹高 20 尺，環周 3 尺。藤蔓從地面開始環繞樹幹而上，繞 7 圈剛好到樹頂。藤蔓長多少？答：29 尺。」

❻ 請參閱伊夫斯，第 241 頁；婆什迦羅及《莉羅娃蒂》的詳情，請參閱史密斯，第 275–282 頁。

第 *15* 章 ────────────
但這是通天的道理嗎?

> 所有的建築,當然都是以畢氏定理為基礎;地球上所有
> 建物, 都是奠基於它。
>
> ──卡庫,《超空間》, 第 37 頁

　　根據卡爾‧薩根 (Carl Sagan) 的小說拍成的電影《第三類接觸》
(Contact) 裡, 有一群天文學家在監聽天空微弱的電波, 它來自遙遠的
銀河, 用巨大的碟型天線接收。 忽然間, 他們收到一系列訊
號: ──、 ───、 ─────、 ───────、 ──────────、 ⋯,
譯解之後就是一系列的質數: 2、 3、 5、 7、 11、 ⋯。天文學家據此判
斷, 這電波是遙遠的文明持續發出的召喚, 意在引起我們的注意。這
一系列訊號似乎是植基於質數, 是建構所有的整數的不變區塊。有如
週期表裡的元素, 質數的性質, 不會隨其出現的環境而改變; 例如質
數不會因為計數選用的進位基底不同, 而改變其不可分解性。因而,
我們確信質數獨立於人類的心靈之外, 是一種普遍存有 (universal
existence) 的存在。所以, 要開啟星系間的對話, 質數是一個理想的媒
介。有了這樣得意的判斷, 天文學家們把這聳動的新聞彙報給國家安
全局, 得到的回應是這樣的問題: 質數是什麼?

　　「任何大於 1 的正整數, 都可以寫成質數的乘積, 而且寫法是唯
一的」, 這個性質使質數獲得重要性。以 12 為例, $12 = 3 \times 4$; 但

$4 = 2 \times 2$，故 $12 = 3 \times 2 \times 2$。如果我們起頭不一樣，我們還是可以得到相同的質因數：$12 = 2 \times 6$，但 $6 = 2 \times 3$，故 $12 = 2 \times 2 \times 3$。這兩種表示法只有順序上的不同，得到的質因數是一樣的。這個事實稱為算術基本定理 (*fundamental theorem of arithmetic*)，它是數論——整數研究的核心。

或許是一直有許多關於質數的問題未獲解答，質數的周遭總是圍繞著詭異的氣氛。在《幾何原本》第 IX 冊命題 20 中，歐幾里得證明了質數有無限多；但是孿生質數 (twin primes) 呢？所謂孿生質數意指連續兩個奇數都是質數，例如 (3, 5)、(5, 7)、(11, 13)、(17, 19)、…、(101, 103)、…。即使較大的數目，還是可以找到孿生質數，例如 (29879, 29881) 等。迄 2006 年為止，所找到的最大孿生質數是 $100314512544015 \times 2^{171960} \pm 1$，它們都是 51780 位數。❶一共有幾對孿生質數？沒人知道；大多數數學家相信孿生質數有無限多對，但是至今未被證明。另一個出名的未解問題是哥德巴赫猜想 (Goldbach's conjecture)。俄羅斯帝國學術院的數學教授，後來又擔任沙皇政府外交官的哥德巴赫 (Christian Goldbach, 1690–1764)，在 1742 年給歐拉的信裡，猜測：每個大於 2 的偶數，都可以寫成兩個質數的和；例如 $4 = 2 + 2$、$6 = 3 + 3$、$8 = 3 + 5$、$10 = 5 + 5$ 或 $3 + 7$、$12 = 5 + 7$ 等等。借助於電腦，這個猜想已被檢驗到非常大的整數，但是，一個邏輯上的證明迄今仍然闕如。

一直到最近為止，質數一直是數論裡孤芳自賞的領域，是追尋孤絕美而似乎缺乏實用的數學分支。但是，現在局面已經改觀，在 1980 年代，質數從孤高的位置走下來，進入凡俗事務圈；它們能提供保密的功能，在電腦傳輸的編碼擔任要角。而且，隨著家庭電腦的普及，質數也成為普及科學的玩物。在一個國際型計畫「大網際梅仙質數搜

尋」(Great Internet Mersenne Prime Search, GIMPS) 裡，全世界有 120000 位職業及業餘數學家參與，尋找一種特殊類型的質數——梅仙質數；它們掛在十七世紀法國修道士梅仙（請參閱第 2 章❸）的名下，是形如 $2^n - 1$ 的質數；當然，其中的 n 必然是質數。現在還不知道這種質數有多少個；迄今找到最大的一個是 $2^{30402457} - 1$，是 9152052 位數，完全印出來將需要 4000 頁。❷質數確然已走出數學後花園的象牙塔，進入實際生活圈。

一旦你著了質數的道，就很容易被困在它的狂潮裡。但是，質數確實具有如同普遍性的魔力，誘使普羅大眾著迷嗎？就我記憶所及，大學四年物理學習，質數從來沒有現身。畢竟，自然科學是基於測度而成立；你量度一個量，它可能是一張桌子的長度，一個原子的重量，或是太陽的溫度；結果是否為質數是無關緊要的。形成現代科學的重要理論，如牛頓的萬有引力定律、馬克斯威的電磁理論、愛因斯坦的相對論等，都沒有質數的角色。牛頓的偉大數學成就——發明微積分——的思考，是受他的物理直覺的引導，用以處理連續變化的量，他稱之為流量 (fluent)。在一個連續型的流量世界，這些離散的、硬板的質數是沒有舞臺的。

讓我們從非科學的世界引一個事例。無疑的，羅馬是古代世界裡，技術高度開發的社會。他們的武器在敵人之中傳布恐懼與敬畏；他們的工程成就如建物、橋梁等，迄今屹立不朽。顯然，羅馬人知悉許多實用數學，否則他們的工藝不可能達到這樣的水準。但是，純數學並未受到他們的青睞。雖然羅馬人被定位為希臘在藝術和科學輝煌傳統的守成者，他們在數學方面的貢獻實在乏善可陳。他們的科學家專注於實體建築的事務，而不把抽象數學的結構視為精華區。

若所謂的精華區缺乏我們所認知的普世價值，那還有什麼是真正的精華？或許我們可以考慮幾何學。凡爾納 (Jules Verne) 的科幻小說《從地球到月球》(*From the Earth to the Moon*, 1865)，描述一群太空迷，自稱為槍砲俱樂部 (Gun Club)，計劃在弗羅里達裝置巨大的加農砲，以發射的方式到月球旅遊。他們的領導人這樣描述這個團體：

> 我所想到的這些探險大多是純粹撰述的，它們對與這個夜空的亮體建立關係毫無實質意義。但是我必須說明，有些務實人士已經試著與月球進行交流。例如幾年前，一位德國幾何學家建議派遣一隊科學家到西伯利亞大草原。在這個大平原上，用發光的材料構築一些巨大的幾何圖形，包括直角三角形斜邊上的正方形等等（法國人俗稱它為驢橋 (ass's bridge)）。這位幾何學家堅認若有智慧生物的存在，就能理解那些圖形的科學意涵。若有月球人 (Selenites) 存在，必能回應以類似的圖形，來表示他們的理解。一旦這種交流建立起來，就容易建立一套字母，以便與月球人進行可能的雙向交流。❸

這位德國幾何學家一般認定就是高斯，不做第二人想。❹把偉大的高斯與這樣憨直的想法聯結在一起，看起來有點奇怪。但是在十九世紀，有許多人，包括出名的科學家，相信行星和月球上住著有智慧的居民。唯一剩下的問題是：這些地球外的文明，是否進化到足以與我們溝通？假如答案是肯定的，那他們一定也擁有與我們一樣的基本數學知識；其中當然包含畢氏定理。

無論真假，這則關於高斯的故事，顯示人類對數學永遠不墜的信心。即使這樣，我們在此仍要提出一些質疑。畢氏定理確實在每一應用科學的分支中都位居要津，但是，我們不能忘記它的限制：這個定理只有在平面，或不需撕扯即能展成平面的曲面上才有效；如我們在第 12 章所討論的，它在球面上是不成立的。

　　當古希臘人發展他們的幾何時，並沒有做這種澄清。雖然我們把歐幾里得的《幾何原本》，視為嚴密數學的典範，但是必須銘記在心：其中所討論的基本幾何概念，是錨定在我們所居處的物理世界。點 (point) 是筆尖在紙上畫點 (dot) 的理念化；直線是兩點間最短距離的表示，而直角是鉛直線與地面的交角。雖然希臘人知道地球是球狀，但他們發展幾何的原材是取自日常的物件；而日常生活中，我們很少感覺到我們是居住在一個球體上。難怪歐氏幾何通篇大論都是植基於平直空間。即使《幾何原本》所論及的 3-維空間物件，如立方體、八面體等，都有可以用 2-維剪貼架構起來的平直表面。❺

　　讓我們想像縮小了的地球，例如直徑 10 公里。在這樣小的行星上，我們每踏一步，都會感覺到腳下地面的曲度。當然，在這樣縮小版的世界，生命是否能佇留又是另一回事。小行星的重力超小，環繞的大氣很快就逸散無蹤；如我們所知，既無大氣，生命是不可能存在的。然而，最近天文學的進展，使得許多奇異的事情被發現，包括超過百個龐大的行星，繞行著它們的恆星；這些事情在幾年前，還是難以想像的。所以一個直徑只有數公里，卻有相當於地球的質量，能吸住外環大氣，甚至能佇留生命的行星，並非天方夜譚。若有高度進化的生物居住在這種行星上，他們可能會配合特別的環境與需求，發展他們的幾何學。這種幾何學可能去除畢氏定理，因為在他們的世界，畢氏定理不是一個有意義的角色。

　　但是，我們並不需要到另一個世界，才能認識到甚至基本的數學概念，是受到所居處的物理世界的影響。我們常聽到一個故事，關於笛卡兒如何發明出正交坐標的概念；在一個早晨，他躺在床上，觀看天花板上一隻蒼蠅。他看出蒼蠅的位置，隨時可以用兩個數字——牠與兩面牆的距離——來標定。設若笛卡兒是住在愛斯基摩人的圓頂雪屋裡，他還會興起相同的想法嗎？居住在圓頂屋裡，他較有可能發明球面坐標系統，像我們以經度和緯度給地表上的點定位。若是這樣，

解析幾何裡我們熟知的距離公式，就會被一個較為複雜的公式取代。所以，我們思考數學的方式，受到居處的物理環境很大的影響。

這些推想純粹是愛因斯坦假設性的思維實驗，它們最終引起這樣的話題：數學到底是心靈的創造，還是客觀獨立存在？或者換言之：它只是描述物理世界的工具，還是這個世界的必然結局？這確實是個深刻的問題，在數學與哲學的分界上角力。幾個世紀以來，數學家們與哲學家們為它爭議不休，迄今共識尚未浮現。

在波多黎各阿雷西伯 (Arecibo) 南部，群山環圍起來的自然碗形地方，矗立一座全世界最大的碟型無線電望遠鏡，它的直徑有 1000 呎。1963 年開始，由康乃爾大學負責操作；十年後，設備大部分更新，於 1974 年 11 月 16 日重新運作。重啟開鏡的儀式，就是向 24000 光年遠，武仙星座 (Hercules) 裡的 M-13 星團，發射編碼的無線電波束；它是 1679 個 0 與 1 的數串。若予以解碼，它就是來自發送者——地球人類的身分證。不幸的是要予以解碼，必須能看出 1679 是兩個質數的乘積 73×23；任何截收到這訊息的人，只有兩種處理方法可以安放這個數串：排成 73×23 或 23×73。後者的排法形成碟型天線的草圖，附加一些發送電波的細節及工作人員（圖 15.1，中間像螺線的部分是 DNA 分子）。尋找外地文明計劃 (Search for Extraterrestrial Intelligence, SETI) 組織的發起人之一的德瑞克 (Frank Drake) 曾戲謔地描述這事：「在儀式及會餐結束，來賓登車要離開這裡時，發送的訊息已經抵達冥王星的軌道。不需要經過多年的太空飛行，只是幾個小時的行程，就離開太陽系。」❺

所以，這個訊息期待它的接收者精通數學，包括把一個整數分解為質因數的乘積。若有幸這訊息被收到、解碼，並願意給我們回應，

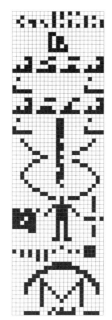

▲ 圖 15.1 阿雷西伯無線電訊息（已解碼）

則我們終將能解答前面所提出的問題: 數學是否獨立於參與者而存
在，寰宇之內都是一致的? 假如答案是肯定的，它就是一個確切的國
際的——不，星際的——語言; 任何一個有數學素養的人，都能了解。
不幸，我們得等待 48,000 年，回應才會返抵地球; 若接收者在解碼時
遭遇困難，可能還要再加上數年。讓我們注意養生，長命百歲，以等
待來自外星的回應!

註解與參考文獻

❶ 根據網站 *The Prime Pages*，http://primes.utm.edu/index.html。譯按：2013 年 5 月，華人數學家張益唐 (Tom Yitang Zhang) 證明：存在有無限多的相鄰質數，其距離不會超過七千萬，為此一孿生質數猜想之最終證明，推進了最具突破性的一步。

❷ 同前。

❸ 密勒 (Walter James Miller)，《註解的凡爾納》(*The Annotated Jules Verne: From the Earth to the Moon*, New York: Gramercy Books, 1995) 第 13 頁。

❹ 據我所知，「高斯曾做過這個建議」的說法是未經確證的；但是，在一些書籍裡經常被提起，而且說法一變再變。例如塔林 (David Darling) 的《外星百科全書》(*The Extraterrestrial Encyclopedia: An Alphabetical Reference to All Life in the Universe*, New York: Three Rivers Press, 2000) 第 166 頁；還有，德瑞克與梭貝爾合寫的《那邊有人嗎？》(*Is Anyone Out There? — The Scientific Search for Extraterrestrial Intelligence*, New York: Delta, 1994) 第 170−171 頁在給《從地球到月球》(*From the Earth to the Moon*)（第 13 頁）做註解時說：

> 德國幾何學家高斯 (1777−1855) 在天文學也有傑出的成就，他建議用證明畢氏定理的幾何圖形——直角三角形各邊外掛正方形——來標記在地面。有的邊植上寬帶黑森林，而所圍各區塊則種植以亮色的穀類如小麥。另一位德國天文學家洪力特羅 (Joseph J. von Littrow, 1781−1840) 則認為圖形要能發光；他建議在撒哈拉沙漠上開挖渠道構形，如等邊三角形，注水其中；另置煤油，晚上點燃發光。

❺ 球面在第 XII 冊與第 XIII 冊有初步的討論，但主要的部分是與五種正多面體的關聯，而非針對球面本身的性質。

❻ 德瑞克與梭貝爾的《那邊有人嗎？》第 184 頁。至於選 M-13 為對象的理由，德瑞克說：「我注視天空圖，發現在啟用日下午一點，也就是啟用儀式進行的時間，有一個約三十萬顆星辰（可能也有這麼多的行星）的密集星團在我們上方。那就是武仙座的大星團 M-13，即我們的標的；兩萬四千光年的距離，絲毫不影響我的熱切期待。」

第 16 章 —————

事後反思

冪次 2 在數學上比其他冪次更頻繁地出現。

　　——威爾斯，《充滿好奇和有趣數字的企鵝版字典》，

　　第 42 頁

　　人們總是問我：「數學究竟是什麼？」它在很多人心裡的印象，不外乎是數字和計算。而對那些學過微積分的人而言，他們知道還存在「更高」層次的數學。但是，更令他們感到好奇的是，它如何與這個世界連結。當然，你可以引述以下這句名言：「數學是數學家晚上做的事」，但對充滿好奇心的人而言，它並不是令人滿意的答案。

　　所以，究竟什麼是數學呢？我認為它的本質是一門探求模式、結構以及規則的學問，並且連結了看似無關的物件，無論它們是「真實的」還是抽象的。如此看來，它與藝術頗為相似，特別是音樂。就好比重複出現在音樂裡的某種旋律和韻律，許多代數式也是重複地出現在不同的數學領域裡。圖 16.1 所示，是莫札特的第 16 號鋼琴奏鳴曲，D 大調，K.451 的一頁樂譜。以下這個節奏母題 (rhythmic motif) ♩♩♪♩♩♩「」從第一小節開始，就在整個樂章中占最主要地位。[1]這個母題以及它的不同變化形式是莫札特的重要標誌，它在莫札特的音樂裡不斷地出現，包含他死前未完成的最後作品，安魂曲 (*Requiem*)。現在，我們將它與圖 16.2 比較，後者內容來自一本數學手冊上的積分表，

Piano Concerto No. 16 in D Major, K.451

▲ 圖 16.1　莫札特第 16 號鋼琴奏鳴曲的一頁樂譜

$a^2 + x^2$ 這個代數式同樣在整張表裡位居最主要的地位。這類表示式（使用不同的符號來表示）是數學裡最常被使用的代數式之一：可以在三角學、微積分、微分方程、泛函分析以及數論裡，發現它的蹤跡──還必須說的是，幾何學裡亦然，就如同畢氏定理的代數敘述一樣。

這些一再出現的模式是從哪兒來的呢？在莫札特的例子裡，它很可能是源自於他所處那時代裡常見的四步舞曲。莫札特的許多作品都是受社交事件委託所作，例如舞會、接待會及皇家晚宴，在這些場合，跳舞可是吸引眾人注意力之焦點。無論是有意或無意地，這些舞曲當中的這個節奏模式，深深烙印在莫札特充滿創造力的心靈裡，最終也成為他音樂裡的重要元素。

如同數學裡無所不在的式子 $a^2 + x^2$，它通常可以直接與畢氏定理連結。而這在三角學的領域裡是對的，三個畢達哥拉斯恆等式一再重複地出現（參見本書第 xiv 頁）。另一方面，這對微積分學而言也是對的：只要與三角函數有關，$a^2 + x^2$ 就可能會現身，如同下面兩個積分關係式：

$$\int_0^\infty e^{-ax}\cos bx \ dx = \frac{a}{a^2 + b^2} \ \text{及} \int_0^\infty e^{-ax}\sin bx \ dx = \frac{b}{a^2 + b^2} \ (\text{其中 } a > 0)。$$

但是，當我們考慮另一類看起來極相似的積分式時，會得到：

$$\int_0^\infty e^{-ax}J_0(bx) \ dx = \frac{1}{\sqrt{a^2 + b^2}} \ \text{及} \int_0^\infty e^{-ax}J_1(bx) \ dx = \frac{\sqrt{a^2 + b^2} - a}{b\sqrt{a^2 + b^2}}。$$

其中，$J_0(x)$ 與 $J_1(x)$ 分別是 0 階、1 階的貝索爾函數 (Bessel function)，它們是兩個在微分方程課程才會學到的「高級」函數。❷這些函數都無法表示成初等函數（多項式函數、多項式函數之商、三角函數、指數函數以及它們的反函數，或者它們的任意有限項組合）的「封閉」形式 (closed form)；它們僅能表示成 x 的冪級數展開式。貝

INTEGRALS INVOLVING $\sqrt{x^2+a^2}$

14.182 $\displaystyle\int \frac{dx}{\sqrt{x^2+a^2}} = \ln(x+\sqrt{x^2+a^2})$ **or** $\sinh^{-1}\dfrac{x}{a}$

14.183 $\displaystyle\int \frac{x\,dx}{\sqrt{x^2+a^2}} = \sqrt{x^2+a^2}$

14.184 $\displaystyle\int \frac{x^2\,dx}{\sqrt{x^2+a^2}} = \frac{x\sqrt{x^2+a^2}}{2} - \frac{a^2}{2}\ln(x+\sqrt{x^2+a^2})$

14.185 $\displaystyle\int \frac{x^3\,dx}{\sqrt{x^2+a^2}} = \frac{(x^2+a^2)^{3/2}}{3} - a^2\sqrt{x^2+a^2}$

14.186 $\displaystyle\int \frac{dx}{x\sqrt{x^2+a^2}} = -\frac{1}{a}\ln\left(\frac{a+\sqrt{x^2+a^2}}{x}\right)$

14.187 $\displaystyle\int \frac{dx}{x^2\sqrt{x^2+a^2}} = -\frac{\sqrt{x^2+a^2}}{a^2 x}$

14.188 $\displaystyle\int \frac{dx}{x^3\sqrt{x^2+a^2}} = -\frac{\sqrt{x^2+a^2}}{2a^2 x^2} + \frac{1}{2a^3}\ln\left(\frac{a+\sqrt{x^2+a^2}}{x}\right)$

14.189 $\displaystyle\int \sqrt{x^2+a^2}\,dx = \frac{x\sqrt{x^2+a^2}}{2} + \frac{a^2}{2}\ln(x+\sqrt{x^2+a^2})$

14.190 $\displaystyle\int x\sqrt{x^2+a^2}\,dx = \frac{(x^2+a^2)^{3/2}}{3}$

14.191 $\displaystyle\int x^2\sqrt{x^2+a^2}\,dx = \frac{x(x^2+a^2)^{3/2}}{4} - \frac{a^2 x\sqrt{x^2+a^2}}{8} - \frac{a^4}{8}\ln(x+\sqrt{x^2+a^2})$

14.192 $\displaystyle\int x^3\sqrt{x^2+a^2}\,dx = \frac{(x^2+a^2)^{5/2}}{5} - \frac{a^2(x^2+a^2)^{3/2}}{3}$

14.193 $\displaystyle\int \frac{\sqrt{x^2+a^2}}{x}\,dx = \sqrt{x^2+a^2} - a\ln\left(\frac{a+\sqrt{x^2+a^2}}{x}\right)$

14.194 $\displaystyle\int \frac{\sqrt{x^2+a^2}}{x^2}\,dx = -\frac{\sqrt{x^2+a^2}}{x} + \ln(x+\sqrt{x^2+a^2})$

14.195 $\displaystyle\int \frac{\sqrt{x^2+a^2}}{x^3}\,dx = -\frac{\sqrt{x^2+a^2}}{2x^2} - \frac{1}{2a}\ln\left(\frac{a+\sqrt{x^2+a^2}}{x}\right)$

14.196 $\displaystyle\int \frac{dx}{(x^2+a^2)^{3/2}} = \frac{x}{a^2\sqrt{x^2+a^2}}$

14.197 $\displaystyle\int \frac{x\,dx}{(x^2+a^2)^{3/2}} = \frac{-1}{\sqrt{x^2+a^2}}$

14.198 $\displaystyle\int \frac{x^2\,dx}{(x^2+a^2)^{3/2}} = \frac{-x}{\sqrt{x^2+a^2}} + \ln(x+\sqrt{x^2+a^2})$

14.199 $\displaystyle\int \frac{x^3\,dx}{(x^2+a^2)^{3/2}} = \sqrt{x^2+a^2} + \frac{a^2}{\sqrt{x^2+a^2}}$

14.200 $\displaystyle\int \frac{dx}{x(x^2+a^2)^{3/2}} = \frac{1}{a^2\sqrt{x^2+a^2}} - \frac{1}{a^3}\ln\left(\frac{a+\sqrt{x^2+a^2}}{x}\right)$

14.201 $\displaystyle\int \frac{dx}{x^2(x^2+a^2)^{3/2}} = -\frac{\sqrt{x^2+a^2}}{a^4 x} - \frac{x}{a^4\sqrt{x^2+a^2}}$

14.202 $\displaystyle\int \frac{dx}{x^3(x^2+a^2)^{3/2}} = \frac{-1}{2a^2 x^2\sqrt{x^2+a^2}} - \frac{3}{2a^4\sqrt{x^2+a^2}} + \frac{3}{2a^5}\ln\left(\frac{a+\sqrt{x^2+a^2}}{x}\right)$

▲ 圖 16.2 　從數學手冊上摘錄的一頁

索爾函數與三角函數之間有某些外在的相似性。舉例來說，$J_0(x)$ 與 $J_1(x)$ 的圖形分別與 $\cos x$ 和 $\sin x$ 的圖形很相像，但它們卻非週期函數：它們的振幅隨 x 增加而減小，它們與 x 的交點亦非等間距（如圖 16.3 所示）。❸而 $a^2 + b^2$ 這個式子謎樣地出現在兩個積分式裡，彷彿畢氏定理的魂魄一般。

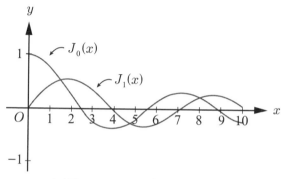

▲ 圖 16.3　$J_0(x)$ 與 $J_1(x)$ 的圖形

接下來，讓我們暫且先回到歐氏幾何學裡。基本上，並沒有什麼理由可以阻止我們提出一個不同於現在慣用的賦距 (metric)，例如，基於 $d = \sqrt[3]{x^3 + y^3}$ 這個公式的賦距。這個賦距仍可滿足所有我們對距離所期待的形式需求，包含三角不等式（參見本書第 188 頁）。在這個距離公式之下，「畢氏定理」將會變成 $a^3 + b^3 = c^3$，❹它將原本建立在直角三角形三邊上的正方形的面積關係，改成對應的立方體的體積關係。許多非約定俗成的賦距，有時會被用於描述某種非歐幾何學的模型上，但是它們大多是人造的。事實上，現實生活中我們唯一使用的賦距是基於 $d = \sqrt{x^2 + y^2}$ 這個距離公式的二次歐氏賦距 (quadratic Euclidean metric)，即使它的一般化形式 $ds = \sqrt{\sum_{ij} a_{ij} dx_i dx_j}$ 仍然是一種二次賦距。

這一切不免使人感到好奇，究竟是什麼魔力使得冪次 2 扮演這樣一個重要的角色，不止在數學裡，物理世界亦然。牛頓的萬有引力定律是與平方反比的定律，庫倫 (Coulomb) 的電學定律也一樣。而 $E = mc^3$ 又如何？它看起來就不太正確的樣子。

但是，最令人驚奇的，也許是 2 在數論領域裡所占的獨特地位，數論是一個與物理世界以及與三角學、微積分都相隔甚遠的領域。今日我們所熟知的最大質數為梅仙質數 $2^n - 1$，它們與完美數 $2^{n-1}(2^n - 1)$ 有關（參見本書第 34 頁）。同樣地，我們再回憶一下費馬質數 $2^{2^n} + 1$ 以及與它們有關的正多邊形（參見本書第 183 頁）。這或多或少與 2 是最小的質數以及它是唯一的偶數質數有關，這也使得它在高貴的質數群裡，獨具特殊的地位。但是，沒有其他說法會比費馬最後定理來得貼切。為什麼方程式 $x^n + y^n = z^n$ 當 $n = 1$ 與 2 時存在整數解，但其他的 n 卻沒有呢？有沒有可能 2 就是最根本的數學常數，使得它的重要性甚於 e 與 π 呢？我想，這個問題留待讀者自行判斷。

註解與參考資料

❶ 譯按：音樂中一般常將 "motif" 音譯為「母題」，是樂曲中經常重複的簡短音符序列。

❷ $J_0(x)$ 是微分方程 $x^2 y'' + xy' + x^2 y = 0$ 的解，而 $J_1(x)$ 則是微分方程 $x^2 y'' + xy' + (x^2 - 1)y = 0$ 的解，這些方程是由德國天文學家貝索爾 (Friedrich Wilhelm Bessel, 1784–1846) 命名，他將這些函數與行星軌道作連結，它們也經常出現在數學物理有關的應用上，例如：鼓膜的振動。

❸ 這在音樂上會產生某種特別的影響，$J_0(x)$ 支配了圓膜的振動，而這個函數的特性使得振動出現不和諧的泛音。

❹ 一個十分接近的例子是由方程式 $6^3 + 8^3 = 9^3 - 1$ 所提供。

終　曲

沙摩斯，2005

住在沙摩斯島的畢達哥拉斯認為人們應討論善良、正
義以及權宜，因為畢達哥拉斯將這些主題變成自己日
常生活的一部分。

——伊央比利克斯（約西元前 250-330 年），《畢達
哥拉斯的一生》的敘利亞作者

　　2005 年 2 月，我的太太和我前往希臘的沙摩斯 (Samos) 島旅行，
以表達對畢達哥拉斯的敬意。當然，我們並不期待能夠找到一間掛有
「西元前 580 年畢達哥拉斯誕生於此」這種招牌的房子，但我仍希望
有機會拜訪那位睿智年輕人早年所居住的場所，並親眼目睹當時形塑
他那宇宙觀的景緻。

　　不幸的是，我們選在錯誤的時機出國。當時正值嚴冬，美元對歐
元下跌，加上對安全性需求的提高，在在可能使得整趟飛行之旅變成
不愉快的經驗。然而，這也是我們唯一能成行的時間，所以，我們還
是商請旅遊公司幫我們安排這趟行程。他們起先的回覆是：「你們為什
麼要安排在二月呢？從沒有人會選在嚴冬之時前往希臘的島嶼。」然
而，我們終究還是無視於他的建議。我們先抵達雅典，並登上螺旋槳
式的雙引擎飛機，前往沙摩斯島約莫需要 55 分鐘的飛行時間。當飛機

飛越湛藍地中海的那刻，我們看見了洶湧的巨浪——激起的海浪形成白色捲曲的泡沫——它是暴風雨前的明確信號。當我們抵達島嶼時，飛機環繞著傾斜而險峻地直入海中的山壁，而駕駛員抵抗著強烈的側風，努力地想保持飛機的穩定。

下飛機之後，我所注意到的第一件事，便是機場航廈偌大的符號「阿里斯塔克斯」(Aristarhos of Samos)（圖 17.1），這也許是世界上唯一以數學家來命名的機場，但不是畢達哥拉斯，而是他的門生阿里斯塔克斯 (Aristarchus)（西元前 310–230 年）。●歷史上，阿里斯塔克斯被視為第一個天文學家。他曾經嘗試找出地球至太陽以及至月亮的距離（他所用的方法是正確的，但是，他所求得的值遠小於實際值）。❷出於他的真知灼見，他聲稱太陽才是宇宙的中心，而非地球。而這樣的想法也超越了當代。

約莫十五分鐘的計程車程，我們到達了沙摩斯市，它也是島上非官方的首都。就在我們進住旅館的當下，狂風驟起，整座島嶼籠罩在一場幾年來最大的冬季風暴之中。所有的航班都取消，而每天固定從比雷埃夫斯（希臘的主要港口）來到島上的渡船，就停泊在我們的旅館正前方，它們被禁止離開防波堤，回到原本停靠的地方。在這樣的小地方裡，猛烈的暴風會是當日新聞的頭條。每個人都急切地想讓我們知道，在我們到來之前，這裡的天氣宛如圖畫般地美好。並且期待在我們離開之後，天氣會再次轉好。而這對於提高我們的興致而言，當然沒什麼用。

但是，我們決定不讓這風速達 50 哩的暴風與暴雨打亂了我們既定的行程，所以，我們動身出發前往鎮上探索一番。我們很快地發現畢達哥拉斯在這裡是家喻戶曉的名字：主要的街區以他的名字命名，還包括一條街、一間學校，和至少一間旅館（圖 17.2–17.4）。還有一些遊客紀念品——T 恤、咖啡杯以及石膏像——上面的圖案都是畢達

哥拉斯滿是鬍子的臉龐，或者與他的定理有關的圖形。沙摩斯導覽手冊上也以滿滿兩頁的篇幅，介紹畢達哥拉斯，並附帶描述了他的定理：

　　畢氏定理：在等腰三角形裡，兩股的平方和等於斜邊的平方。❸

▲ 圖 17.1　薩莫斯機場

▲ 圖 17.2　畢達哥拉斯港口

▲ 圖 17.3　畢達哥拉斯中學

▲ 圖 17.4　畢達哥拉斯街

　　（我來回看了兩次以確定自己沒有看錯，但是它上面真的這樣寫。）我不知道每年夏天，成千上萬個來到這裡的旅客目的是為了什麼，這座島嶼現在看起來就像被遺棄一般，但是，當每年的六月群眾再次湧入這座島嶼時，吸引他們的並不是畢達哥拉斯，而是這座島上許多著名的小海灘。而我們是在奇怪時間點出現的奇怪遊客。

　　隔天早上，我們搭公車前往圖畫般的美麗城鎮，畢達哥里亞 (Pythagorio)，它位於這座島的南邊。使用大眾運輸工具的好處，是有機會認識當地的民眾、聆聽他們的對話（即使他們說的是外語），並與他們共享每天例行的行程，而這些都是租車所無法體驗的事。離開鎮上不到十分鐘，我們已經被當成當地人一般地對待。車子來到了一個警察盤查站，公車被迫停到路邊，司機和車外的警察持續地爭吵了好一段時間，而後警察板著嚴厲的臉孔登上公車。我們以為這是安全檢查，所以把袋子打開給他看，但是他絲毫不感興趣，並以希臘語大聲咆哮著，好吧，對我們來說這是希臘語。當我們說：「請說英文」時，他脫口說出：「安全帶！」原來這只是強制性的安全帶檢查！整車的人同時開懷地笑了起來，我們也融入其中。很快地，我們混雜在同行的乘客裡，成為人群的一部分。

　　這不是一個懦弱者 (faint-hearted) 適合生存的地方，這裡的每個人都抽煙，包含司機，他就在公車前方所貼禁止吸煙的標語下，大辣辣地抽著煙。另一個告示牌上寫著：「車子移動中請勿與司機說話！」但這也無法阻止我們的司機一路上精力充沛地與車長聊天。我實在不知道，為什麼我們的司機不自己跟乘客收取十元車費或車票就好，這也許可以將原本雇用的兩個人，縮減成只需雇用一個人就夠了。

　　畢達哥里亞（有時也拼成 Pythagorion 或 Pythagoreio）是沙摩斯島上的第三大城。短短二十一分鐘的行程，我們已登上山脊，從這個位置望去，遠處籠罩在雲霧下的土耳其海岸清楚可見，這兩個城市間僅

僅相隔 4000 呎。根據我們的旅遊導覽書，這個島嶼曾經是小亞細亞 (Asia Minor) 的一部分，然而，歷經一連串的地震使其與亞洲大陸分離。狹窄的海峽恰標誌著歐洲與亞洲的歷史邊界。年輕的畢達哥拉斯，很可能就是從這裡跨越海峽前往小亞細亞的米利都 (Miletus) 向泰利斯大師學習數學。

　　一直到近代，現代的畢達哥里亞才成為這座城市之名。在 1955 年之前，它被稱為提加尼 (Tigani) (「油鍋」，主要是因為海灣上防波堤的形狀而命名)。當波里克拉 (Polycrates，沙摩斯統治者) 在西元前 550 年掌握大權之後，他以這個城市作為島上的首都，當時的城市人口最高曾成長至 30 萬人。今日，它只不過是個七千人的小鎮，如畫般美麗地迎著蔚藍的海岸，並座落在西北邊橄欖色山脈的懷抱裡。為了榮耀它的名號，這座城市設計了畢達哥拉斯的雕像，垂直地佇立在防波堤後，眺望著海灣。畢達哥拉斯一手握著一個三角形，另一手指向一個傾斜船桅的末端，彷彿伸長手努力地想碰到它 (圖 17.5)。❹發揮一點想像力，你一定可以構想出直角三角形的輪廓，可惜的是，這本導覽手冊裡隻字未提這個定理是如何使得畢達哥拉斯之名，能不朽地流傳永世。我想那些夏日來此遊憩的旅客們，應當沒有什麼人真的在意這件事，但我必須承認這的確令我感到失望。

　　然而，畢達哥里亞這座城市之所以聞名，主要是因為波里克拉王在西元前 524 年開鑿了一條穿越山脈的隧道，用以導引城市在戰爭時所需要

▲ 圖 17.5　畢達哥拉斯雕像

的水源，而這時的畢達哥拉斯仍存活於世。這條名為歐巴里努斯 (Eupalinus) 的隧道，正是以設計它的工程師之名來命名。隧道總長 3400 呎、高與寬皆為 5 呎，完工後也持續地被使用了上千年之久。就如同歷史學家希羅多德斯 (Herodotus) 所說，這條隧道的建造在工程史上是相當偉大的事蹟，當年人們從山脈的兩邊同時開鑿並在中心交會，最終的水平誤差僅 30 呎，而垂直誤差也僅 40 呎。❺當此隧道開放大眾參觀之後，人們可以沿隧道進入至 2000 呎深之處，但令人失望的，是它在冬季時期關閉並未對外開放。有朝一日，我們將會再次親臨此處。

　　就如同希臘一樣，沙摩斯擁有過一段豐富的歷史。早期有關它的歷史充滿神話色彩，最早的記錄裡指出，腓尼基人約在西元前 3000 年在此建立了永久的家園（據說沙摩斯之名來自於腓尼基人所稱的高地「沙摩」(Sama)）。

　　最早的愛奧尼亞人大約在西元前 1000 年航行至此。西元前 670 年，沙摩斯成為一個民主國家，並且快速地崛起。它以葡萄酒、橄欖樹以及造船業而聞名，他們所製造可長程且快速航行的沙麥納船 (samaina)，以奇快的速度加上可從地中海航行至埃及而著稱。西元前 650 年，沙摩斯的航海探險家卡羅瓦斯 (Kolaios) 成為第一個航行通過海克力士柱 (Pillars of Hercules)——直布羅陀海峽 (Gibraltar)——的人，也就是越過了古代世界邊界的第一人。

　　西元前 550 年，波里克拉王是出生於沙摩斯島的本地人，他掌握了權力，並且成為當代最令人恐懼的希臘統治者。這主要是因為他的艦隊擁有多達 150 艘的沙麥納船。他同時也是藝術與建築學的大力贊助者，除了隧道之外，他一方面監督管理了現代畢達哥里亞城大海港的建造過程，同時，他也建造了偉大的希拉神殿 (Temple of Heraion)，

以榮耀神聖的希拉 (Hera) 女神，而這也是古代文明裡最大的神殿之一。由於他對於權力的慾望，樹立了許多敵人，最後他被釘在十字架上處死。

在接下來的幾個世紀裡，該島時常隨波斯、雅典以及斯巴達之間的戰線與勢力消長，而不斷地改變結盟與政治關係。西元前 479 年，希臘人在麥凱樂海峽 (Strait of Mykale) 擊敗了波斯海軍，結束了波斯的統治時期。而後，在西元前 129 年，沙摩斯島成為羅馬帝國的一部分。奧古斯都大帝也經常在冬天蒞臨這座島嶼，就如同歷史學家普魯塔克告訴我們的一樣，這裡是安東尼 (Anthony) 與克利奧佩托拉 (Cleopatra，埃及豔后) 最喜歡的休憩靜養處。

在基督教勢力興起之後，沙摩斯被威尼斯人與熱那亞人所統治，而後者的統治時間更一直延續至西元 1453 年土耳其帝國到來方告終止。在下一個世紀裡，這座島被世人所遺忘，島上的居民搬至附近的希俄斯 (Chios) 島。接著，鄂圖曼土耳其帝國重新殖民，並將此島據為己有。在這段統治時期，沙摩斯島上的人民起義反抗，西元 1830 年，他們在第二次麥凱樂戰爭中打敗了土耳其人。雖然，國際強權將沙摩斯排除在希臘之外，但沙摩斯被授予了「沙摩斯王子領導權」之下的半自治狀態，而這也是一個由土耳其蘇丹 (Turkish Sultan) 所任命的基督教總督。1913 年，隨著勢力衰弱中的鄂圖曼土耳其帝國在巴爾幹戰爭中被打敗，沙摩斯再度回歸希臘統治。❻

旅程的最後一天，我們搭乘巴士前往卡羅瓦西 (Karlovasi)，它是沙摩斯島上最大的城鎮，也是島上唯一的大學所在地。風依舊狂暴地咆哮著，我們只得在市區作簡單地遊覽。在市中心，我們發現了阿里斯塔克斯的雕像，這座島上另一位聞名的科學家 (圖 17.6)。大理石臺

座上的銘文刻著:

> 沙摩斯島的阿里斯塔克斯,活躍於西元前 320–250 年間。他是第
> 一個發現地球繞著太陽公轉的人。西元 1530 年,哥白尼抄襲了阿
> 里斯塔克斯的想法。

阿里斯塔克斯常被稱為古代的哥白尼,至於哥白尼是否真的「抄襲」
了他的想法,這留給歷史學家來下結論。

▲ 圖 17.6　阿里斯塔克斯雕像

是時候告別這座小島了,當我們的飛機起飛離開,繞過那座 4711
呎高的克基斯山 (Kerkis, Mt.),它是島上最高聳的山峰。我回憶起我
們那本導覽手冊上所寫的一段話:

在漆黑的冬夜裡，當漁人們抵抗著迎面而來的強風，沿克基斯山陡峭的山壁划行時，他們說，山峰上點燃了一道光，暴風裡，它就如同燈塔般地指引了安全的方向。他們也說，那道光是畢達哥拉斯的靈魂。畢達哥拉斯約莫誕生於 2500 年前的沙摩斯，他以哲學和數學裨益了整個世界。時至今日，他仍舊活在沙摩斯漁人的心中。❼

▌註解與參考資料▐

❶這裡我使用的是英文常用的拼音法 "Aristarchus" 而不是 "Aristarchos"，雖然後者比較接近希臘的發音。

❷參見拙著《毛起來說三角》第 82−84 頁。

❸《沙摩斯：畢達哥拉斯之島》(*Samos: The Island of Pythagoras*, Koropi, Greece: Michael Toubis Publications S.A., 1995) 第 17 頁。

❹譯按：作者未附上此圖，我們則在此附上此圖連結供讀者參考，
http://makarma.blogspot.tw/2011/06/reaching-our-limit.html。

❺這裡所提到一些相關而有趣的數學內容，可參見凡德瓦登 (Bartel L. van der Waerden trans. Arnold Dresden, 1961; rpt. New York: John Wiley, 1963) 第 102−104 頁。

❻這裡簡短的歷史描繪是基於法卡羅斯 (Dana Facaros) 的《希臘島》(*Greek Islands*) (London: Cadogan Books, 1998) 這本書的第 517−518 頁。

❼參考沙摩斯導覽手冊 (*Samos*) 的第 30 頁。

巴比倫人在 YBC 7289 裡頭，究竟是如何求得 $\sqrt{2}$ 的近似值呢？如果我們有一本說明正確方法求開平方根的泥版數表，那一切會變得很美好，可惜事與願違，一切並非如此。然而，我們可以合理地假設他們使用了遞迴公式：

$$x_{i+1} = \frac{1}{2}(x_i + \frac{2}{x_i}),\ i = 0,\ 1,\ 2,\ 3,\ \cdots$$

這個式子有時也被稱為牛頓－拉夫遜公式 (*Newton-Raphson formula*)。一開始先猜測一個大於 0 的 x_0，並將它代入公式，可導出 $x_1 = \dfrac{(x_0 + \frac{2}{x_0})}{2}$。再將這個新的值重新代回公式，可導出 $x_2 = \dfrac{(x_1 + \frac{2}{x_1})}{2}$，以此類推。如此所得的每一個 x_i 都會大於 $\sqrt{2}$（參見下述說明），但是隨著 i 增加，這時值會快速地收斂到 $\sqrt{2}$。舉例來說，選擇 $x_0 = 1.5$，我們可以得到 $x_1 = 1.4166667$, $x_2 = 1.4142157$, $x_3 = 1.4142136$ 等等。只需代三次公式，我們就可以得到一個準確到小數點後六位的近似值。的確，若將這個值以六十進位制來表示，它會是 1;24,51,10。而此值亦出現在 YBC 7289 裡（參見本書第 7 頁）。

我們也可以利用相同的程序，來求任意正數 a 的平方根。而用到的公式為：

$$x_{i+1} = \frac{(x_i + \frac{a}{x_i})}{2},\ i = 0,\ 1,\ 2,\ 3,\ \cdots$$

注意到，在證明它的過程中，如果我們一開始所猜的初始值 x_0 大於 $\sqrt{a}$，那麼，所得的 $\dfrac{a}{x_0}$ 會比 $\sqrt{a}$ 小，以此類推。當我們取它們的平均 $\dfrac{(x_0 + \frac{a}{x_0})}{2}$ 時，可以得到更佳的近似值。大家熟知的定理：兩個正數的算術平均數不會小於它們的幾何平均數，亦即 $\dfrac{(a+b)}{2} \geq \sqrt{ab}$，此式等號成立若且唯若 $a = b$。將這個不等式應用到上面的式子，我們可以得到：

$$\frac{1}{2}\left(x_i + \frac{a}{x_i}\right) \geq \sqrt{x_i \cdot \frac{a}{x_i}} = \sqrt{a}$$

而這就證明了從 x_1 開始，所有的近似值都大於 $\sqrt{a}$（除非我們一開始取的 x_0 恰等於 $\sqrt{a}$）。

為了證明當 $i \to \infty$ 時，$\dfrac{1}{2}\left(x_i + \dfrac{a}{x_i}\right)$ 會趨近於 $\sqrt{a}$，我們需要證明當 $i \to \infty$ 時，第 n 項近似值的 $\varepsilon_i = x_i - \sqrt{a}$ 會趨近於 0。若以 $i+1$ 代換 i，我們將會得到：

$$\varepsilon_{i+1} = x_{i+1} - \sqrt{a} = \frac{1}{2}\left(x_i + \frac{a}{x_i}\right) - \sqrt{a}$$

但我們已證明了對所有的 $i = 1,\ 2,\ \cdots$，$x_i > \sqrt{a}$，所以，$\dfrac{a}{x_i} < \dfrac{a}{\sqrt{a}} = \sqrt{a}$。再將它代回最後一個方程式，我們發現：

$$\varepsilon_{i+1} < \frac{1}{2}\left(x_i + \sqrt{a}\right) - \sqrt{a} = \frac{1}{2}\left(x_i - \sqrt{a}\right) = \frac{\varepsilon_i}{2}$$

這相當於證明了對每個接續的近似值而言，誤差皆會遞減，並小於前一項誤差之半。而這就證明了當 $i \to \infty$ 時，$\varepsilon_i \to 0$，於是 $x_i \to \sqrt{a}$。

　　上述所使用的「平分與平均」程序，的確是巴比倫人藉以逼近平方根的方法。而這樣的假設主要是立基於現存泥版上的數表，當中列出了許多倒數值，這也使得抄寫員得以在做除法問題時，可將其轉成乘法而使整個問題變得相對簡單。❶

註釋與參考資料

❶ 參見諾伊格鮑爾所著的《古代的嚴正科學》第 32–34 頁。其他相關的參考資料裡，也提到了一個與這有關的公式：$\sqrt{a^2+b} \sim a + \dfrac{b}{2a}$，其中 $b \ll a$，這很可能是古巴比倫人求平方根的方法。參見凡德瓦登的《科學的覺醒：埃及、巴比倫以及希臘數學》的第 37 頁及第 44–45 頁。

附錄 $\mathcal{B}$ 畢氏三數組

在第 1 章裡，我們證明了給定兩個整數 u 與 v，若滿足 $u > v$，且 u 與 v 互質（沒有比 1 大的最大公因數），同時它們的奇偶性相對（一為奇數一為偶數），則下述整數：

$$a = 2uv, \ b = u^2 - v^2, \ c = u^2 + v^2 \tag{1}$$

會形成樸素的 (primitive) 畢氏三數組 (a, b, c)，亦即：

$$a^2 + b^2 = c^2 \tag{2}$$

我們現在證明此命題的反面：對任意互質的畢氏三數 (a, b, c)，皆存在整數 u 與 v，滿足 $u > v$，且 u 與 v 互質，使得它們符合方程組(1)的關係。

我們首先注意到，如要求 (a, b, c) 是樸素的，亦即，其中的 a、b、c 沒有 1 以外的公因數。而 a 或 b 其中之一必為偶數，另一個則為奇數，而 c 必為奇數。首先，我們先證明 a 與 b 並不同時為偶數。如果它們都是偶數的話，a^2 與 b^2 也都會是偶數，當然它們的和 c^2 也是。那麼，c 本身也會是偶數，則 a、b 與 c 將會有最大公因數 2，這與假設中 (a, b, c) 是樸素的產生矛盾。

接著，我們證明 a 與 b 不同時為奇數。假設它們是的話，我們可以將 a 與 b 寫成 $a = 2m + 1$, $b = 2n + 1$，其中 m 與 n 為整數。將它們平方後相加：

$$a^2 + b^2 = (2m+1)^2 + (2n+1)^2 = 4(m^2 + n^2 + m + n) + 2 = 4r + 2$$

其中，$r = m^2 + n^2 + m + n$ 為一整數。而這可導出 $a^2 + b^2$ 以及 c^2 除以

4 之後餘數是 2。另一方面，因為我們假設 a 與 b 同時為奇數，a^2 與 b^2 也都會是奇數，而兩個奇數之和必為偶數，所以，$a^2 + b^2 = c^2$ 一定是偶數。於是，c 本身也會是偶數，所以 $c = 2s$，其中 s 為某個整數。又已知偶數的平方必定可以整除 4，這是對的，$(2s)^2 = 4s^2$，其除以 4 之後餘數為 0，一個數除以 4 的餘數不可能既為 0 又為 2，我們導出了矛盾，證明了 a 與 b 不能同時為奇數。因此，它們必定是一奇一偶。由於方程式(2)對 a 與 b 而言，具有對稱性，我們可以不失一般性地假設 a 是偶數，而 b 是奇數。所以，我們令 $a = 2t$，代入代數方程式(2)：

$$(2t)^2 + b^2 = c^2$$

因此，可得：

$$(2t)^2 = c^2 - b^2 = (c+b)(c-b)$$

我們再改寫成：

$$t^2 = \frac{c+b}{2} \cdot \frac{c-b}{2} \tag{3}$$

注意到，因為 b 與 c 都是奇數，所以，它們的和與差都會是偶數，而(3)式裡的每一個因子都是整數，而這些整數皆互質。(如果它們存在 1 以外的公因數，它們的和 $\frac{(c+b)}{2} + \frac{(c-b)}{2} = c$，以及它們的差 $\frac{(c+b)}{2} - \frac{(c-b)}{2} = b$ 也會有公因數，從(2)式來看，也會使得 a 有同樣的公因數，這與 (a, b, c) 是互質的數互相矛盾。)

　　現在，方程式(3)的左邊是完全平方數，所以右邊也是，又因為右邊的兩個因數互質，它們的質因數分解當中所包含的質數必為偶數次方，換句話說，每個右邊的因子本身為完全平方數。

所以，我們可以將其寫成：

$$\frac{c+b}{2} = u^2, \; \frac{c-b}{2} = v^2 \tag{4}$$

其中，u 與 v 互質，且 $u > v$。分別對(4)式裡的兩個方程式作加減，我們可以得到 $b = u^2 - v^2$，$c = u^2 + v^2$，又因為 b 與 c 都是奇數，最後這個方程式證明了 u 與 v 奇偶性相對。最後，將方程式(4)代入(3)式，我們可以得到 $t^2 = u^2v^2$，從而 $t = uv$，且 $a = 2uv$。於是，這就證明完成。

最後一個有關畢氏三數組的評論。任意畢氏三數組 (a, b, c) 都會導出一個反畢氏三數組 (*inverse Pythagorean triple*)，那是一個整數三數組 (x, y, z) 使得 $\frac{1}{x^2} + \frac{1}{y^2} = \frac{1}{z^2}$。的確，我們從

$$\frac{1}{a^2} + \frac{1}{b^2} = \frac{a^2 + b^2}{a^2b^2} = \frac{c^2}{a^2b^2}$$

可以推得 $\frac{1}{a^2c^2} + \frac{1}{b^2c^2} = \frac{1}{a^2b^2}$，因此 (ac, bc, ab) 是為一個反三數組 (inverse triple)。例如說吧，從畢氏三數組 $(3, 4, 5)$，我們可以導出反三數組 $(15, 20, 12)$，這一事實容易檢查為真。

附錄 *C* 兩個平方數之和

一個與畢氏三元數有關的問題是：什麼樣的整數可以被寫成兩個平方數之和（這裡我們只考慮非負整數）。很顯然地，有些整數可以，但有些則不行。舉例來說 $5 = 1^2 + 2^2$，但是 6 則無法寫成兩個平方數之和（當然，如果我們允許 0 的話，每個完全平方數都可寫成兩個平方數之和）。我們的目標是希望找到一個方法，能夠判斷一個給定的整數，是否可寫成完全平方數之和。

接下來，我們需要用到一個來自於數論領域的定義。我們說，兩個整數 a 與 b 對模數 m 同餘若且唯若它們除以 m 之後有相同的餘數。例如 $7 \equiv 11 \pmod 4$，因為無論 7 或 11 除以 4 的餘數皆為 3。類似地，$13 \equiv 3 \pmod 5$, $15 \equiv 0 \pmod 5$，等等。簡而言之，$a \pmod m$ 告訴我們 a 除以 m 之後有多大。

基礎數論裡，證明了許多「模」的運算都滿足了原始的代數規則。例如，如果 $a \equiv b \pmod m$ 且 $c \equiv d \pmod m$，那麼 $a + c \equiv b + d \pmod m$，而乘法也有類似的結果。如此一來模算術（有時又被稱為「時鐘算術」，這是因為可以將它和時鐘上的時針作類比，其為模數 12 的系統）與原始算術非常相似。譬如說吧，若將同餘式平方 $13 \equiv 3 \pmod 5$ 我們會得到 $169 \equiv 9 \pmod 5$，而這是成立的，因為 169 與 9 除以 5 之後的餘數皆為 4。記住這件事之後，我們接下來就可以用它來證明下述定理：

若一個正整數 a 為兩個完全平方數之和，則 a 與 3 對模數 4 不同餘，亦即 a 除以 4 的餘數不為 3。

證明：

> 將一個整數除以 4 之後，其餘數只可能為 0, 1, 2, 3，亦即 $a \equiv 0, 1, 2, 3 \pmod 4$。將其平方我們會得到 $a^2 \equiv 0, 1, 4, 9 \pmod 4$，但是 $4 \equiv 0 \pmod 4$，而 $9 \equiv 1 \pmod 4$，所以 $a^2 \equiv 0, 1 \pmod 4$。而這對任意其他的整數 b 皆成立：$b^2 \equiv 0, 1 \pmod 4$。將這兩個同餘式相加，$a^2 + b^2 \equiv 0, 1, 2 \pmod 4$，因此，兩個平方數之和對模數 4 而言，必與 3 不同餘。

請注意，上述定理當中的「一個正整數為兩個平方數之和」這個條件為充分條件而非必要條件。換言之，一個數可能對模數 4 而言與 3 不同餘，而仍然無法寫成兩個平方數之和。例如 12 ($\equiv 0 \pmod 4$) 便是一例。前 20 個正整數裡，只有其中的 8 個可寫成兩個完全平方數之和：$2 = 1^2 + 1^2$, $5 = 2^2 + 1^2$, $8 = 2^2 + 2^2$, $10 = 1^2 + 3^2$, $13 = 2^2 + 3^2$, $17 = 1^2 + 4^2$, $18 = 3^2 + 3^2$ 以及 $20 = 2^2 + 4^2$（其中，若我們允許 0 的話，1, 4, 9, 16 也會滿足）。

下列的定理，提供了一個整數可以是寫成兩個完全平方數之和的充要條件。不過，我們將不再此證明之。

> 一個整數 a 為兩個平方數之和若且唯若出現在其質因數分解當中任何同餘 3 $\pmod 4$ 的質數，都會出現偶數次。❶

這個定理解釋了為什麼 12 不是兩個平方數之和，因為 12 的質因數分解為 $2 \times 2 \times 3$，又因為 $3 \equiv 3 \pmod 4$，它僅出現一次，所以，12 無法寫成兩個平方數之和。另一方面，$18 = 2 \times 3 \times 3$，其中的 3 出現了兩次，因此，18 是兩個平方數之和。

下述定理源自於丟番圖（參見本書第 70 頁），它使得我們可以從一個平方數造出兩個平方數之和。

若兩個整數皆為兩平方數之和，則它們的乘積也是。

證明：

令 $p = a^2 + b^2$, $q = c^2 + d^2$, 則：

$$pq = (a^2 + b^2)(c^2 + d^2)$$
$$= a^2c^2 + a^2d^2 + b^2c^2 + b^2d^2$$
$$= (ac)^2 + 2(ac)(bd) + (bd)^2 + (ad)^2 - 2(ad)(bc) + (bc)^2$$
$$= (ac + bd)^2 + (ad - bc)^2 \tag{1}$$

其為兩個平方數之和，我們同樣也得到：

$$pq = (a^2 + b^2)(c^2 + d^2) = (ac - bd)^2 + (ad + bc)^2 \tag{2}$$

這也說明了，我們可以利用兩種方式，將一個數寫成兩個平方數之和。這裡我們分別以 5 和 10 為例，它們都是平方數之和：

$$50 = 5 \times 10 = (1^2 + 2^2) \times (1^2 + 3^2)$$
$$= (1 \times 1 + 2 \times 3)^2 + (1 \times 3 - 2 \times 1)^2 = 7^2 + 1^2$$

或者

$$50 = (1 \times 1 - 2 \times 3)^2 + (1 \times 3 + 2 \times 1)^2 = (-5)^2 + 5^2 = 5^2 + 5^2$$

事實上，50 是可以利用兩種方式寫成兩個平方數之和的最小整數，下一個滿足這條件的整數為 $65 = 1^2 + 8^2 = 4^2 + 7^2$。

當一個完全平方數 (*perfect square*) 可以寫成兩個平方數之和時，我們便得到了滿足 $c^2 = a^2 + b^2$ 的畢氏三元數 (a, b, c)，我們可以藉由

將 c 因式分解成較小且每個都是平方數之和的因子，來建構這類三數組。舉例來說，為了求出 $c = 481$ 的三數組，我們可以利用兩種方式來將 481 寫成兩個平方數之和：

$$481 = 13 \times 37 = (2^2 + 3^2) \times (1^2 + 6^2)$$
$$= (2 \times 1 + 3 \times 6)^2 + (2 \times 6 - 3 \times 1)^2 = 20^2 + 9^2$$

或可寫成：

$$481 = (2 \times 1 - 3 \times 6)^2 + (2 \times 6 + 3 \times 1)^2 = 16^2 + 15^2$$

因此，

$$481^2 = (20^2 + 9^2) \times (16^2 + 15^2)$$
$$= (20 \times 16 + 9 \times 15)^2 + (20 \times 15 - 9 \times 16)^2 = 455^2 + 156^2$$

或者，

$$481^2 = (20 \times 16 - 9 \times 15)^2 + (20 \times 15 + 9 \times 16)^2 = 185^2 + 444^2$$

事實上，我們還可以求得另外兩種畢氏三元數：

$$481^2 = 13^2 \times 37^2 = (5^2 + 12^2) \times (12^2 + 35^2)$$
$$= (5 \times 12 + 12 \times 35)^2 + (5 \times 35 - 12 \times 12)^2 = 480^2 + 31^2$$

以及，

$$481^2 = (5 \times 12 - 12 \times 35)^2 + (5 \times 35 + 12 \times 12)^2 = 360^2 + 319^2$$

最後一組畢氏三元數 (360, 319, 481)，出現在巴比倫普林頓 322 泥版上的數值表裡，這個數值表當中還有其他較大的畢氏三元數，很可能

都是透過這樣的方式找到的。而這四組畢氏三元數都可以被表示成直徑為 481 的圓裡面的四個直角三角形（如圖 C.1 所示）。

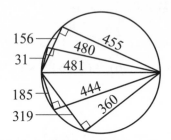

▲ 圖 C.1　以幾何的方式來表示畢氏三元數 (31, 480, 481)、
　　　　　 (156, 455, 481)、(185, 444, 481)、(319, 360, 481)

┃註解與參考資料┃

❶相關證明可參考嚴登 (Charles Vanden Eynden) 的《初等數論》(*Elementary Number Theory*, New York: McGraw-Hill, 1987) 第 232−237 頁。

附錄 D　$\sqrt{2}$ 是無理數的一個證明

我們不知道畢達哥拉斯如何證明 $\sqrt{2}$ 是無理數，但是它很可能是基於幾何論證的方式。[●]這裡，我們提供一個基於算術基本定理的證明。

我們採取間接證法，首先假設 $\sqrt{2}$ 是有理數，那麼，它可以被寫成兩個整數之比：

$$\sqrt{2} = \frac{m}{n} \tag{1}$$

將其平方，得：

$$m^2 = 2n^2 \tag{2}$$

由算術基本定理，m 與 n 皆可唯一分解成質因數之乘積，所以令 $m = p_1 p_2 \cdots p_r$ 且 $n = q_1 q_2 \cdots q_s$，將其代入(2)式，我們得到：

$$(p_1 p_2 \cdots p_r)^2 = 2(q_1 q_2 \cdots q_s)^2$$

或者

$$p_1 p_1 p_2 p_2 \cdots p_r p_r = 2 q_1 q_1 q_2 q_2 \cdots q_s q_s \tag{3}$$

其中，在這些質數 p_i 與 q_i 之中，質數 2 可能出現（如果 m 與 n 都是偶數的話，這一定會發生）。如果它出現了，那麼，在(3)式左邊一定會出現偶數次 2（因為每個質數皆出現了 2 次），而在(3)式右邊一定會出現奇數次 2（因為 2 已經出現了一次）。而即使 2 沒有出現在某個 p_i 與 q_i 之中的話，這也會是對的，在那個情況之下，2 將不會出現在(3)式

的左邊，但卻在⑶式的右邊出現一次。無論是哪種情況，我們都會導出矛盾：因為質因數分解法是唯一的，質數 2 不可能在其中一邊出現偶數次，但在另一邊出現奇數次。因此，⑶式與⑴式皆不可能為真：$\sqrt{2}$ 無法寫成兩個整數之比，因此，它一定是無理數。

相同的證明手法可以用來證明每個質數的平方根皆為無理數。

在希臘人的說法裡，無理數即是與單位 1 不可公度量者──無法找到一個數，同時量盡這兩個數。於是，如果 $\sqrt{2}$ 與 1 可公度量，那麼，必定存在某個長度為 p 的線段，使得它的（兩個）倍數恰好分別成為 $\sqrt{2}$ 與 1，比方說，$\sqrt{2} = mp$、$1 = np$，其中 m 與 n 皆為正整數。以第 2 式除第 1 式，我們得到 $\sqrt{2} = \dfrac{mp}{np} = \dfrac{m}{n}$，它為有理數，這與 $\sqrt{2}$ 是無理數的事實矛盾。

┃註解與參考資料┃

❶參見伊夫斯，第 84 頁。其他的證明，可參考該書的第 82–83 頁以及第 356–357 頁。

附錄 E 阿基米德求圓外切正多邊形公式

我們希望可以找到一個公式，將圓外切正 $2n$ 邊形之邊長 s_{2n}，以圓外切正 n 邊形之邊長 s_n 來表示。令圓之半徑為 1，如圖 E.1 所示（雖然這個圖僅展示了正方形與正八邊形，但是，我們的證明具有一般性）。令 AB 是正 $2n$ 邊形之一邊，並令它的中點為 C，AB 與圓切於 C 點，所以 $\angle OCB = 90°$。延長 OC 使其交於 n 邊形的頂點 E，因為 $OD \perp ED$ 且 $BC \perp EC$，我們得到 $\angle EOD = \angle EBC$，因此，三角形 EOD 與 EBC 相似，所以：

$$\frac{ED}{OD} = \frac{EC}{BC} \tag{1}$$

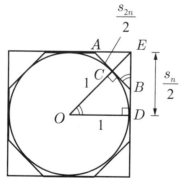

▲ 圖 E.1 圓外切正多邊形的邊長 s_{2n} 與 s_n 之間的關係

現在，$ED = \dfrac{s_n}{2}$, $OC = OD = 1$, $EC = OE - OC = \sqrt{OD^2 + ED^2} - OC$

$= \sqrt{1^2 + (\dfrac{s_n}{2})^2} - 1$，而 $BC = \dfrac{s_{2n}}{2}$，將其代回(1)式，我們得到：

$$\frac{(\frac{s_n}{2})}{1} = \frac{\sqrt{1^2 + (\frac{s_n}{2})^2} - 1}{(\frac{s_{2n}}{2})} \tag{2}$$

將(2)式中的 s_{2n} 以 s_n 表示後，就可以得到阿基米德的公式了：

$$s_{2n} = \frac{2\sqrt{4 + s_n{}^2} - 4}{s_n}$$

1.為了求對數螺線之長，我們使用極坐標的弧長公式（參見本書第 108 頁）：

$$s = \int_{\theta_1}^{\theta_2} \sqrt{r^2 + (\frac{dr}{d\theta})^2} \ d\theta$$

對數螺線的極坐標表示法為 $r = e^{a\theta}$，其中 a 為常數。對其微分我們可以得到 $\frac{dr}{d\theta} = ae^{a\theta} = ar$，因此：

$$s = \int_{\theta_1}^{\theta_2} \sqrt{r^2 + (ar)^2} \ d\theta = \sqrt{1 + a^2} \int_{\theta_1}^{\theta_2} e^{a\theta} \ d\theta$$

$$= \frac{\sqrt{1 + a^2}}{a}(e^{a\theta_2} - e^{a\theta_1}) \tag{1}$$

其中 θ_1 與 θ_2 分別為積分的下界與上界。

我們假設 $a > 0$，此時 r 會隨 θ 遞增（此為左旋螺線，如圖 F.1 所示）。讓方程式(1)當中的 θ_2 固定，並令 $\theta_1 \to -\infty$，我們可以得到 $e^{a\theta_1} \to 0$，因此，

$$s_\infty = \frac{\sqrt{1 + a^2}}{a} e^{a\theta_2} = \frac{\sqrt{1 + a^2}}{a} r_2 \tag{2}$$

於是，對左旋螺線而言，其從任意點到極點之間的弧長皆為有限值。如果該螺線為右旋螺線時 $(a < 0)$，我們令 $\theta_1 \to +\infty$，也會得到相同的結論。

　　方程式(2)右邊的式子可以利用幾何的方式來詮釋。因為 a 可為任意的實數，可能正也可能負，我們可代之以 $a = \tan \alpha$，❶並利用恆等式 $1 + \tan^2 \alpha = \sec^2 \alpha$ 重寫方程式(2)的右邊成為：❷

$$s_\infty = r \sec \alpha \qquad\qquad (3)$$

其中，我們把 r 的足標「2」拿掉（如圖 F.2 所示），並選取 P 點，我們欲求其至極點 O 之弧長，我們已知 $\sec \alpha = \dfrac{PT}{OP} = \dfrac{PT}{r}$，因此，$PT = r \sec \alpha = s_\infty$，換言之，從螺線上一點 P 至極點的距離等於 P 點至 T 點所形成的切線段長。❸

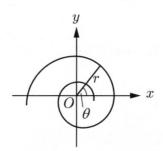

▲ 圖 F.1　左旋對數螺線

　　2. 為了求擺線之弧長，我們使用它的參數方程式（參見本書第109頁）：

$$x = a(\theta - \sin \theta), \ y = a(1 - \cos \theta) \qquad\qquad (4)$$

其中，θ 的範圍從 0 至 2π。於是，其弧長為：

$$s = \int_0^{2\pi} \sqrt{dx^2 + dy^2} = \int_0^{2\pi} \sqrt{(\frac{dx}{d\theta})^2 + (\frac{dy}{d\theta})^2} \ d\theta \qquad\qquad (5)$$

從參數方程式我們可以推得 $\dfrac{dx}{d\theta} = a(1 - \cos\theta)$, $\dfrac{dy}{d\theta} = a\sin\theta$，所以，

$$\sqrt{(\frac{dx}{d\theta})^2 + (\frac{dy}{d\theta})^2} = a\sqrt{(1-\cos\theta)^2 + \sin^2\theta}$$

$$= a\sqrt{2(1-\cos\theta)} = 2a\sin\frac{\theta}{2}$$

其中，我們利用了恆等式 $\sin^2\dfrac{\theta}{2} = \dfrac{1-\cos\theta}{2}$，將它代回方程式(5)，我們可以得到：

$$s = 2a\int_0^{2\pi} \sin\frac{\theta}{2}\ d\theta = -4a\cos\frac{\theta}{2}\Big|_0^{2\pi} = -4a(\cos\pi - 1) = 8a \qquad (6)$$

因此，擺線其中一支的弧長為母圓半徑之 8 倍，有趣的是，π 並未出現在此弧長表示式裡（但它會出現在擺線每個弧形底下的面積表示式：$3\pi a^2$）。

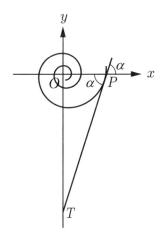

▲ 圖 F.2　對數螺線之求長

3.為了求星形線之弧長，我們先從它的隱函數關係 $x^{\frac{2}{3}}+y^{\frac{2}{3}}=1$ 出發。利用隱函數的微分法則，我們可以得到 $\frac{2}{3}x^{-\frac{1}{3}}+\frac{2}{3}y^{-\frac{1}{3}}y'=0$，從此式可以得到 $y'=(\frac{y}{x})^{\frac{1}{3}}$。欲求此弧長，我們需要 $\sqrt{1+y'^2}$ 這個式子，我們已知：

$$1+y'^2=1+(\frac{y}{x})^{\frac{2}{3}}=\frac{(x^{\frac{2}{3}}+y^{\frac{2}{3}})}{x^{\frac{2}{3}}}=\frac{1}{x^{\frac{2}{3}}}=x^{-\frac{2}{3}}$$

因此，$\sqrt{1+y'^2}=x^{-\frac{1}{3}}$，於是，

$$s=\int_0^1\sqrt{1+y'^2}\,dx=\int_0^1 x^{-\frac{1}{3}}dx=\frac{3}{2}x^{\frac{2}{3}}\Big|_0^1=\frac{3}{2} \tag{7}$$

亦即星形線弧長的四分之一恰為母線段長的 $1\frac{1}{2}$ 倍。❹

▌註解與參考資料▐

❶譯按：原書令 $a=\cot\alpha$ 有誤，應為「令 $a=\tan\alpha$」。

❷譯按：原書中使用 $1+\cot^2\alpha=\csc^2\alpha$ 這個關係式有誤，應為 $1+\tan^2\alpha=\sec^2\alpha$。

❸更多與對數螺線有關的資訊，可參考拙著《毛起來說 e》第 11 章，第 135–139 頁，以及該書之附錄 6。上述所提及的材料皆是取自該處。

❹與星形線有關的其他性質，可參考拙著《毛起來說三角》第 127–130 頁。

附錄 *G* 導出方程式 $x^{\frac{2}{3}} + y^{\frac{2}{3}} = 1$

在第 10 章裡, 我們利用一個長度為 1 的梯子, 讓它的頂端沿著牆壁滑下時, 梯身所有可能的位置形成一曲線, 而我們也求得了該曲線的線坐標方程式 (line equation): $\dfrac{1}{\alpha^2} + \dfrac{1}{\beta^2} = 1$, 其圖形為星形線。我們的目標是求出這個曲線的直角坐標方程式。一個二維的曲線之方程式可表示成 $f(x, y) = 0$ 類型的隱函數關係, 而具有共同特徵的曲線族 (*family of curves*), 則可用下列方程式來描述:

$$f(x, y, c) = 0 \qquad (1)$$

其中, c 是一個參數, 它的值會隨一個曲線變換到另一個曲線而且連續地變化。當同類曲線裡的兩個成員相交時, 我們可以得到 $f(x, y, c_1) = f(x, y, c_2)$, 又可改寫成:

$$\frac{f(x, y, c_1) - f(x, y, c_2)}{c_1 - c_2} = 0$$

只要 $c_1 \neq c_2$, 這個方程式恆成立, 事實上, 左邊出現的差商 $\dfrac{\Delta f}{\Delta c}$, 當 $c_1 \to c_2$ 時, 方程式變成

$$\frac{\partial f}{\partial c} = 0 \qquad (2)$$

這裡我們使用了偏微分的記號 ∂, 表示在微分的過程中, x 與 y 皆固定。當我們將方程式(1)與(2)放在一起時, 它代表的是由同一族裡的相

鄰曲線連續地相交所形成的包絡線 (envelope) 參數方程。當我們消去
這些方程裡的參數 c 之後，我們可以獲得包絡線的直角坐標方程式。

在我們的例子裡，包絡線是取遍梯子所有可能位置所生成，此梯
子的方程式為：

$$\alpha x + \beta y = 1 \tag{3}$$

其中的 α 與 β 皆與線坐標方程式有關：

$$\frac{1}{\alpha^2} + \frac{1}{\beta^2} = 1 \tag{4}$$

解方程式(4)裡的 β，我們得到 $\beta = \dfrac{\alpha}{\sqrt{\alpha^2 - 1}}$，將此代回(3)式可得：

$$\alpha x + \frac{\alpha}{\sqrt{\alpha^2 - 1}} y = 1$$

或

$$\alpha [x + \frac{y}{(\alpha^2 - 1)^{\frac{1}{2}}}] = 1 \tag{5}$$

此為一切線族方程，其中的 α 就如同前述之參數 c。將此式對 α 微分
並進一步化簡，我們可以得到：

$$x - \frac{y}{(\alpha^2 - 1)^{\frac{3}{2}}} = 0 \tag{6}$$

我們必須消去(5)式與(6)式裡的 α。從(6)式我們得到：

$$(\alpha^2-1)^{\frac{3}{2}}=\frac{y}{x},\ \text{所以}\ \alpha^2-1=(\frac{y}{x})^{\frac{2}{3}},\ \alpha^2=1+(\frac{y}{x})^{\frac{2}{3}}=\frac{(x^{\frac{2}{3}}+y^{\frac{2}{3}})}{x^{\frac{2}{3}}}$$

最後，我們求得 $\alpha=\dfrac{(x^{\frac{2}{3}}+y^{\frac{2}{3}})^{\frac{1}{2}}}{x^{\frac{1}{3}}}$。將此式代回方程式(5)，我們得到：

$$\frac{(x^{\frac{2}{3}}+y^{\frac{2}{3}})^{\frac{1}{2}}}{x^{\frac{1}{3}}}[x+\frac{y}{(\frac{y}{x})^{\frac{1}{3}}}]=1 \tag{7}$$

括號裡的式子可以進一步化簡：

$$x+y(\frac{y}{x})^{-\frac{1}{3}}=x+y^{\frac{2}{3}}x^{\frac{1}{3}}=x^{\frac{1}{3}}(x^{\frac{2}{3}}+y^{\frac{2}{3}})$$

所以，方程式(7)會變成：

$$\frac{(x^{\frac{2}{3}}+y^{\frac{2}{3}})^{\frac{1}{2}}}{x^{\frac{1}{3}}}\cdot x^{\frac{1}{3}}(x^{\frac{2}{3}}+y^{\frac{2}{3}})=1$$

消去 $x^{\frac{1}{3}}$，並整理成 $(x^{\frac{2}{3}}+y^{\frac{2}{3}})$ 的冪次，這個方程式可簡化為 $(x^{\frac{2}{3}}+y^{\frac{2}{3}})^{\frac{3}{2}}=1$，從這裡我們可以推出：

$$x^{\frac{2}{3}}+y^{\frac{2}{3}}=1$$

從這個冗長的代數變換過程，應該能使讀者清楚感覺到，在某些情況裡，線坐標方程式的確比直角坐標方程式更適合用來描述一個曲線。

附錄 $\mathcal{H}$ 謎題之解

　　蜘蛛與蒼蠅謎題（參見本書第 229 頁），可以透過將矩形盒子壓平來求解，就如同你將使用過的鞋盒壓平，然後作資源回收那樣。而我們可以利用三種不同的方式將一個盒子壓平（如圖 H.1 所示，我們僅顯示出相關的邊）。在(a)這個情況，距離 $d = 1 + 30 + 11 = 42$ 呎。至於其他的例子，我們需要用到畢氏定理。在(b)這個情況裡，蜘蛛與蒼蠅的水平距離為 $1 + 30 + 6 = 37$ 呎，而垂直距離為 $6 + 11 = 17$ 呎，所以，距離 $d = \sqrt{37^2 + 17^2} = \sqrt{1658} \approx 40.7$ 呎。在(c)這個情況裡，水平距離為 $1 + 30 + 1 = 32$ 呎，而垂直距離為 $6 + 12 + 6 = 24$ 呎，所以，距離 $d = \sqrt{32^2 + 24^2} = \sqrt{1600} = 40$ 呎。因此，(c)這個情況會出現最短距離。

　　也許你會問：因為蜘蛛無法直接飛到牠所欲捕食的動物那兒，如何能得知牠究竟該怎麼走呢？要回答這個問題，我們需要用到一些三角學的知識。令蜘蛛前行方向與垂直於最靠近蜘蛛一邊的方向之間的夾角為 α。從圖 H.1 (c)我們可以得到 $\tan \alpha = \dfrac{24}{32} = \dfrac{3}{4} = 0.75$，因此 α 約等於 $36.9°$。於是，蜘蛛必須先依與垂直方向夾角約 37 度的方向往上爬行到達天花板，接著，設定往「南方」約與此房間最長邊夾 37 度的方向，橫越天花板，接著，爬過牆以及地板，再爬過對面的牆，最終會使得蜘蛛到達牠所欲捕食的動物之處（假設後者在這期間內靜靜地一動也不動，直到掠食者的到來）。整個過程蜘蛛經過了六面牆當中的五面，而這也論證了情況(a)裡看似最「直」的路徑並非總是最短路徑——測地線（*geodesic*）——例如前述我們所考慮的特殊曲面上。❶

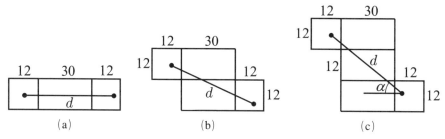

▲ 圖 H.1　蜘蛛與蒼蠅：三種可能的路徑

圖 H.2 所示為畢達哥拉斯方形拼圖的解答（參見本書第 230 頁）

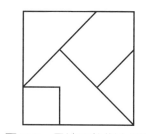

▲ 圖 H.2　畢達哥拉斯方形拼圖

　　為了求得藤蔓的長度,我們首先注意到它沿著樹總共捲繞了七次,並使得它的頂端與底部都排成一線。

　　假設樹幹為圓筒狀,我們可以將其解開,可以得到如圖 H.3 所示的 Z 字形樣式,其中,水平線上的兩個點所表示的是樹幹上的同一點。每個三角形的底邊都是 3 尺,高為 $\frac{20}{7}$ 尺,所以,每個斜邊皆為

$\sqrt{3^2 + (\frac{20}{7})^2} = \frac{\sqrt{841}}{7} = \frac{29}{7}$。又因為共有 7 個三角形,它們皆全等,所以,總長為 29 尺。

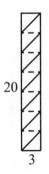

▲ 圖 H.3 捲繞的藤蔓

　　為了求得蛇洞到蛇與孔雀相遇點的距離，我們參考圖 H.4。孔雀的位置在 P 點，蛇洞在 H 點，並且相遇於 M 點。令 $HM = x$，$PM = MS = d$，我們得到 $d^2 = 15^2 + x^2$ 以及 $d + x = 45$。將第一個式子改寫成 $d^2 - x^2 = (d + x)(d - x) = 45(d - x) = 15^2 = 225$，我們得到 $d - x = 5$。解聯立方程 $d + x = 45$ 與 $d - x = 5$ 可得 $x = 20$ 腕尺，$d = 25$ 腕尺。這也說明了三角形 PHM 的三邊長恰是畢氏三元數 $(15, 20, 25)$，其邊長亦為三角形 $(3, 4, 5)$ 之 5 倍。

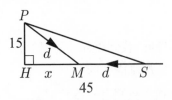

▲ 圖 H.4 蛇與孔雀示意圖

║註解與參考資料║

❶類似的情況發生在球面上。相同緯度的兩城市，它們之間最短的距離並非沿著緯度線，而是沿著包含這兩個城市的最大圓上的弧。舉例來說，洛杉磯與東京（緯度分別為 34°N 與 35°N）之間最短的大圓路徑是往北繞過阿留申群島的曲線。

年　表

注意：為了避免發生重複的情況，以下，我將使用畢氏定理作為畢達哥拉斯定理的縮寫。

約西元前 1800 年	在美索不達米亞 YBC 7289 以及普林頓 322 這兩塊泥版裡所發現的數值表，證明巴比倫人早已知道畢氏定理。
約西元前 600 年	在一些被稱為《蘇爾巴斯土拉》的共同著作裡，一個名為包德哈雅納的作者聲稱：「長度等於正方形對角線的繩子，其造出正方形的面積會是原正方形面積的兩倍。」這是畢氏定理當三角形的三內角分別為 45-45-90 度時的特例。另一份年代稍晚，由卡塔雅雅納所著的《蘇爾巴斯土拉》則提出畢氏定理的一般化情況，他也利用多組畢氏三元數，說明如何造出梯形祭壇。
約西元前 570 年	畢達哥拉斯出生在沙摩斯島。當他遊歷整個古代世界之後，建立畢氏學派。他發現和諧音階律與整數比有關，因而提出萬物皆數的想法——畢氏學派的格言。
約西元前 540 年	畢達哥拉斯證明 $\sqrt{2}$ 為無理數，據說他也證明了畢氏定理。但這兩個證明的內容現今皆已失傳。
西元前 326 年	亞歷山大大帝征服整個古代世界，並在埃及建立亞歷山卓城。城裡的大學以及著名的圖書館吸引來自各地的學者。
約西元前 300 年	歐幾里得完成《幾何原本》，統整當時他已知的數學知識，它也是歷史上最具影響力的數學文本。畢氏定理出現在命題 I.47，並且他在命題 VI.31 再給了另一個不同的證明。畢氏定理的逆定理則出現在命題 I.48。
約西元前 250 年	敘拉古的阿基米德利用畢氏定理，並透過一系列圓內接正多邊形以及圓外切正多邊形，求得圓周率 π 的近似值，同時也證明了 $3\frac{10}{71} < \pi < 3\frac{10}{70}$。

西元前第二世紀	托勒密證明托勒密定理：在任意圓內接四邊形 $ABCD$ 裡，$AB \times CD + BC \times DA = AC \times BD$。從而畢氏定理成為托勒密定理當四邊形 $ABCD$ 為矩形時的一個特例。而這個定理出現在他的偉大著作《天文學大成》裡。
西元前 100 年至西元 100 年	亞歷山卓的海龍證明面積公式 $A = \sqrt{s(s-a)(s-b)(s-c)}$，此公式可將三角形的面積以它的邊長和半周長 $s = \dfrac{a+b+c}{2}$ 來表示（這個公式也許早就被阿基米德證明）。海龍的證明主要是基於比例相關的性質，而現代書裡的證明則利用兩次畢氏定理。
中國漢朝（西元前 206 年至西元 221 年）	畢氏定理在中國被稱為勾股定理。一本與數學有關的早期中國著作《周髀算經》（一部與日高和天體圓形路徑有關的算術經典，著述日期未知），書中以文字的方式敘述畢氏定理，並提供一個利用圖形分割的證明方式。
第三世紀	帕布斯證明一個畢氏定理的推廣版本，此定理對任意三角形皆成立。
西元 389 年	亞歷山卓圖書館第一次被燒毀。
約西元 390 年	席翁完成《幾何原本》的修訂版，這也是大部分現代版本的母本。
西元 641 年	亞歷山卓圖書館第二次被燒毀。
第九世紀	塔必特證明畢氏定理與任意三角形有關的一種一般化情況。
第十一世紀	婆什迦羅提供一個「圖說一體的證明」，以相同於中國證明的方式，證明畢氏定理。並且附加一個字：「看!」 吉哈德將歐幾里得的《幾何原本》與托勒密的《大匯篇》從阿拉伯文翻譯成拉丁文，使得歐洲學者有機會接觸到這些著作。
第十一至第十三世紀	1088 年，第一所歐洲的大學於波隆納建立；巴黎大學，1200 年；牛津大學，1214 年；帕都亞大學，1222 年；以及劍橋大學，1231 年。
西元 1453 年	君士坦丁堡被土耳其攻陷，並改名為伊斯坦堡。這個日期也標誌著中世紀的結束。

西元 1454 年	古騰堡發明活字印刷術。
西元 1482 年	第一本印刷版的《幾何原本》出現在威尼斯。
西元 1570 年	第一本英文版的《幾何原本》出版。
西元 1593 年	韋達使用不同於阿基米德的方法，求得無窮積： $$\frac{2}{\pi} = \sqrt{\frac{1}{2}} \cdot \sqrt{\frac{1}{2} + \frac{1}{2}\sqrt{\frac{1}{2}}} \cdot \sqrt{\frac{1}{2} + \frac{1}{2}\sqrt{\frac{1}{2} + \frac{1}{2}\sqrt{\frac{1}{2}}}} \cdots$$
西元 1637 年	笛卡兒發明坐標（解析）幾何，連結幾何與代數。並求得兩點間的距離公式： $$d = \sqrt{(x_2 - x_1)^2 + (y_2 - y_1)^2}。$$ 費馬猜測 $x^n + y^n = z^n$ 除了當 $n = 1$ 與 2 之外，沒有正整數解。這個猜想即為大家熟知的費馬最後定理。而「最後」這個字所指，是費馬最後定理是費馬最後一個仍未被證明的猜想，它最終於 1994 年被證明。
西元 1645 年	托里切利利用無窮小版本的畢氏定理，求得對數螺線的弧長。他也證明從螺線上給定的任意點至極點的弧長皆為有限值。這也是第一個求出超越（非代數）曲線弧長的成就。
西元 1649 年	歐幾里得提出的畢氏定理證明，出現在拉海爾的畫作《幾何象徵》裡。
西元 1658 年	維恩求出擺線的弧長。他證明擺線的每一個弧形的長度皆為母圓半徑長的 8 倍。
西元 1666–1676 年	牛頓與萊布尼茲獨立發明微積分。這也使得數學家能藉此求出許多代數與超越曲線之弧長。
西元 1731 年	距離公式首次出現在印刷本中，它出現在克雷羅所寫，一本與空間曲線有關的著作裡。
西元 1734 年	歐拉證明無窮級數 $1 + \frac{1}{2^2} + \frac{1}{3^2} + \cdots$ 收斂至 $\frac{\pi^2}{6}$。 其證明過程間接地用到畢氏定理。
西元 1753 年	歐拉證明費馬最後定理當 $n = 3$ 的情況。
西元 1820 年	據說高斯建議在西伯利亞的森林，造一個巨大的直角三角形，以及各邊上的正方形，以向月球上的居住者示意我們對畢氏定理的了解。雖然未經

	證實，但這個故事不時地出現在凡爾納的經典科幻小說《從地球到月球》(1865) 裡。
西元 1828 年	普率克在幾何學裡引進了直線坐標，單位圓的方程式為 $\alpha^2 + \beta^2 = 1$，其中的 α 與 β 都是圓之切線所形成的直線坐標。
西元 1854 年	黎曼在發表博士學位論文的演說：〈論幾何學基礎之設定〉中，他介紹多維空間與曲面空間的想法。他同時也提出距離公式 $ds^2 = \sum_{ij} a_{ij} dx_i dx_j$，作為畢氏定理的一般化推廣。根據黎曼的研究成果，每個空間各具有其自身的距離公式，同時，這個距離公式可能因所在點而異。黎曼並說，空間的性質是局部的，而非大域的：每個點都具有其自身的畢氏定理。
西元 1876 年	美國第二十任總統嘉非，提出一個畢氏定理的原創性證明。他的證明方法是 1876 年，與國會議員們進行一場數學討論時，靈機一動想出來的。
西元 1888 年	庫力茲，一個盲人女孩，提供一個類似於婆什迦羅的畢氏定理分割證明法。
西元 1905 年	愛因斯坦發表相對論，其中洛倫茲變換位居中心角色。而畢氏定理的足跡幾乎遍布相對論裡的每一個公式。
西元 1907 年	史密特和弗雷歇推廣早期希爾伯特的研究，介紹泛函空間，它是每個向量皆被視為函數的無限維向量空間。其中，$f(x)$ 到原點的「距離」公式為：$\sqrt{\int_a^b [f(x)]^2\, dx}$，前提是此積分值必需存在。這些希爾伯特空間在現代物理學裡，扮演關鍵性的角色。
西元 1908 年	閔可斯基針對相對論提出一個四度空間的詮釋，而其中的 $x^2 + y^2 + z^2 + (ict)^2$ 這個式子在洛倫茲變換下為不變量，上式裡的 $i = \sqrt{-1}$，c 是光速，t 為時間。他同時也統合空間與時間成為單一的概念，時空。而在時空中任兩事件之間距離為：

	$\sqrt{(x_2-x_1)^2+(y_2-y_1)^2+(z_2-z_1)^2+(m_2-m_1)^2}$， 其中，$m=ict$。
西元 1916 年	愛因斯坦發表廣義相對論，其中黎曼所提出的四維距離公式 $ds^2=\sum_{ij}g_{ij}dx_idx_j$ 扮演關鍵的角色。
西元 1927 年	羅密士出版《畢氏命題》一書，這本書寫於 1907 年，1940 年他去世那年重新修訂。這個修訂版包含 371 個證明、一個「畢達哥拉斯好奇」以及五個畢達哥拉斯魔方陣。
西元 1934 年	賈西姆斯基，以十九歲的年紀，提出可能是最短的畢氏定理證明。
西元 1938 年	康地，一個就讀於印地安納州南本德市中央中學的十六歲學生，構想出畢氏定理的原始證明。
西元 1955 年	沙摩斯島上的提加尼鎮，後來被命名為畢達哥里亞，城鎮的港灣也建立畢達哥拉斯的雕像。
西元 1958 年	「斜邊的平方」是一首由索爾‧卓別林作曲、梅瑟作詞的歌曲，它出現在電影〈快樂安德魯〉裡。
西元 1993 年	普林斯頓大學的安德魯‧懷爾斯宣稱他證明費馬最後定理，而這則新聞也登上紐約時報的頭版新聞。
西元 1994 年	懷爾斯修正證明的漏洞，以 200 頁的篇幅呈現他最終的證明。而費馬最後定理現在也公認已經被解決。
西元 1996 年	伯果摩爾尼建立一個名為「畢氏定理與許多有關證明」網站 (www.cut.the.knot.org / pythagoras / index.shtml) 自此之後，出現越來越多與畢氏定理相關的網站。

參考文獻

Aaboe, Asger. *Episodes from the Early History of Mathematics*. New York: Random House, 1964.（本書有中譯本《古代數學趣談》）

Abbott, Edwin A. *The Annotated Flatland: A Romance of Many Dimensions*, with introduction and notes by Ian Stewart. Cambridge, Mass.: Perseus Publishing, 2002.（本書有中譯本《平面國》）

Ball, W. W. Rouse. *A Short Account of the History of Mathematics*. 1908. Rpt. New York: Dover, 1960.

Baptist, Peter. *Pythagoras ohne Ende*. Leipzig, Stuttgart: Klett-Schulbuchverlag, 1997.

Baron, Margaret E. *The Origins of the Infinitesimal Calculus*. 1969. Rpt. New York: Dover, 1987.

Boyer, Carl B. *History of Analytic Geometry: Its Development from the Pyramids to the Heroic Age*. 1956. Rpt. Princeton Junction, N. J.: Scholar's Bookshelf, 1988.

Boyer, Carl B. *A History of Mathematics*. 1968. Rev. ed. New York: John Wiley, 1989.

Boyer, Carl B. *The History of the Calculus and Its Conceptual Development*. New York: Dover, 1959.

Bryant, John, and Chris Sangwin. *How Round Is Your Circle? Where Engineering and Mathematics Meet*. Princeton, N.J.:Princeton University Press, 2008.

Burton, David M. *The History of Mathematics: An Introduction*. Boston: Allyn and Bacon, 1985.

Cajori, Florian. *A History of Mathematics*. 1893. 2nd ed. New York: Macmillan, 1919.

Cajori, Florian. *A History of Mathematical Notations*. 2 vols. 1929. Rpt. Chicago: Open Court, 1952.

Coolidge, Julian Lowell. *A History of Geometrical Methods*. 1940. Rpt. New York: Dover, 1963.

Courant, Richard. *Differential and Integral Calculus*. 2 vols. 1934. Rpt. London and Glasgow: Blackie and Son, 1956.

Courant, Richard and Herbert Robbins. *What Is Mathematics?* 1941. Rpt. New York and Oxford: Oxford University Press, 1996.

Dantzig, Tobias. *The Bequest of the Greeks*. New York: Charles Scribner's Sons, 1955.

Dantzig, Tobias. *Number: The Language of Science*. Ed. Joseph Mazur; foreword by Barry Mazur. New York: Pi Press, 2005.

Devlin, Keith. *Mathematics: The Science of Patterns*. New York: Scientific American Library, 1997.

Devlin, Keith. *Mathematics: The New Golden Age*. New York: Columbia University Press, 1999.

Dunham, William. *Journey through Genius: The Great Theorems of Mathematics*. New York: John Wiley and Sons, 1990. (本書有中譯本《天才之旅》)

Dunham, William. *The Mathematical Universe: An Alphabetical Journey through the Great Proofs, Problems, and Personalities*. New York: John Wiley and Sons, 1994.

Euclid: The Elements, translated with introduction and commentary by Sir Thomas Little Heath. 3 vols. New York: Dover, 1956. (本書有中譯本《歐幾里得幾何原本》(繁體字及簡體字))

Eves, Howard. *An Introduction to the History of Mathematics*. Fort Worth, Tex.: Saunders, 1992.

Eves, Howard. *Great Moments in Mathematics (Before 1650).* Washington, D.C.: Mathematical Association of America, 1983, lecture 4.

Eves, Howard. *A Survey of Geometry: Revised Edition.* Boston: Ally and Bacon, 1972.

Frederickson, Greg N., *Dissections: Plane & Fancy.* Cambridge, U.K.: Cambridge University Press, 1997.

Frederickson, Greg N., *Hinged Dissections: Swinging and Twisting.* Cambridge, U.K.: Cambridge University Press, 2002.

Friedricks, Kurt Otto. *From Pythagoras to Einstein.* Washington, D.C.: Mathematical Association of America, 1965. （本書有中譯本《從畢達哥拉斯到愛因斯坦》）

Gillispie, Charles Coulston, ed. *Dictionary of Scientific Biography.* 16 vols. New York: Charles Scribner's Sons, 1970–1980.

Greenberg, Marvin Jay. *Euclidean and Non-Euclidean Geometries: Development and History.* 1973. 4th ed. New York: W. H. Freeman, 2008.

Guggenheimer, Heinrch W. *Plane Geometry and Its Groups.* San Francisco: Holden-Day, 1967.

Heath, Sir Thomas Little. *A Manual of Greek Mathematics.* Oxford: Oxford University Press, 1931.

Heath, Sir Thomas Little. *The Works of Archimedes.* 1897; with Supplement, 1912. Rpt. New York: Dover, 1953.

Heilbron, J. L. *Geometry Civilized: History, Culture, and Technique.* Oxford: Oxford University Press, 1998.

Henderson, Linda Dalrymple. *The Fourth Dimenstion and Non-Euclidean Geometry in Modern Art.* Princeton, N.J.: Princeton University Press, 1983.

Hoehn, Alfred, and Huber, Martin. *Pythagoras: Erinnern Sie sich?* Zurich: Orell Füssli, 2005.

James, Jamie. *The Music of the Spheres: Music, Science, and the Natural Order of the Universe*. New York: Copernicus, 1993.

Jeans, Sir James. *The Growth of Physical Sciences*. Cambridge, U.K., and New York: Macmillan, 1948.

Joseph, George Gheverghese. *The Crest of the Peacock: Non-European Roots of Mathematics*. 1991. Rpt. Princeton, N.J.: Princeton University Press, 2000.

Kaku, Michio. *Hyperspace: A Scientific Odyssey through Parallel Universes, Time Warps, and the 10th Dimension*. New York: Anchor Books, 1994.

Kline, Morris. *Mathematical Thought from Ancient to Modern Times*. 3 vols. New York and Oxford: Oxford University Press, 1990.（本書有中譯本《數學史：數學思想的發展》三冊（繁體字版），《古今數學思想》四冊（簡體字版））

Kramer, Edna E. *The Nature and Growth of Modern Mathematics*. 1970. Rpt. Princeton, N.J.: Princeton University Press, 1981.

Krauss, Lawrence M. *Hiding in the Mirror: The Mysterious Allure of Extra Dimensions, from Plato to String Theory and Beyond*. New York: Viking, 2005.

Levi, Mark. *The Mathematical Mechanic: Using Physical Reasoning to Solve Problems.* Princeton, N.J.:Princeton University Press, 2009.

Loomis, Elisha Scott. *The Pythagorean Proposition*. Reston, Va.: National Council of Teachers of Mathematics, 1968.

Mankiewicz, Richard. *The Story of Mathematics*. Princeton, N.J.: Princeton University Press, 2001.

Maor, Eli. *To Infinity and Beyond: A Cultural History of the Infinite*. Princeton, N.J.: Princeton University Press, 1991.

Maor, Eli. *e: The Story of a Number*. Princeton, N.J.: Princeton University Press, 1994. （本書有中譯本《毛起來說 e》）

Maor, Eli. *Trigonometric Delights*. Princeton, N.J.: Princeton University Press, 1998. (本書有中譯本《毛起來說三角》)

Nelson, Roger B. *Proofs without Words: Exercises in Visual Thinking*. Washington, D.C.: Mathematical Association of America, 1993.

Nelson, Roger B. *Proofs without Words II: More Exercises in Visual Thinking*. Washington, D.C.: Mathematical Association of America, 2000.

Neugebauer, Otto. *The Exact Sciences in Antiquity*. 1957. Rpt. New York: Dover, 1969.

Penrose, Roger. *The Road to Reality: A Complete Guide to the Laws of the Universe*. New York: Alfred A. Knopf, 2005.

Simmons, George F. *Calculus with Analytic Geometry*. New York: McGraw-Hill, 1985.

Singh, Simon. *Fermat's Enigma: The Epic Quest to Solve the World's Greatest Mathematical Problem*. New York: Walker, 1997.

Smith, David Eugene. *History of Mathematics*. Vol. 1: *General Survey of the History of Elementary Mathematics*. Vol. 2: *Special Topics of Elementary Mathematics*. 1923–1925. Rpt. New York: Dover, 1958.

Swetz, Frank J., ed. *From Five Fingers to Infinity: A Journey through the History of Mathematics*. Chicago and LaSalle, Ill.: Open Court, 1995.

Swetz, Frank J., and Kao, T. I. *Was Pythagoras Chinese? An Examination of Right Triangle Theory in Ancient China*. University Park, Penn.: Pennsylvania State University Press, and Reston, Va.: National Council of Teachers of Mathematics, 1977.

Taylor, C. A. *The Physics of Musical Sounds*. London: English Universities Press, 1965.

Toubis, Michael S. A., publisher. *Samos, Icaria & Fournoi: History-Art-Folklore-Routes*. Nisiza Karela, Koropi, Attiki (Greece), 1995.

van der Waerden, Bartel Leendert. *Science Awakening: Egyptian, Babylonian and Greek Mathematics*. 1954. Trans. Arnold Dresden, 1961. Rpt. New York: John Wiley, 1963.

Weisstein, Eric W. *CRC Concise Encyclopedia of Mathematics*. Boca Raton, Fla.: CRC Press, 1999.

Wheeler, John Archibald. *A Journey into Gravity and Spacetime*. New York: Scientific American Library, 1990.

Wilson, Robin J. *Stamping through Mathematics*. New York: Springer-Verlag, 2001.

Yates, Robert C. *Curves and Their Properties*. 1952. Rpt. Reston, Va.: National Council of Teachers of Mathematics, 1974.

網路資源

Pythagorean Theorem and Its Many Proofs:

http://www.cut-the-knot.org/pythagoras/index.shtml

Pythagoras's Theorem:

http://www.sunsite.ubc.ca/DigitalMathArchive/Euclid/java/html/pythagoras.html

Ask Dr. Math, High School Archive:

http://mathforum.org/library/drmath/drmath.high.html.

Pythagorean Theorem—From MathWorld:

http://mathworld.wolfram.com/PythagoreanTheorem.html

The Theorem of Pythagoras:

http://www.math.uwaterloo.ca/navigation/ideas/grains/pythagoras.shtml

A Proof of the Pythagorean Theorem by Liu Hui:

www.staff.hum.ku.dk/dbwagner/Pythagoras/Pythagoras.html

History Topics Index:

http://www-gap.dcs.st-and.ac.uk/~history/indexes/HistoryTopics.html

圖片來源

圖 1.1　YBC7289

耶魯大學巴比倫收藏品 (Babylonian Collection of Yale University)

來源：Bill Casselman

　　　http://www.math.ubc.ca/~cass/euclid/ybc/ybc.html

圖 1.3　普林頓 322

來源：Bill Casselman

　　　http://www.math.ubc.ca/~cass/courses/m446–03/pl322/pl322.html

圖 2.1　畢達哥拉斯　　來源：Shutterstock

圖 2.2　畢達哥拉斯發現和音定律　　來源：Franchino Gaffurio (publisher)

圖 2.10　上帝之手在調宇宙的單弦

來源：羅伯特‧弗拉德的《天體獨弦琴》(1617)

圖 2.11　行星的和諧　　來源：克卜勒的《世界之和諧》(1619)

圖 S2.1　《幾何學的寓言》(1649)　　來源：《幾何學的寓言》(1649)

圖 S2.2　畢達哥拉斯與畢氏定理紀念郵票

來源：http://jeff560.tripod.com/stamps.html

圖 5.4　中國數學家對畢氏定理的論證　　來源：《周髀算經》(206-221)

圖 5.5　折竹問題　　來源：《九章算術》(1261)

圖 5.9　歐幾里得證明畢氏定理的塔必特翻譯版

來源：歐幾里得《幾何原本》的塔必特翻譯版 (826-901)

圖 5.11　第一個歐幾里得印刷版 (威尼斯，1482)

來源：《幾何原本》(威尼斯，1482)

圖 5.12　從卡拉藍德利討論算術的書上所擷取的一頁，當中呈現了兩個與
　　　　畢氏定理有關的問題

來源：卡拉藍德利《算術》

圖 8.1　羅密士像

　　來源:《畢氏命題》(1927，1968 重印)

圖 8.2　《畢氏命題》首頁

　　來源:《畢氏命題》(1927，1968 重印)

圖 8.3　《畢氏命題》中的兩個魔方陣

　　來源:《畢氏命題》(1927，1968 重印)

圖 8.4　《畢氏命題》中最長的證明

　　來源:《畢氏命題》(1927，1968 重印)

圖 11.1　都柏林步羅罕橋上的石碑

　　來源: JP　　http://www.geograph.org.uk/photo/347941

圖 12.5　「雲門」(The Cloud Gate)　　來源: Eli Maor

圖 13.1　雅各布・白努利的墓碑，巴塞爾

　　來源: Wladyslaw Sojka

　　　　　http://upload.wikimedia.org/wikipedia/commons/8/8a/Basler_Mue
　　　　　nster_Bernoulli.jpg

圖 16.1　莫札特第 16 號鋼琴奏鳴曲的一頁樂譜

　　來源: 莫札特第 16 號鋼琴奏鳴曲樂譜

圖 17.1　薩莫斯機場　　來源: Eli Maor

圖 17.2　畢達哥拉斯港口　　來源: Eli Maor

圖 17.3　畢達哥拉斯中學　　來源: Eli Maor

圖 17.4　畢達哥拉斯街　　來源: Eli Maor

圖 17.5　畢達哥拉斯雕像　　來源: Eli Maor

圖 17.6　阿里斯塔克斯雕像　　來源: Eli Maor

W

X

Y

Z